Die Vielfalt des Lebens

Herausgegeben von
Erwin Beck

Beachten Sie bitte auch
weitere interessante Titel
zu diesem Thema

Rothe, P., Storch, V., See, C. v. (Hrsg.)

Lebensspuren im Gestein

Ausflüge in die Erdgeschichte Mitteleuropas

in Vorbereitung
ISBN: 978-3-527-32766-9

Lingenhöhl, D.

Vogelwelt im Wandel

Trends und Perspektiven

2010
ISBN: 978-3-527-32712-6

Gottschalk, G.

Welt der Bakterien

Die unsichtbaren Beherrscher unseres Planeten

2009
ISBN: 978-3-527-32520-7

Die Vielfalt des Lebens

Wie hoch, wie komplex,
warum?

Herausgegeben von
Erwin Beck

WILEY-VCH Verlag GmbH & Co. KGaA

Herausgeber

Prof. Dr. Dr. h. c. Erwin Beck
Universität Bayreuth
Bayreuther Zentrum für Ökologie und
Umweltforschung
Universitätsstr. 30
95447 Bayreuth

Titelbild
Ganz oben: Guzmania musaica, eine Zisternenbromelie, Bild: Georg Zizka;
Im Uhrzeigersinn: Die Schenkelbiene
Macropis fulvipes, Bild: Dötterl; *Rhodococcus erythropolis* DSM 43066, Bild: DSMZ;
Schwarzmündige Bänderschnecke (*Cepaea nemoralis),* Bild: Al Greer; *Chondromyces apiculatus* DSM 14605, Bild: Hans Reichenbach; Europäischer Stör (*Acipenser sturio),* Bild: R. Gros. Baum, Bild: summer day©Alessia, Fotolia.com; Kleiner Fuchs (*Aglais urticae),* Bild: Monika Feiling*; Fische,* Bild: Stachelmakrelen©aqua4, Fotolia.com; Pilze, Bild: Monica Feiling*;* Trägerkrabbe (*Paromola cuvieri),* Bild: MARUM, Universität Bremen; *in der Mitte oben: Verrucomicrobium spinosum* DSM 4136, Bild: Manfred Rohde, HZI, Braunschweig.

■ 1. Auflage 2013

**Bibliografische Information
der Deutschen Nationalbibliothek**
Die Deutsche Nationalbibliothek verzeichnet diese Publikation in der Deutschen Nationalbibliografie; detaillierte bibliografische Daten sind im Internet über <http://dnb.d-nb.de> abrufbar.

Print ISBN: 978-3-527-33212-0
ePDF ISBN: 978-3-527-66555-6
ePub ISBN: 978-3-527-66556-3
mobi ISBN: 978-3-527-66557-0

Umschlaggestaltung Adam-Design, Weinheim
Satz TypoDesign Hecker GmbH, Leimen
Druck und Bindung Markono Print Media Pte Ltd, Singapore
Redaktion Claudia von See, Mannheim
Herstellung Claudia Zschernitz, Weinheim

Inhaltsverzeichnis

Erwin Beck hat Biologie, Chemie und Geografie studiert und mit einer Arbeit in der Pflanzensystematik promoviert. Anschließend wechselte er in die Pflanzenphysiologie und leitete von 1975 bis 2006 den Lehrstuhl für Pflanzenphysiologie an der Universität Bayreuth. Aufgrund seiner breiten Expertise in den Pflanzenwissenschaften war er als Biologe in verschiedenen Gremien der deutschen und internationalen Wissenschaft tätig und leitet derzeit die Senatskommission für Biodiversitätsforschung der Deutschen Forschungsgemeinschaft.

Vorwort

Kennen und Kennenlernen ist die eine Seite der Beschäftigung mit der biologischen Vielfalt, die Gründe für ihr Entstehen und Vergehen eine andere, ihre Bedeutung für die Ökosysteme und für die Menschen wieder eine andere – und so gibt es eine schier unerschöpfliche Vielfalt an Aspekten des Phänomens, das diesem Buch seinen Titel gegeben hat: die „Vielfalt des Lebens". Trotz atemberaubender Dokumentarberichte über Landschaften, Vegetation und Tierleben in Fernsehen, Videos und Magazinen und trotz Biologieunterricht an den Schulen ist die Bedeutung der Biodiversität noch wenig ins Bewusstsein vieler Zeitgenossen eingedrungen, geschweige denn wird ihre Erhaltung als prioritäre gesellschaftliche Aufgabe akzeptiert. In Deutschland, seit kurzem Sitz des Weltbiodiversitätsrats, nimmt sich die „Allianz der Wissenschaftsorganisationen"[1] in besonderer Weise der Biodiversitätswissenschaft an. Sie hat die in ihren Institutionen tätigen Experten gebeten, interessante Aspekte der Biodiversität aus wissenschaftlicher,

[1] Hier vertreten durch die Helmholtz Gemeinschaft Deutscher Forschungszentren, die Wissenschaftsgemeinschaft Gottfried Wilhelm Leibniz, die Max-Planck-Gesellschaft und die Deutsche Forschungsgemeinschaft; dazu kommt ein Beitrag der Nationalen Akademie der Wissenschaften Leopoldina.

planerischer und politischer Sicht in anschaulicher Weise für eine interessierte Leserschaft aufzubereiten.

Ein langer Weg: Biodiversitätsschutz per Gesetz

Anlass zum Entstehen dieses Buches ist ein wichtiger Jahrestag: Vor zwanzig Jahren, am 5. Juni 1992, hat die Völkergemeinschaft einen großen Schritt für die Erhaltung der Vielfalt der Organismen auf der Erde getan. Mit der „Convention on Biological Diversity" (CBD), der nach dem Veranstaltungsort benannten „Rio (de Janeiro)-Konvention" zur Biodiversität, bekam eine Domäne der Biologie eine politische Dimension, die für viele forschende und praktizierende Biologen eine besondere Herausforderung bedeutete. Vor allem traf sie die Taxonomen, Systematiker, Ökosystem- und Global-Change-Forscher, die Bioprospektierer (die beileibe nicht alle Biopiraten waren und sind), aber auch die im Naturschutz Tätigen, deren Engagement sich nun mit der globalen Politik arrangieren muss. Deutschland ist ebenso wie 192 weitere Länder einer der Vertragsstaaten der CBD und muss die Beschlüsse der Vertragsstaatenkonferenz in deutsches Recht umsetzen (Gesetz zum Übereinkommen

Die Vielfalt des Lebens: Wie hoch, wie komplex, warum? 1. Auflage. Herausgegeben von Erwin Beck
© 2013 WILEY-VCH Verlag GmbH & Co. KGaA. Published 2013 by Wiley-VCH Verlag GmbH & Co. KGaA

über die biologische Vielfalt vom 30. August 1993, BGBl.II Nr. 32, S. 1741ff). Die weit über die Tätigkeit von Biologen hinausreichenden Regelungen sind in der „Nationalen Strategie zur biologischen Vielfalt" aus dem Jahr 2008 niedergelegt, die sage und schreibe rund 330 konkrete Ziele und 430 Maßnahmen zu Naturschutz und nachhaltiger Nutzung der Biodiversität in Deutschland ausweist. Viele dieser „Aktionsfelder" regeln das Handeln von Behörden, der Industrie und der Wissenschaft und betreffen die Bürgerinnen und Bürger eher indirekt. Andere aber betreffen sie direkt und erfordern einen gewissen biologischen Sachverstand. Hier liegt das Ziel des vorliegenden Buches; um dieses deutlich zu machen, sei kurz aus der „Nationalen Strategie" zitiert. Unter der Überschrift „Konkrete Visionen" steht unter anderem das Kapitel „Gesellschaftliches Bewusstsein". Hier heißt es „Biologische Vielfalt erfreut sich in Deutschland einer hohen Wertschätzung als wesentlicher Bestandteil der Lebensqualität und ist Voraussetzung für ein gesundes und erfülltes Leben. Dies drückt sich im alltäglichen, eigenverantwortlichen Handeln aus. Ziel ist es, dass im Jahre 2015 für mindestens 75% der Bevölkerung die Erhaltung der biologischen Vielfalt zu den prioritären gesellschaftlichen Aufgaben zählt."

Wurde diese Zielvorgabe damals zu weit gesteckt? Vermutlich schon, aber das liegt nicht am Ziel, sondern an der Jahreszahl. Setzen wir einmal in Gedanken „biologische Vielfalt" mit dem Begriff „Natur" gleich: Aus unserer Erfahrung vertrauen wir darauf, dass die „Natur" vieles reguliert, vieles heilt, womit sie der Mensch notgedrungen, aus Gründen des Lebensstandards und des Profits belastet. Pflanzen reinigen die Luft, Fließgewässer reinigen sich selbst, solange die in ihnen lebenden Organismen nicht vergiftet werden. Wir genießen die Schönheit der Natur und finden es selbstverständlich, in der Natur reine Luft zu atmen und sauberes Wasser in unseren Seen (und Fließgewässern) vorzufinden; wir wollen die Natur erhalten, aber doch möglichst ohne weitere Kosten. Ob das möglich ist, hängt auch

davon ab, dass wir selbst etwas mehr von der „Natur" wissen und unser Handeln so gut es eben geht, damit abstimmen. Viele Ansätze dazu werden „von oben" verordnet, z. B. die Behandlung der Abfälle und der Abwässer, die Reduzierung des Ausstoßes von „Treibhausgasen", die Nutzung erneuerbarer Energien usw. Es sind keine geringen Kosten, die der Einzelne direkt oder indirekt zu tragen hat. Dazu kommen Vorschriften für den Umgang mit Agrarflächen und die Ausweisung von Schutzgebieten, die potenzielle Wirtschaftsflächen schmälern. Auch wenn wir diese Maßnahmen im Prinzip positiv bewerten, „gefühlt" und *de facto* sind sie drastische Einschränkungen unserer persönlichen Freiheit und erzeugen dadurch Unbehagen. Ein besseres Verständnis der Vorgänge in der „Natur" würde dieses Unbehagen lindern und die Bereitschaft zur Unterstützung der Natur erhöhen.

Artenvielfalt: Lastenverteilung auf viele Schultern

Die ökologische Wissenschaft betrachtet unsere Lebensräume als „Ökosysteme", die aus natürlichen sowie (in den meisten Fällen) vom Menschen geschaffenen Bauelementen bestehen, die miteinander in irgendeine Wechselwirkung oder Aktion treten: Solche Wechselwirkungen können für uns Menschen als Komponenten und Nutzer der Ökosysteme positiv sein (wir sprechen dann von den Dienstleistungen des Ökosystems: Beispiele sind die Wechselwirkung „Blumen – Bienen – Honig" oder die Nahrungsketten, auf denen die erwähnte Selbstreinigung der Fließgewässer beruht), sie können ebenso aber auch nachteilig für uns sein, denn die Natur unterscheidet nicht zwischen „gut" und „schlecht" für den Menschen. An fast allen Vorgängen, die sich im Ökosystem abspielen, sind Organismen beteiligt. Man spricht von ökosystemaren Stoffumsetzungen und Energieflüssen. Der größte Teil der Energie, die in ein Ökosystem hineinfließt, wird zusammen mit dem Kohlenstoffdioxid der Luft zur Photosynthese der

Pflanzen, also zur Stoffproduktion, genutzt. Davon leben dann wieder die Pflanzenfresser, die Blütenbestäuber und letztlich auch die Bodenorganismen, die die abgestorbenen Pflanzenteile wieder „mineralisieren" und so in den Kreislauf zurückführen. Zum nachhaltigen Funktionieren eines Ökosystems gehören also die es bewohnenden Organismen. Je stärker das Ökosystem vom Menschen genutzt wird, umso wichtiger ist die Lastenverteilung seiner Funktionsträger auf viele Schultern, sprich Arten von Organismen. Nachhaltige Nutzung setzt also Organismenvielfalt voraus. Zumindest in diesem Sinne betrifft die CBD alle Menschen. So hieß auch das Motto der letzten Vertragsstaatenkonferenz der CBD im Jahre 2010 „Mit der Natur in Einklang leben".

Kulturelle Dienstleistungen der Natur

Wenn oben davon die Rede war, dass wir Natur schön finden, so hat auch das etwas mit Wissen zu tun: Je mehr wir darüber wissen, in welcher Form uns die Natur begegnet, umso beglückender ist in der Regel auch diese Begegnung. Für uns Menschen des 21. Jahrhunderts hat die Natur viel ursprünglich Bedrohliches verloren, eben weil wir heute mehr über sie wissen, „Bedrohliches" von Raubtieren bis hin zu bestimmten Infektionskrankheiten eliminiert haben und so ihre Schönheit mit allen Sinnen in uns aufnehmen können.

Das Millennium Ecosystem Assessment der Vereinten Nationen ist eine umfassende Beurteilung des Zustands und der Perspektiven der Ökosysteme der Erde, an der weltweit über 1300 Wissenschaftler gearbeitet haben und die 2005 veröffentlicht wurde. Sie hat 24 Millionen US-Dollar gekostet. In dem Werk wird diese persönliche Beziehung zur Natur als die kulturelle Dienstleistung des Ökosystems bezeichnet, in der Ästhetik, Spiritualität, Bildung und Erholung das Wohlbefinden des Menschen fördern. Auch die kulturelle Dienstleistung des Ökosystems wird zum großen Teil von seinen Lebewesen erbracht, der Vegetation, dem Heer der Pilze, dem

Tierleben, den Mikroorganismen – je vielfältiger diese Elemente sind, umso höher ist auch der kulturelle Wert des jeweiligen Ökosystems.

Mit dem Hinweis auf die Dienstleistungen der Ökosysteme wie die Selbstreinigung oder das Honigsammeln habe ich nur zwei Beispiele herausgegriffen, die zeigen sollen, warum Biodiversität Vielfalt des Lebens bedeutet und warum es im Sinne der Nationalen Strategie enorm wichtig ist, uns mit der biologischen Vielfalt zu befassen, um sie zu erhalten. Wir sprechen heute vom sechsten großen Massensterben, das möglicherweise das größte Artensterben in der Geschichte unserer Erde werden könnte. Ob wir es an- oder aufhalten können, ist zweifelhaft, solange sich die Ökosystemkomponente „Mensch" weiter in rasanter Weise vermehrt. Leider können wir dieses Massensterben nicht richtig einschätzen, weil wir nach neuen Hochrechnungen noch nicht einmal 10% der Arten kennen, die mit uns zusammen die Erde bewohnen. In dieser Situation ist der Gedanke wenig tröstlich, dass wir nicht wissen, was wir möglicherweise gerade verlieren, weil wir die Arten, ihre Lebensweisen und ihren potenziellen Nutzen für die Menschen nicht kennen.

In diesem Jahr 2012 begehen wir den 20. Geburtstag der CBD feierlich auf der internationalen Bühne in Rio de Janeiro. Das vorliegende Werk „Vielfalt des Lebens", das einen Überblick über die Vielschichtigkeit des schlichten Begriffs „Biodiversität" gibt, soll ein Beitrag der deutschen Wissenschaft zu diesem Jubiläum sein.

Ein Buch mit über 20 Kapiteln und noch viel mehr Autoren schreibt sich nicht von alleine, sondern erfordert ein gehöriges Maß an Idealismus von allen Seiten, den Verfassern ebenso wie dem Verlag. Für ihr großes und nicht eben selbstverständliches Engagement, welches das Verantwortungsbewusstsein der Biologen gegenüber der Öffentlichkeit belegt, sei allen Autoren sehr herzlich gedankt. Ganz besonderer Dank gilt der Redakteurin vom Wiley-Verlag, Claudia von See, die sich mit Begeisterung an dieses Werk gemacht und es in unermüdlichem Ein-

satz in die nun vorliegende attraktive Form gebracht hat. Großer Dank gebührt schließlich der
Deutschen Forschungsgemeinschaft, die den
Plan der deutschen Lebenswissenschaftler
und -wissenschaftlerinnen, ein Buch über die
Biodiversität für die Öffentlichkeit herauszu-
bringen, aufgegriffen und ideell und finanziell
gefördert hat.

Bayreuth, im April 2012 *Erwin Beck*

Wolfgang Nellen ist seit 2011 Präsident des VBIO (Verband Biologie, Biowissenschaften und Biomedizin in Deutschland e.V.). Als Inhaber des Lehrstuhls für Genetik an der Universität Kassel gehört sein Forschungsinteresse der Epigenetik und der Steuerung der Genexpression durch kleine regulatorische RNA-Moleküle. Er ist Initiator des Schülerlabors „ScienceBridge e.V.", das er seit 1997 leitet.

Zum Geleit:
Ein Reiseführer in die „Vielfalt des Lebens"

Kommen Sie mit auf eine Entdeckungsreise durch die Welt der Biodiversität! Dieses Buch begleitet Sie als Reiseführer zu Hotspots biologischer Vielfalt, in wenig erforschtes wissenschaftliches Terrain und in extreme Habitate. Die Autoren berichten aus erster Hand über die Faszination biologischer Vielfalt und über aktuelle Forschungsergebnisse. Von den kleinsten Mikrobengemeinschaften bis hin zur Biodiversität der großflächigen Polargebiete werden dabei zentrale Forschungsfragen beleuchtet: Wie entsteht biologische Vielfalt? Welche Funktionen hat sie? Wie kann man sie nutzen? Welche aktuellen Entwicklungen gilt es in Zeiten von Klimawandel und zunehmenden Landnutzungskonflikten zu berücksichtigen?

„Biodiversität" hat immer eine räumliche und eine zeitliche Dimension und verändert sich daher ständig. Dies gilt für alle Ebenen biologischer Vielfalt (Gene, Arten, Ökosysteme). Um Arten oder Lebensräume in einem „erwünschten" Zustand zu erhalten oder in einen solchen zu bringen, greift der Mensch ein. Er bevorzugt einzelne Merkmale, Arten und Biotope, während er andere benachteiligt. Durch selektive Zucht und Kultivierungsmethoden entstand und entsteht Neues, das den Pool der Gen-, Arten- und Lebensraumvielfalt bereichert. Andere Maßnahmen, zum Beispiel unangemessene Landbewirtschaftungsformen, führen zu einer Verarmung der biologischen Vielfalt.

Verschiedene Studien zeigen die Verknüpfung von biologischer und kultureller Vielfalt. Kulturelle Ausdrucksweisen und Techniken werden durch die biologische Vielfalt, deren Entwicklung und die von ihr zur Verfügung gestellten Serviceleistungen beeinflusst. Die UNESCO weist beispielsweise darauf hin, dass biologische Vielfalt traditionell oft kleinräumig erfahren und spezifisch in Sprache gefasst wird. Mehr als 80% der Regionen, die eine große biologische Vielfalt aufweisen, gehören zugleich zu den Regionen mit der größten Anzahl an Sprachen.

Damit kommt der biologischen Vielfalt eine besondere Bedeutung für eine zukunftsfähige Entwicklung zu. Katrin Vohland und Mitautoren fragen daher nicht zu Unrecht *„Welcher Lebensstil ist anzustreben? Beim Naturschutz geht es nicht um rein nutzungsbezogene Argumente, sondern auch um das gute Leben, um Glück".*

Die Vielfalt des Lebens: Wie hoch, wie komplex, warum? 1. Auflage. Herausgegeben von Erwin Beck
© 2013 WILEY-VCH Verlag GmbH & Co. KGaA. Published 2013 by Wiley-VCH Verlag GmbH & Co. KGaA

Umfassende Ansätze sind gefragt

Eine Grundvoraussetzung, um Biodiversität erhalten und schonend nutzen zu können, ist die Bestandsaufnahme der real vorhandenen Vielfalt und der Beobachtung ihrer Veränderung in der Zeit. Darüber hinaus sind fächerübergeifende Ansätze für die Erforschung der Biodiversität erforderlich. Die grundlegende Bestandsaufnahme der vorhandenen Biodiversität und die Beobachtung ihrer Variabilität ist eine Kernaufgabe der Biowissenschaftler. Etwa 30.000 von ihnen haben sich im Verband Biologie, Biowissenschaften und Biomedizin in Deutschland (VBIO e.V.) zusammengeschlossen, um ihre Interessen zu vertreten und um Öffentlichkeit und Entscheidungsträger zu informieren.

Herausforderungen für Biologen

Eine wichtige Frage für unseren Verband lautet: Sind wir Biowissenschaftler wirklich optimal aufgestellt, um das Zukunftsthema Biodiversität zu bearbeiten? Ja und nein: Ja, weil wir in den vergangenen Jahren Methoden und Werkzeuge entwickelt haben, die uns neue, tiefere und umfassendere Einblicke ermöglichen. Nein, weil es trotz mancher Förderprogramme noch immer schwierig ist, dieses komplexe Forschungsgebiet langfristig abzusichern. Der Wandel auf allen Ebenen der biologischen Vielfalt lässt sich oft nur durch Langzeitstudien untersuchen. Strebt man ein auch nur annähernd repräsentatives Beobachtungsnetz an, so dürfte die Infrastruktur dabei das geringere Problem darstellen. Entscheidend sind vielmehr die Köpfe „dahinter". Wir brauchen Biodiversitätsexperten, die die einzelnen Arten, ihre Ansprüche und ihr Verhalten umfassend kennen und die gesammelten Daten kompetent auswerten und interpretieren können. Um dies zu erreichen, bedarf es zweierlei: Zum einen einer gut fundierten taxonomischen und ökologischen Ausbildung an den Universitäten und zum anderen einer zuverlässigen beruflichen Perspektive für junge Biodiversitätsfor-

scher. Leider haben sich die Rahmenbedingungen beispielsweise durch Umwidmungen von Lehrstühlen und das Wissenschaftszeitvertragsgesetz in den vergangenen Jahren eher verschlechtert. Der VBIO fordert daher unter anderem die Einrichtung von Stiftungsprofessuren für die taxonomische Forschung (www.taxonomie-initiative.de).

Weiterbildung ausbauen

Gerade der umfassende, interdisziplinäre Ansatz der Biodiversitätsforschung benötigt eine breite Expertise auf mehreren Spezialgebieten der Biowissenschaften. Wissenschaftler werden sich ständig fortbilden müssen, um mit neuen Methoden und Konzepten arbeiten zu können. Dafür müssen entsprechende Voraussetzungen geschaffen werden und vor allem darf akkumuliertes Wissen nicht in zeitweiligen „Förderengpässen" verloren gehen. Selbstverständlich leisten auch exzellente Ehrenamtliche einen großen Beitrag zur Biodiversitätsforschung. Für manche schwer zu beobachtende Artengruppen wird es aber immer wieder schwierig werden, ausreichend „ehrenamtliche Experten" zu gewinnen. Daher müssen Weiterbildungsangebote im Bereich der Artenkenntnis und der Naturbeobachtung ausgebaut werden. Möglichst viele Engagierte sollten so Gelegenheit erhalten, ihre Beobachtungsgabe, Artenkenntnis und Verständnis für wissenschaftliche Herangehensweisen zu schulen.

Verständnis fördern

Auch dieser Ansatz wird nur die ohnehin Interessierten erreichen. In der breiten Öffentlichkeit fehlt es vielfach selbst an grundlegenden Kenntnissen über biologische Vielfalt. Der Begriff „Biodiversität" ist sperrig und erklärungsbedürftig. Die Veränderung der biologischen Vielfalt ist oft nur bei genauerem Hinsehen oder nur für Experten sichtbar. Es ist daher nicht verwunderlich, dass im Jahr 2009 nur 22% der Befragten ausreichende Kenntnisse über biologische Vielfalt und ein entsprechendes Bewusstsein hatten und die Thematik zu den wichtigen gesellschaftlichen Aufgaben zählten (die sie ja zweifellos ist). Dieser Wert soll gemäß der „Nationalen Biodiversitätsstrategie" bis 2012 auf mindestens 75% steigen. Da ist noch viel zu tun!

Faszination vermitteln

Es ist daher gerade uns Biowissenschaftlern (und dem VBIO) ein besonderes Anliegen, umfassend und verständlich über biologische Vielfalt, ihre Erforschung und ihre Bedeutung zu informieren (siehe auch www.vbio.de/informationen/wissenschaft_gesellschaft/thema_biodiversitaet).
Dabei muss auch die Faszination deutlich werden, die uns dieser spannende Forschungsgegenstand immer wieder beschert. Das Buch „Die

Vielfalt des Lebens" trägt in besonders gelungener Weise zu diesem Ziel bei. Gut verständliche Übersichtsartikel, informative Exkurse und spannende Berichte direkt aus der Biodiversitätsforschung garantieren eine anregende Lektüre. „Die Vielfalt des Lebens" ist ein „Reiseführer", mit dem Interessierte die biologische Vielfalt (neu) entdecken können und der bei Neueinsteigern Interesse wecken kann. Ich möchte die Lektüre dieses Buches einem breiten Publikum, insbesondere aber jungen Leuten und Multiplikatoren aus Bildung, Forschung, Verwaltung und Planung ans Herz legen, damit dieses Forschungsgebiet, das für unsere Zukunft von immenser Bedeutung ist, den Stellenwert in der Gesellschaft bekommt, den es unbedingt braucht.

Kassel, im Mai 2012   *Wolfgang Nellen*

Teil I
Biologische Vielfalt entdecken

1

Faszination, Bedeutung, Zustand und Zukunft unserer Lebensgrundlage:

Eine Einführung in Fragen zur biologischen Vielfalt

Markus Fischer

Die Erde beherbergt eine faszinierende und dynamische Vielfalt von Genen, Individuen, Populationen, Arten, Lebensgemeinschaften und Ökosystemen, die im Lauf der Jahrmilliarden entstanden ist. Während diese Vielfalt schon immer ethische und ästhetische Wertschätzung erfuhr, werden ihr immenser ökologischer und ökonomischer Wert erst jetzt erkannt. Faszinierend und wertvoll ist also die biologische Vielfalt – doch auch stark unter Druck. Änderungen der Landnutzung, Klimawandel und biologische Invasionen setzen ihr zu. Wie wird es weitergehen? Die damit verbundenen Forschungsfragen werden in diesem Buch durch interessante Beispiele illustriert.

Der erste Teil des Buches widmet sich der Frage, wie man biologische Vielfalt erforscht – wie man also die Vielfalt der Gene, Individuen, Populationen, Arten, Lebensgemeinschaften und Ökosysteme, der Verhaltensweisen und der Wechselwirkungen zwischen den Organismen sowie die Veränderungen ihrer Verteilung im Raum und in der Zeit untersucht. Dementsprechend vielfältig sind die Untersuchungsmethoden, die dabei zum Einsatz kommen und in die das Buch einen kurzweiligen Einblick gibt. Zum Einsatz kommt die gesamte Palette der biologischen Erfassungsmethoden, von abenteuerlichen Expeditionsreisen bis zu hochkomplexen Labormethoden, von der Fernerkundung aus dem Flugzeug heraus oder über Satelliten bis zur statistischen Bearbeitung riesiger Datenmengen nach modernen stammesgeschichtlichen und populationsgenetischen Gesichtspunkten in der Bioinformatik, von der Sammlung von Organismen bis zur Untersuchung ihres Verhaltens und ihrer vielfältigen Wechselwirkungen mit anderen. Je nach Organismengruppe und Fragestellung ist der Zugang zu Biodiversitätsuntersuchungen einfach oder sehr schwierig. Neue Entdeckungen verdanken wir deshalb oft der Erschließung neuer Lebensräume für die Forschung, etwa der Tiefsee, der Polarregionen oder extremer Lebensräume auf dem Festland.

Bei der Frage nach der genetischen Variabilität in einer Population, beispielsweise der Verwandtschaftsverhältnisse von Löwenzahnpflanzen in einer Mähwiese, kommen moderne molekularbiologische Techniken zusammen mit Methoden aus den Geowissenschaften, beispielsweise der Geopositionierung (GPS) und der geografischen Informationssysteme (GIS), ins Spiel. Auch die Untersuchung von Wechselwirkungen zwischen Arten wird immer wichtiger: Von der direkten geduldigen Beobachtung von

◀ Die faszinierende und dynamische Vielfalt von a) Genen, b) Arten, c) Lebensgemeinschaften und d) Ökosystemen bildet unsere Lebensgrundlage. Bilder: a) Fotolia © Vit Kovalcik, b) Fotolia © Martina Marschall, c) Fotolia © Gennadiy Poznyakov, d) Fotolia © Jeanette Dietl.

Die Vielfalt des Lebens: Wie hoch, wie komplex, warum? 1. Auflage. Herausgegeben von Erwin Beck
© 2013 WILEY-VCH Verlag GmbH & Co. KGaA. Published 2013 by WILEY-VCH Verlag GmbH & Co. KGaA.

Blütenbesuchern zur Aufklärung der Vernetzung von Pflanzenarten mit ihren Bestäubern, über indirekte Methoden wie etwa der Untersuchung des Mageninhalts von Vögeln oder auch der ungeheuren Vielfalt der Bodenorganismen zur Aufklärung von Nahrungsnetzen, bis hin zu molekularbiologischen Methoden bei der Untersuchung von parasitischen und symbiontischen Organismen, die Wirtsorganismen besiedeln.

Oft sind es nicht allein hochwissenschaftliche Methoden, die neue Einsichten eröffnen, Biodiversitätsforschung braucht auch immer wieder begeisterte Hobbyforscher und -forscherinnen, die die Daten für breit abgestützte Langzeitstudien liefern oder die Bestimmung seltener Organismen ermöglichen, ein Thema, das unter dem Stichwort *Citizen Science* in dem Buch näher beleuchtet wird.

Neuland in der Erforschung der biologischen Vielfalt

Neuland wird an vielen Fronten der Biodiversitätsforschung betreten. Ein Beispiel ist das Zusammenspiel von meeresbiologischen Forschungsexpeditionen mit modernen Methoden bei der Aufklärung der Vielfalt planktonischer Jäger bis in große Meerestiefen. Doch man muss nicht immer sehr tief tauchen, um im Ozean Hotspots der biologischen Vielfalt aufzufinden. Ein besonders schönes Beispiel dafür sind die Flachwasserbereiche vor der Küste Namibias mit ihrer erstaunlichen Vielfalt an am Boden lebenden Tieren. Auch in den polaren Regionen wurde in jüngster Zeit Pionierarbeit im Aufspüren bisher unbekannter Organismenvielfalt und biologischer Wechselwirkungen geleistet. So erschließt sich den Forschenden im polaren Eis eine erstaunliche Vielfalt an Eisbewohnern. Gleichzeitig verändert der Rückgang des einstmals für ewig gehaltenen Eises den Bestand des Planktons in Polarmeeren, was sich wiederum auf die Nahrungsnetze und die Artenzusammensetzung durch Artenwanderungen und schlussendlich auf die Fischerei auswirkt.

Neue Methoden und unermüdlicher Forscherdrang ermöglichen heute auch die besonders schwierige Aufklärung von Geheimnissen der Vielfalt der Mikroorganismen. Bisher war deren Entdeckung oft mit der Frage verknüpft, ob die Organismen kultivierbar sind, was ihre Identizierung und die Untersuchung ihrer Stoffwechselleistungen erst ermöglicht. Zudem konzentrierte sich das Interesse lange vor allem auf für den Menschen besonders nützliche oder schädliche Mikroben. Eine zusätzliche Schwierigkeit ergibt sich aus der Frage, was genau bei Mikroorganismen unter einer Art zu verstehen ist – die für die Beschreibung der biologischen Vielfalt immens wichtige Definition einer Art ist bei Mikroorganismen am allerwenigsten geklärt.

Eine gewisse Sonderstellung unter den Lebewesen nehmen solche Bewohner extremer Habitate ein, die dichte Geflechte bilden, die oft aus verschiedenen Organismen bestehen. Erst neue Methoden ermöglichen hier große Fortschritte bei der Aufklärung der Vielfalt solcher biologischer Krusten und beim Verständnis ihrer Rolle als Pioniere der Besiedlung von Lebensräumen mit extremen Bedingungen.

Das Ausmaß der biologischen Vielfalt

Die spannenden Beispiele des Buches machen deutlich, wie schwierig es ist, genaue Angaben über die Artenzahlen auf der Erde zu machen. Derzeit geht man davon aus, dass etwa neun Millionen Arten auf der Erde leben, von denen aber nach wie vor knapp 90% noch unbekannt sind, also noch nicht wissenschaftlich beschrieben wurden. Je nach Schätzmethode schwanken solche Angaben aber beträchtlich zwischen insgesamt etwa zwei und 100 Millionen Arten auf der Erde (siehe hierzu auch die Kästen auf den folgenden Seiten). Die meisten Schätzungen beruhen dabei auf Hochrechnungen, die von der bekannten Diversität kleinerer Einheiten, seien es kleinere Flächen, einzelne tropische Baumarten mit ihrer speziellen Insektenvielfalt oder Wirtsarten mit ihrer hohen Anzahl von parasitischen

Methoden zur Erfassung der Artenvielfalt der Erde

Bis heute wurden etwa 1,75 Millionen Arten von Organismen beschrieben, wobei die tatsächliche Zahl beschriebener Arten wegen möglicher Doppelbeschreibung und -zählung wohl eher bei 1,2 Millionen liegt. Die am besten bekannten Gruppen sind die Säugetiere (mit 5487 derzeit beschriebenen Arten [1]) und die Landpflanzen (270.000 beschriebene Arten), am schlechtesten erforscht sind die Mikroorganismen (~10.000 beschriebene „Arten") und die weitaus häufigste Gruppe, die Insekten (eine Million beschriebene Arten). Wie viele Arten es im Moment auf der Erde gibt, weiß niemand genau. Hochrechnungen kommen auf circa zehn Millionen Arten, so dass wir heute vielleicht gut ein Zehntel unserer „Mitbewohner" auf der Erde kennen, vielleicht auch weniger.

Wie kommt man zu solchen Zahlen? Die Beschreibung einer Art setzt voraus, dass man ein oder mehrere Individuen davon „in der Hand" hat, ihre äußere Gestalt, ihre innere Struktur, ihre Lebens- und Fortpflanzungsweise, ihr Vorkommen und ihren Lebensraum nach wissenschaftlichen Methoden untersuchen und die entsprechenden Daten in Datenbanken sowie die beschriebenen Exemplare in geeigneten Sammlungen deponieren kann. Heute kommt in vielen Fällen noch ein genetischer Fingerabdruck (Abb. 1) dazu, der meist aus einer charakteristischen und unter allen Arten einzigartigen DNA-Sequenz besteht. Im Prinzip lässt sich eine solche Artbeschreibung vom mikroskopisch kleinen Einzeller bis zum Elefanten durchführen, teilweise sogar an fossilem Material längst ausgestorbener Arten. Schwierig wird es aber bei Mikroorganismen, von denen man die meisten nicht in Reinkultur im Labor halten kann, so dass nicht genug Untersuchungsmaterial verfügbar ist.

Auf die oben beschriebene Weise werden zurzeit etwa 15.000 Arten jährlich neu beschrieben. Für die geschätzte Artenzahl der Erde bräuchte man bei diesem Tempo noch etwa 400 bis 500 Jahre. Doch wie schätzt man überhaupt die gesamte Artenzahl auf der Erde? Zunächst gab es Schätzungen der Experten für einzelne Tier- und Pflanzengruppen. Ein Beispiel: Hawksworth [2] ging vom Erfahrungswert aus, dass auf eine höhere Pflanzenart etwa sechs spezialisierte Pilzarten kommen (meist Pathogene, aber auch Mykorrhiza). Bei 270.000 Pflanzenarten ergibt dies bereits eine Hochrechnung von 1,6 Millionen pflanzenassoziierten Pilzarten. Addiert man die publizierten stark unterschiedlichen Schätzungen für alle einzelnen Organismengruppen, so würde die Zahl der Arten zwischen zwei und 100 Millionen liegen. Aufgrund dieser Ungenauigkeit sind die Schätzungen nicht sonderlich hilfreich und können nicht einmal als grobe Anhaltspunkte dienen. Einen anderen Ansatz der Hochrechnung verfolgten deshalb Mora und Mitarbeitende [3], die zunächst die definitiv bekannten 1,2 Millionen Arten ihren jeweiligen höheren hierarchischen Einheiten im Stammbaum des Lebens zuordneten und daraus Muster der hierarchischen Artenverteilung errechneten, die sie für alle Gruppen extrapolieren konnten. Danach kamen sie (ohne Mikroorganismen) auf die bisher wohl genaueste Schätzung von insgesamt 8,7 Millionen Arten, von denen etwa ein Viertel im Meer lebt.

Arten ausgehen. Weiterhin schätzt man, dass drei Viertel dieser Arten an Land oder im Süßwasser leben und ein Viertel in den Ozeanen.

Die Entstehung der biologischen Vielfalt

Die Frage nach dem Ausmaß der Vielfalt wirft gleichzeitig die Frage nach ihrer Entstehung auf, eine faszinierende Frage, der in mehreren Kapiteln nachgegangen wird. So lernen wir viel über Evolution anhand spannender Erkenntnisse über Enziane, Bromelien, Strahlenfische und Korallen. Neue Einsichten über die verschiedenen Prozesse, die zur Evolution neuer Arten führen, und zu ihrem Zusammenspiel werden anschaulich und aus unterschiedlichen Blickwinkeln aufgezeigt. Sie vermitteln sowohl die Faszination der Vielfalt an sich als auch die Faszination der Forschung, die zu ihrem Verständnis führt, wie beispielsweise der „Molekularen Uhr" (siehe Kasten auf S. 8). Und sie illustrieren die zentrale Bedeutung der Evolution für das Verständnis biologischer Vielfalt und die Rolle hoher genetischer Vielfalt als unabdingbare Voraussetzung zur Anpassung an eine sich verändernde Umwelt.

Die funktionelle Bedeutung der biologischen Vielfalt

Welche Funktion hat biologische Vielfalt? Was ändert sich dadurch, dass die biologische Vielfalt

Methoden zur Erfassung der Artenvielfalt eines Gebiets

Zur Erhebung der Artenzahl in einem Lebensraum kommen verschiedene Methoden zum Einsatz, von hochmodernen biochemischen oder physikalischen Verfahren bis hin zum für viele Organismen bewährten Bestimmen von Arten aufgrund morphologischer Merkmale. Eine mehr und mehr eingesetzte moderne Methode ist das DNA-Barcoding, das mit Hilfe der Molekularbiologie unterschiedliche DNA-Sequenzen etwa in einer Boden- oder Wasserprobe oder auch im Magen eines räuberischen Tiers aufspürt und durch Vergleich dieser Gen-Abschnitte mit in Datenbanken gespeicherten Sequenzen verschiedener Organismen (den so genannten „Barcodes", in Anlehnung an die vom Supermarkt her bekannten Warenkennzeichnungen) zu einer Aussage kommt, welche und wie viele Organismentypen in dieser Probe mindestens vorhanden sind.

Im Jahr 2011 gab es bereits etwa 2,7 Millionen Barcodes, die zum Vergleich zur Verfügung stehen (Abb. 1). Da die Ermittlung der Barcodes mittlerweile automatisiert erfolgen kann, können in kurzer Zeit sehr große Zahlen von Proben und Sequenzen untersucht werden. Sogar extrem ambitionierte Projekte, wie die vom Molekularbiologie-Pionier Craig Venter angeregte stichprobenartige „Sequenzierung des Atlantiks", müssen keine Utopie mehr bleiben.

Für spezielle Fragestellungen kann man auch akustische oder Fernerkundungsmethoden heranziehen. Mit Hilfe spezieller Empfänger kann man Rufe von Tieren als Tonfolgen in bestimmten Frequenzbereichen aufzeichnen und damit zum Beispiel feststellen, wie viele Fledermausarten nachts in einem Wald auf Jagd gehen. Ähnliches gilt für diejenigen Insekten, Frösche oder Meerestiere, die durch Schall kommunizieren. Heute gibt es in den großen naturkundlichen Museen bereits ausgedehnte Schallarchive der Rufe verschiedener Tierarten. Auch bildgebende Verfahren bieten neue Möglichkeiten der Arterfassung. So lassen sich Baum- oder größere Straucharten, von denen man das Spektrum des von den Blättern reflektierten Lichts kennt, durch Luft- oder Satellitenbilder ermitteln. Damit lässt sich errechnen, wie viele Baumarten auf einer Fläche stehen. Solche Verfahren sind zudem sehr hilfreich, wenn es darum geht, Änderungen der Vegetation im Verlauf der Zeit zu erkennen.

Obwohl prinzipiell gleich, unterscheiden sich Untersuchungen der Vielfalt im Meer, im Süßwasser, auf dem Land oder in der Luft in der Art und Weise, wie Proben erhoben werden. Die Felderhebung, sei es zur direkten Bestimmung von Arten oder zur Sammlung von Proben zu deren weiterer Untersuchung, stellt dabei bei allem technischen Fortschritt oft den geschwindigkeits- und qualitätsbestimmenden Schritt in der Erhebung der Artenvielfalt dar (Abb. 2).

Zur Abschätzung der Vollständigkeit von Artenzahlen eines Untersuchungsgebietes sind statistisch fundierte, räumlich und zeitlich richtig geplante Stichprobenerhebungen und Auswertungen von besonderer Bedeutung. In jüngster Zeit wurden auch auf diesem Gebiet wichtige Fortschritte erzielt, die es erlauben, zunehmend verlässlichere vergleichende Aussagen über die Artenvielfalt verschiedener Lebensräume und über die zeitliche Veränderung der Artenvielfalt wiederholt untersuchter Gebiete zu machen.

durch menschlichen Einfluss so stark zurückgeht? Diesen wichtigen Fragen wendet sich ein weiterer Teil des Buches zu. Es ist interessant, dass die Biodiversitätsforschung biologische Vielfalt lange Zeit vor allem als Zielgröße angesehen hat, deren Veränderung unter natürlichen und anthropogenen Einflüssen verstanden werden muss. Erst in jüngster Zeit stellt man auch die spannende und wissenschaftlich wie gesellschaftlich wichtige Frage, ob Vielfalt an sich auch eine Funktion haben kann. Dabei gibt es viele Beispiele aus anderen Gebieten, die deutlich darauf hinweisen, dass höhere Vielfalt günstig sein kann. Bereits Adam Smith erkannte in seinem Werk „The Wealth of Nations" von 1776 die Bedeutung der Arbeitsteilung: Verschiedene spezialisierte Akteure erzielen eine höhere Gesamtleistung als einzelne, die alles können müssen. In Analogie dazu kann man vermuten, dass diversere Artengemeinschaften besser funktionieren als artenärmere. Aus der Landwirtschaft gibt es tatsächlich dramatische Beispiele: Monokulturen der Kartoffel in Irland führten zur Ausbreitung des Kartoffelfäulepilzes, was vor allem in den 1840er Jahren fast die ganze Ernte vernichtete. Die nachfolgende Hungersnot und die Auswanderungswelle in die USA machen auf drastische Art deutlich, dass Konsequenzen verringerter biologischer Vielfalt von enormer gesellschaftlicher Bedeutung sein können. Aus der

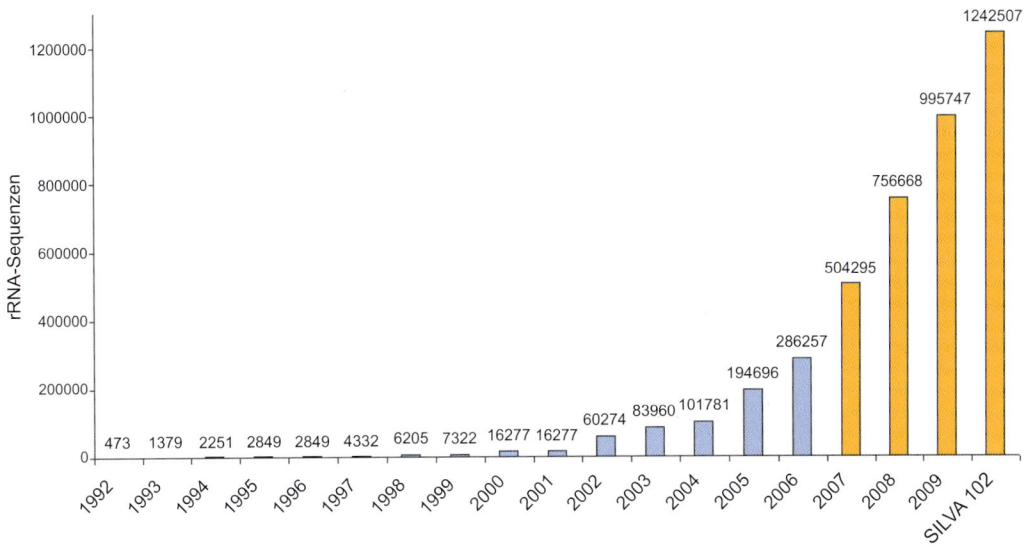

Abb. 1 Das DNA-Barcoding: Die zunehmende Zahl bekannter Sequenzen des Erbguts (hier: ribosomaler Ribonukleinsäurefragmente) von verschiedenen Organismen ermöglicht eine leichtere Zuordnung, welche und wie viele Organismentypen in einer Probe enthalten sind. Im Jahr 2010 waren 1,2 Millionen Sequenzen analysiert und beispielsweise in der Silva-Datenbank abgelegt. Mehr Informationen unter www.arb-silva.de.

Populationsgenetik ist schon lange bekannt, dass höhere Inzuchtgrade, also eine geringere genetische Vielfalt, zu verringertem Wachstum und Überleben der Nachkommen von Pflanzen und Tieren führen. In der ökologischen Biodiversitätsforschung haben experimentelle Untersuchungen gezeigt, dass Gemeinschaften mit mehr Arten in vieler Hinsicht besser funktionieren als solche mit weniger Arten. Experimente bieten den Vorteil, dass man die Rahmenbedingungen kontrollieren kann, so dass mittlerweile zweifelsfrei nachgewiesen werden konnte, dass eine Verringerung der Artenvielfalt einen Funktionsverlust nach sich zieht.

Eine wichtige ökologische Funktion ist die Stabilität von Artengemeinschaften im Verlauf der Zeit. Intuitiv setzen wir häufig eine hohe Stabilität voraus, etwa bei der Planung landwirtschaftlicher Erträge oder in der Einrichtung von Naturschutzgebieten. Im Zusammenhang mit Umweltveränderungen wird mehr und mehr auch die Aktualität der Frage deutlich, ob vielfältigere

Ökosysteme nach Störungen, etwa durch Überschwemmungen, Trockenheit oder Insekten-„plagen", erholungsfähiger sind, also besser imstande, rascher wieder in den Ausgangszustand zurückzukehren, als weniger vielfältige System dies sind. Ein sehr interessantes Buchkapitel widmet sich der Frage, inwieweit solche zeitliche Stabilität und Erholungsfähigkeit von Artengemeinschaften mit dem Ausmaß der Vielfalt zusammenhängt. Das Kapitel belegt darüber hinaus auch den Wert konstruktiver Zusammenarbeit zwischen theoretischer und empirischer Forschung.

Die sich grundsätzlich abzeichnenden Zusammenhänge höherer Vielfalt mit besserer Funktion stellen sich in verschiedenen ökologischen Zusammenhängen auch unterschiedlich dar. Anhand ausgewählter Beispiele aus dem aquatischen und terrestrischen Bereich wird deshalb die Rolle der biologischen Vielfalt für die Aufrechterhaltung und das Funktionieren solcher Ökosysteme, gerade auch im Hinblick auf

Abb. 2 Das Aufsuchen schwer zugänglicher Lebensräume (hier: Baumkronen in Ecuador) ist für die Bestimmung der Artenvielfalt oft der geschwindigkeits- und qualitätsbestimmende Schritt. Bild: J. Bendix, Marburg.

Die molekulare Uhr

Mutationen verändern im Lauf der Generationen die Sequenz der Basenpaare eines Genoms. Je nach untersuchtem Genomabschnitt verläuft diese Veränderung schneller oder langsamer, für manche Abschnitte so langsam, dass in vielen Tausenden von Jahren nur wenige Basenpaare ersetzt werden. Je länger der Zeitraum der Evolution, desto mehr Basenpaare unterscheiden also Nachkommen von der Ahnengeneration – und das ist das Prinzip der molekularen Uhr. Über alle Organismengruppen und Genome hinweg dürfte eine Mutationsrate um 0,7% pro einer Million Jahre realistisch sein.

Mit Hilfe absolut bekannter Zeitpunkte, oft aus der Altersbestimmung von fossilen Ahnen heute lebender Artengruppen, lässt sich die molekulare Uhr eichen, d.h. lässt sich angeben, wie viele Basenpaare sich in welchem Zeitraum verändern. Vergleicht man zwei Arten, so kann man die Anzahl unterschiedlicher Basenpaare bestimmen. Diese Zahl ermöglicht dann, den ungefähren Zeitpunkt zu bestimmen, an dem die beiden Arten den letzten gemeinsamen Vorfahren hatten.

Neben dem Alter von Arten, Gattungen, Familien und Stämmen ist auch der Zeitpunkt interessant, an dem im Lauf der Evolution Arten mit bestimmten Neuerungen erstmals auftraten, wie etwa die Zwitterblüten bei den Pflanzen und die damit eng verknüpfte große Vielfalt bestäubender Insekten. Die Altersbestimmung mit Hilfe einer molekularen Uhr ergab beispielsweise, dass die Evolution der großen Bestäubervielfalt auf die Evolution der Blütenpflanzen vor rund 130 Millionen Jahren folgte.

den globalen Wandel, dargestellt. In einem eigenen Kapitel über die faszinierende Vielfalt von speziellen Bestäubungssystemen, nämlich solchen, bei denen Pflanzenarten ihren Blütenbesuchern Öle – und nicht nur Pollen oder Nektar – anbieten, wird die funktionelle Bedeutung der Biodiversität auch in der Vielfalt der Wechselwirkungen zwischen Organismen anschaulich sichtbar.

Nutzung der biologischen Vielfalt

Die im Allgemeinen bessere ökologische Funktionsfähigkeit vielfältiger Artengemeinschaften und Ökosysteme bringt sehr interessante Anwendungsmöglichkeiten mit sich: So befasst sich dieses Buch exemplarisch mit der Wechselwirkung zwischen landwirtschaftlicher Nutzung und biologischer Vielfalt sowie damit, welche Rolle die Vielfalt bei der Renaturierung von Lebensräumen spielt. Bei der Landnutzung stellt sich die Frage, wie Schutz und Förderung biologischer Vielfalt am besten mit der angestrebten landwirtschaftlichen Produktion vereinbart werden können. Bei der Renaturierung ist die Hauptfrage, wie sich die positiven Konsequenzen hoher biologischer Vielfalt bei der Aufwertung degradierter und biologisch verarmter Lebensräume praktisch effizient einsetzen lassen.

Rückgang der biologischen Vielfalt, Gegenmaßnahmen und Handlungsmöglichkeiten

Land-, Wald- und Wasserwirtschaft, Fischerei, Verkehr, Bau, Energiegewinnung, Industrie,

Dienstleistungs- und Freizeitaktivitäten, alle nutzen und verändern den Raum und wirken sich dadurch auf die biologische Vielfalt aus. Im dicht besiedelten Mitteleuropa ist die sich ergebende Biodiversität deshalb im Wesentlichen ein Nebenprodukt der gesellschaftlichen Aktivitäten – und genau aus diesem Grund in den vergangenen Jahrzehnten stark abnehmend und ständig weiter unter Druck.

Angesichts des Artenrückgangs beleuchtet der abschließende Teil dieses Buchs verschiedene Handlungsmöglichkeiten. Zunächst werden invasive Organismen thematisiert, die als Konsequenz des zunehmenden internationalen Handels und Transports, von Habitatveränderungen und des Klimawandels ihr Verbreitungsgebiet immer stärker ausweiten und die sehr große Effekte auf einheimische Arten und Ökosysteme und damit auch auf für den Menschen wichtige Ökosystemleistungen haben können.

Am Beispiel der deutschen Meeresküsten wird dann die Frage nach Indikatoren gestellt, die als wichtige Hilfsmittel für die Bewertung von Lebensgemeinschaften im Sinne des Naturschutzes dienen könnten. Die Frage geeigneter Indikatoren wird hier am spannenden Beispiel der Diversität der marinen Bodenfauna in der Ostsee und ihrer funktionellen Bedeutung diskutiert.

Angesichts der großen Rolle der Raumnutzung und -planung für die biologische Vielfalt widmet sich ein sehr wichtiges Kapitel den Handlungsmöglichkeiten, die sich der Raumplanung zum Erhalt und zur Förderung der biologischen Vielfalt bieten.

Schließlich wird die aktuelle Biodiversitätsforschung in einen Bezug zum politischen Handeln in Deutschland gestellt. Dies beinhaltet eine Zusammenstellung der wichtigen internationalen Konventionen und Vereinbarungen und der Möglichkeiten, Maßnahmen und Hürden ihrer nationalen Umsetzung.

Vielfalt fasziniert

Dieses Buch spannt einen Bogen, der die Faszination, die Entstehung, die funktionelle Bedeutung und den Wert der biologischen Vielfalt veranschaulicht und ihre Gefährdung, ihren Rückgang und die Handlungsmöglichkeiten für ihren Schutz aufzeigt. Gleichzeitig wird das faszinierende Feld der Biodiversitätsforschung greifbar und es wird deutlich, wie aktiv deutsche Forschende in diesem zukunftsweisenden Gebiet sind.

Literatur

[1] Schipper, J., Chanson, J.S., Chiozza, F., Cox, A.N., Hoffmann, M., Katariya, V., Lamoreux, J., Rodrigues, A.S.L., Stuart, S.N., Temple, H.J. et al. (2008) The status of the world's land and marine mammals: Diversity, threat, and knowledge. *Science*, 322, 225–230.

[2] Hawksworth, D.L. (1991) The fungal dimension of biodiversity: Magnitude, significance and conservation. *Mycological Research*, 95, 641–655.

[3] Mora, C., Tittensor, D.P., Adl, S., Simpson, A.G.B., Worm, B. (2011) How many species are there on earth and in the ocean? *PLoS Biology*, 9, 1–8.

2

Die Bedeutung ehrenamtlicher Forschung:

Citizen Science – ohne Liebhaber geht es nicht

Christian Anton

Die Biodiversitätsforschung hat in Deutschland einen neuen Stellenwert erlangt. Wissenschaftlerinnen und Wissenschaftler gehen viel offensiver mit ihren Forschungsergebnissen an die Öffentlichkeit. Manche Forscher öffnen ihre Projekte sogar und lassen Bürgerinnen und Bürger mitforschen. Dieses Kapitel zeigt, welchen Beitrag Freizeitforscher im Bereich der Biodiversitätsforschung heute leisten und warum die Erforschung des Klimawandels die Bedeutung der Hobbyforschung noch vergrößern wird.

Hobbyforschung ist kein neues Phänomen. Lange bevor sich die Naturwissenschaften an den Universitäten etablierten, erforschten Menschen in ihrer Freizeit die biologische Vielfalt. Ihr berühmtester Vertreter ist Charles Darwin. Er segelte als unbezahltes Besatzungsmitglied über die Weltmeere und machte auf seinen Landgängen die Beobachtungen, die ihn schließlich nach langem Zögern dazu brachten, seine Vorstellung von der Evolution der Arten niederzuschreiben. Die private Forschung in der freien Zeit oder auf eigene Kosten war jedoch lange eine Beschäfti-

gung Privilegierter. Heute ist „Citizen Science" eine Aktivität, die zumindest in den entwickelten Ländern beinahe jedem offensteht. In den vergangenen Jahrzehnten standen dabei die Kartierung von Tier- und Pflanzenarten und das Monitoring von Beständen im Vordergrund.

Die so genannten Roten Listen mit Übersichten zum Zustand gefährdeter Tier- und Pflanzenarten basieren auf dem Engagement tausender Laien-Naturkundler, die viel von ihrer Freizeit in der Natur verbringen. Ein Großteil des Materials der Naturkundemuseen stammt aus privaten Sammlungen, die den Museen überlassen wurden. Unser naturkundliches Wissen wäre heute deutlich geringer ohne die Menschen, die neben ihrer Erwerbstätigkeit in ihrer Freizeit als Käferspezialist die Museen unterstützen, als Ornithologe die Bestandsentwicklung von Vögeln überwachen oder in naturkundlichen Vereinen die lokale Flora erfassen.

Die Bürgerforschung hat ihre längste Tradition vermutlich in der Botanik. Die Regensburger Botanische Gesellschaft erforscht seit 1790 die lokale Flora. Im Bereich der Ornithologie ist das möglicherweise älteste Projekt dieser Art der *Christmas Bird Count* in den USA: Seit dem Jahr 1900 werden dort über die Weihnachtsfeiertage Jahr für Jahr die Vogel-Bestände erfasst. Auch in Deutschland haben die Vogelkundler Pionierarbeit geleistet. Der Dachverband Deutscher Avi-

◀ Im Darwin-Jubiläumsjahr 2009 stand die Schwarzmündige Bänderschnecke (*Cepaea nemoralis*) im Zentrum eines europaweiten Citizen Science-Projektes. Ziel des *Evolution MegaLab* war es, mit möglichst vielen Beobachtungen zu verstehen, ob sich die Bänderschnecken an den Klimawandel angepasst haben. Bild: Al Greer.

faunisten koordiniert seit den 1960er Jahren ein regelmäßiges Vogel-Monitoring und hat wertvolle Erkenntnisse zu Verbreitung, Bestandsentwicklung und Vogelzug gesammelt.

Auch Wissenschaftler haben inzwischen entdeckt, dass für sie manch eine Fragestellung ohne die Hilfe von Amateuren nicht beantwortet werden kann. Die Hobbyforscher nehmen sich dafür Zeit, was vielen Wissenschaftlern heute nicht mehr möglich ist. Mit guten Ideen und passenden Methoden lassen sich so Untersuchungen realisieren, die von Forschungsprojekten aus Mangel an Mitteln und Mitarbeitern nicht umzusetzen wären. Dies betrifft insbesondere Untersuchungen zu den Folgen des Klimawandels für die Tier- und Pflanzenwelt. Kartierungen, Zählungen und detaillierte biologische Erfassungen sind zeitaufwändig und teuer. Daher sind beinahe alle Projekte, die über große geografische Räume Daten zum Zustand der Tier- und Pflanzenwelt erheben, auf die Teilnahme von Hobbyforschern angewiesen. Die Qualität der Erhebungen von Hobbyforschern ist dabei nicht schlechter als die von bezahlten Experten [1].

Was müssen erfolgreiche Projekte leisten?

Insbesondere in der Ökologie bietet die aktive Beteiligung von Bürgerinnen und Bürgern einmalige Chancen. Durch internationale Citizen Science-Projekte wird es möglich, die Ebene lokaler Untersuchungen zu verlassen und stattdessen gleich das ganze Verbreitungsgebiet einer Art zu untersuchen. Die Ziele, Teilnehmer und Methoden von Citizen Science-Projekten sind sehr unterschiedlich (siehe Tab. 1). Trotzdem lassen sich allgemeine Kriterien aufstellen, die für das Gelingen entscheidend sind [2]:

Tab. 1 *Citizen Science*-Projekte zur Erfassung der biologischen Vielfalt

Name	Was wird erfasst?	Internet
Projekte in Deutschland		
Tagfalter-Monitoring Deutschland	Schmetterlinge	www.tagfalter-monitoring.de
Science4You	Wandernde Schmetterlinge; viele weitere Tier- und Pflanzenarten	www.science4you.de
Stunde der Gartenvögel	Singvögel	www.nabu.de
Stunde der Wintervögel	Singvögel	www.nabu.de
Laternentanz	Glühwürmchen	www.laternentanz.org
Naturgucker	Pflanzen- und Tierarten	www.naturgucker.de
Naturbeobachtung	Pflanzen- und Tierarten	www.naturbeobachtung.de
Internationale Projekte		
Evolution MegaLab	Bänderschnecken	www.evolutionmegalab.org
Garlic Mustard Field Survey	Evolution und Ausbreitung der Knoblauchsrauke	www.garlicmustard.org
Spring Alive Meldung von Frühlingsboten	Rauchschwalbe, Weißstorch, Mauersegler, Kuckuck, Bienenfresser	www.springalive.net
What's invasive!	Invasive Tier- und Pflanzenarten	www.whatsinvasive.com
Project Budburst	Phänologie von Tieren und Pflanzen	www.neoninc.org/budburst/

- Am Beginn des Projektes sollte eine Frage stehen, deren Beantwortung realistisch erscheint.
- Die Methoden zum Sammeln der Daten müssen simpel, standardisiert und verständlich sein.
- Die Qualität der gewonnenen Daten muss gesichert sein.
- Das Projekt sollte auch mit Wissensvermittlung gekoppelt sein.
- Die Teilnehmer sollten Zugriff auf die Daten erhalten.
- Alle Teilnehmer und die Öffentlichkeit sollten über die Ergebnisse informiert werden.
- Eine ansprechende Website und Apps machen Citizen Science-Projekte attraktiver.

Die Teilnehmer von Citizen Science-Projekten müssen als gleichwertige Partner verstanden werden und Wissenschaft und Laien sollten gleichermaßen von der Zusammenarbeit profitieren. Daten, die in den Archiven von Naturschutz-Organisationen oder Universitäten verschwinden, motivieren nicht zu einer erneuten Teilnahme. Im Folgenden werden zwei erfolgreiche Citizen Science-Projekte vorgestellt.

Evolution MegaLab: Bürger erforschen Schnecken und Klimaveränderungen

Das Jahr 2009 stand ganz im Zeichen des Wissenschaftlers, der das Selbstbild des Menschen in seinen Grundfesten erschüttert hat: Charles Darwin. Im Jahr 2009 konnte neben dem 200. Geburtstag von Darwin auch der 150. Geburtstag seines Hauptwerkes „On the origin of species by the means of natural selection" gefeiert werden. Was lag also näher, als in dem Doppel-Jubiläumsjahr Bürgerinnen und Bürger in einem Citizen Science-Projekt die Evolution erforschen zu lassen? Im Zentrum des europaweiten Projektes *Evolution MegaLab* stand dabei die Schwarzmündige Bänderschnecke (*Cepaea nemoralis*). Anhand dieser in Europa häufigen Schneckenart wollten die Forscher folgende Frage beantworten: Haben sich die Bänderschnecken an den Klimawandel in Mitteleuropa angepasst?

Bänderschnecken reagieren empfindlich auf die sie umgebenden Temperaturen. Sie tragen gelb, rot oder braun gefärbte Häuschen auf ihrem Rücken. Diese wärmen sich je nach Farbe unterschiedlich stark auf. Während braune Gehäuse die Sonnenwärme aufnehmen, strahlen gelbe Gehäuse mehr davon ab. Die Tiere tragen sozusagen ihre eigene Klimaanlage auf dem Rücken. Diese theoretische Anpassungsmöglichkeit veranlasste die Wissenschaftler zu der Vermutung, dass aufgrund der Klimaerwärmung heute in Mitteleuropa mehr Schnecken mit gelben Häuschen zu finden sein sollten als noch vor wenigen Jahrzehnten. Die große innerartliche Vielfalt ermöglicht den Bänderschnecken die Besiedelung ganz unterschiedlicher Lebensräume: von sonnenbeschienenen Dünen, in denen Tiere mit gelbem Gehäuse dominieren, bis hin zu

Schneckenzählen: Teilnehmer gesucht!

Das *Evolution MegaLab* (www.evolutionmegalab.org) sucht weiterhin Interessierte, die in Garten, Park oder im Wald Bänderschnecken zählen. Die Teilnahme ist ganz einfach:

Informieren Sie sich auf der Projektseite www.evolutionmegalab.org über Bänderschnecken und warum der Klimawandel und veränderte Umweltbedingungen möglicherweise zu evolutionären Veränderungen bei Bänderschnecken führen. Laden Sie sich hierzu die Infoblätter und Erfassungsbögen herunter.

Suchen Sie auf einer Fläche (Garten, Park, Straßenrand oder Wald) von 30 × 30 Metern nach Bänderschnecken. Notieren Sie auf dem Erfassungbogen, wie viele gelbe, rote und braune Gehäuse Sie gefunden haben und welche Bänderung die Gehäuse haben (ein Band, mehrere Bänder oder kein Band). Tragen Sie ein, um welchen Lebensraum es sich bei Ihrer Fläche handelt (Wald oder Unterholz, Hecke, Wiese, Düne).

Gehen Sie nun auf die Projektseite www.evolutionmegalab.org und legen Sie dort einen Datensatz mit Name, Funddatum und dem Fundort an. Den genauen Fundort übermitteln Sie bequem per Mausklick in eine Google-Karte. Tragen Sie die Häufigkeiten der einzelnen Schneckenhaus-Varianten in die Eingabemaske ein. Nach dem Abschluss der Dateneingabe erscheint sofort eine grafische Darstellung Ihrer Bänderschnecken-Erfassung auf einer Karte. Alle Daten können auch heruntergeladen werden.

Abb. 1 Gehäusevielfalt der Schwarz-
mündigen Bänderschnecken
(*C. nemoralis*).
Bild: Christian Anton.

schattigen Waldrändern, in denen eher solche mit rotem oder braunem Gehäuse zu finden sind.

Im Darwin-Jubiläumsjahr waren alle Natur-Interessierten dazu eingeladen, in ihrer lokalen Umgebung eine selbst gewählte Fläche nach Bänderschnecken abzusuchen und die Zahl, Farbe und Bänderungsvarianten der Schneckengehäuse zu erfassen (siehe Kasten und Abb. 1). Ergänzend sollten die Teilnehmer die Fläche einem Lebensraum-Typ zuordnen. Mit Hilfe von *Google Maps* konnten diese Daten auf der Projektseite bequem in die Datenbank eingegeben werden. Durch die europaweite Beteiligung entstand auf diese Weise ein virtuelles Labor der Evolution – das *Evolution MegaLab*.

Das *Evolution MegaLab* erlebte in der Pilotphase im Jahr 2009 einen enormen Zulauf. Europaweit registrierten sich mehr als 6500 Nutzer und gaben online mehr als 7600 Datensätze in die Datenbank ein. In Deutschland meldeten sich mehr als 1800 Personen an und steuerten nach den Teilnehmerinnen und Teilnehmern in England den zweitgrößten Datensatz bei.

Europaweite evolutionäre Veränderungen

Die Ergebnisse der Hobbyforscherinnen und Hobbyforscher aus dem *Evolution MegaLab* zei-

gen eindrucksvoll, dass sich die Bänderschnecken lokal anpassen [3]: In kühleren Lebensräumen leben vorwiegend Schnecken mit dunklem Gehäuse, in offenen und warmen Lebensräumen haben Tiere mit hellem Gehäuse einen höheren Fortpflanzungserfolg und sind damit am häufigsten. Die zentrale Frage des *Evolution MegaLab* war jedoch, ob durch den Klimawandel heute in Mitteleuropa insgesamt die Zahl der Bänderschnecken mit hellem Gehäuse zugenommen hat. Hierzu wurden die von den Bürgerinnen und Bürgern im Jahr 2009 gesammelten Informationen über die Bänderschnecken mit historischen Daten verglichen. Die Hypothese des *Evolution MegaLab* konnte nur in einem Lebensraum bestätigt werden. In Dünen hat der Anteil der gelben Gehäuse zugenommen. In den übrigen Lebensräumen haben sich die Tiere möglicherweise durch ein verändertes Verhalten an die Temperaturerhöhung angepasst. Denkbar ist, dass die Tiere ihre Aktivität in andere Tageszeiten verlagern. In den sonnenexponierten Dünen besteht jedoch keine Möglichkeit, bei zu hohen Temperaturen in den Schatten auszuweichen. Hier haben Tiere mit hellem Gehäuse (einem hohem Albedo-Effekt) offenbar einen Fitnessvorteil.

Ein Vergleich der Daten aus dem Darwin-Jubiläumsjahr brachte noch ein anderes überraschendes Ergebnis zutage. Bei der Musterung der Gehäuse (der Bänderung, siehe Abb. 1) ist offenbar eine schleichende Veränderung im Gange. Neben den drei Grundfarben gibt es bei der Bänderung unzählige Varianten. Die gängigen Varianten sind: ohne Band, ein Band, drei Bänder oder fünf Bänder. Allgemein geht man davon aus, dass die Bänder der Tarnung dienen. Britische Wissenschaftler konnten zeigen, dass die gebänderten Gehäuse für Fressfeinde wie die Singdrossel schwerer zu entdecken sind als die ungebänderten Schneckenhäuser. Der Vergleich der Daten aus dem *Evolution MegaLab* mit Daten aus dem vergangenen Jahrhundert zeigt, dass eine Variante dabei ist, andere zu verdrängen: Tiere mit einem Mittelband haben in den vergangenen Jahren deutlich zugenommen [3]. Über die Gründe können die Forscher derzeit nur Mutmaßungen anstellen. Es wird vermutet, dass die Lebensräume oder der Selektionsdruck durch die Fressfeinde sich verändert haben. Leider war es nicht möglich, die europaweit verfügbaren Daten zu Vorkommen und Häufigkeit der Singdrossel mit dem Vorkommen der Bänderschnecken in Beziehung zu setzen. Es zeigte sich, dass die Erfassungsmethoden zur Kartierung der Singdrossel zu verschieden sind und keine europaweite Auswertung erlauben.

Da Bänderschnecken häufig sind, in unmittelbarer Nachbarschaft zum Menschen leben und die entscheidenden Merkmale leicht erkennbar sind, eignet sich dieses „Modellsystem" auch bestens für den Schulunterricht außerhalb des Klassenraums. Das Buch „Evolutionsbiologie – Moderne Themen für den Unterricht" [4] bietet vertiefende Informationen und Material für den Unterricht.

Tagfalter-Monitoring Deutschland

Für die langfristige Bestandsaufnahme, das so genannte Monitoring der Tier- und Pflanzenwelt, bekommen Forscherinnen und Forscher nur selten Mittel [5]. Die Erfassung der biologischen Vielfalt wird von den Forschungsförderungs-Institutionen nicht als ein Selbstzweck angesehen. Selbst wenn entsprechende Förderanträge eine klare Fragestellung als Ausgangspunkt hätten, würden sie wohl aufgrund ihres Zeitbedarfs abgelehnt werden. Wissenschaftliche Einzelprojekte haben heutzutage eine Dauer von maximal drei bis fünf Jahren. Innerhalb einer solch kurzen Zeitspanne lassen sich jedoch die Bestandstrends von Populationen nicht mit wissenschaftlichen Methoden untersuchen.

Wöchentliche Schmetterlingszählung

Vor diesem Hintergrund kann das ehrenamtliche Engagement für Projekte wie das *Tagfalter-Monitoring Deutschland* (www.tagfalter-monitoring.de) nicht hoch genug eingeschätzt werden. Bei dieser „Volkszählung der Schmetterlinge" erfassen Hobbyforscher und Entomologen deutschlandweit die lokale Vielfalt der tagaktiven Schmetterlinge. Gezählt werden einmal pro Woche alle Falter links und rechts entlang eines festgelegten Pfades. Wo ein Teilnehmer diesen auch Transekt genannten Pfad einrichtet, bleibt ihm selbst überlassen. Hauptziel des Tagfalter-Monitorings Deutschland (TMD) ist es, langfristige Bestandstrends aufzuzeigen (siehe Kasten auf der folgenden Seite). Datenreihen über mehrere Jahre hinweg geben einerseits Auskunft über die Artenvielfalt, andererseits kann mit ihnen auch ein genauer Blick auf die Entwicklung einzelner Populationen geworfen werden. Dabei geht es den Initiatoren des Projektes weniger um die besonders seltenen Arten. Interessantere Erkenntnisse erhoffen sie sich von den (noch) häufigen und eher unbeachteten Arten. Diese Arten kommen beinahe überall vor und können eventuell zeigen, ob sich die Auswirkungen von Umweltveränderungen in den verschiedenen Regionen unterscheiden. Die kombinierte Analyse der Falterhäufigkeiten mit Klima-, Landnutzungs- oder Vegetationsdaten soll in einigen Jahren eine fundierte Auskunft über mögliche Zusammenhänge geben. Gelegentlich mischen sich unter die alteingesessenen auch neue Arten. Der Kurz-

Das Tagfalter-Monitoring Deutschland auf einen Blick

Fragen, die das Tagfaltermonitoring beantworten möchte:
- Wo tritt eine Falterart wie häufig in Deutschland auf?
- Welche Lebensräume nutzen die einzelnen Arten?
- Wie entwickeln sich die Bestände der Arten?
- Dehnt eine Schmetterlingsart ihr Areal gerade aus oder geht es zurück?
- Was sind die Gründe für Bestandsveränderungen oder Arealverschiebungen?
- Wie können die Tagfalter am besten geschützt werden?

Die Aufgabe der Schmetterlingszähler:
Festlegung einer Strecke (Transekt), entlang der die Schmetterlinge gezählt werden sollen, mit Angaben zum Lebensraum. Zwischen April und September wer-

den alle Schmetterlinge entlang des Transektes wöchentlich gezählt und die Häufigkeiten der einzelnen Arten in eine Datenbank direkt auf der Website www.tagfalter-monitoring.de eingetragen.

Kontakt:
Elisabeth Kühn, Dr. Josef Settele, Helmholtz-Zentrum für Umweltforschung – UFZ, Theodor-Lieser-Str. 4, 06120 Halle, Tel. 0345-5585263; elisabeth.kuehn@ufz.de

Kooperationspartner:
Naturschutzbund Deutschland, BUND, Butterfly Conservation Europe, Science4You.

schwänzige Bläuling (*Cupido argiades*), eigentlich eine wärmeliebende südliche Art, ist in den vergangenen Jahren auf vielen Transekten gesichtet worden. Das TMD konnte zeigen, dass der winzige Falter sich innerhalb von zwei bis drei Jahren von Süden kommend ausgebreitet hat. Ob er sich dauerhaft bei uns etabliert, wird erst in einigen Jahren erkennbar sein.

Masseneinwanderung des Distelfalters

Auch ein weiteres Einwanderungs-Ereignis konnte durch die ehrenamtliche Schmetterlingszählung quantifiziert werden. Der Distelfalter (*Vanessa cardui*) ist ein Wanderfalter, der jedes Jahr in Deutschland einfliegt (Abb. 2). Die Tiere überwintern als Raupe in Nordafrika und im Mittelmeerraum. Gleich nach dem Schlüpfen machen sich die Tiere auf den weiten Weg über die Alpen nach Deutschland. Im Jahr 2009 kam es zu einer extremen Wanderbewegung in Richtung Mitteleuropa. An vielen Orten konnten ganze Schwärme von Distelfaltern bei ihrem Flug in Richtung Norden beobachtet werden. Auf der Online-Plattform *Science4You*, wo neben der Datenbank des Tagfalter-Monitorings auch das Meldeportal der Deutschen Forschungszentrale für Schmetterlingswanderungen geführt wird, liefen

Abb. 2 Der Distelfalter (*V. cardui*) wandert jedes Jahr aus dem Mittelmeerraum nach Mitteleuropa ein. Bild: Manfred Hund.

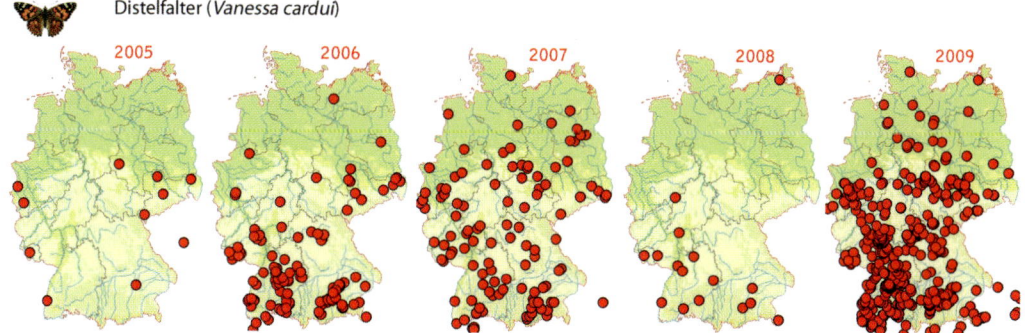

Distelfalter (*Vanessa cardui*)

2005 2006 2007 2008 2009

Abb. 3 Im Jahr 2009 war mit der Masseneinwanderung des Distelfalters (*V. cardui*) ein seltenes Phänomen zu beobachten. Die Abb. zeigt die Zahl der beobachteten Falter jeweils am Stichtag 20. Mai der Jahre 2005–2009. Bild: Science4You.

alle Beobachtungen zusammen. Die Abb. 3 zeigt die Distelfalterbeobachtungen im Jahresvergleich und verdeutlicht die Ausnahmeerscheinung im Jahr 2009.

Aktuell sind für das Tagfalter-Monitoring, das im Jahr 2005 gestartet wurde, circa 500 Ehrenamtliche in ganz Deutschland aktiv (siehe Abb. 4). Das Engagement der Schmetterlingsbegeisterten wird sich in einigen Jahren auszahlen. Dann werden Datensätze vorliegen, die unser Verständnis der heimischen Schmetterlingswelt deutlich verbessern und mit denen wir die Frage beantworten können, welche Konsequenzen der Klimawandel für Schmetterlinge in Deutschland haben könnte. Die Erfassungsmethoden des deutschen Tagfalter-Monitorings wurden dabei von Beginn an so konzipiert, dass eine kombinierte Auswertung mit den Monitoring-Daten anderer Länder möglich ist.

Können Monitoring-Daten Klimaveränderungen abbilden?

Ein weiteres Beispiel für den Wert ehrenamtlich erhobener Daten ist eine aktuelle Untersuchung der Populationen von Schmetterlingen und Vögeln in acht europäischen Ländern [6]. Dabei hat man sich Informationen zur Temperatur-Präferenz der Artengruppen zunutze gemacht. Jeder Art wird dabei eine bestimmte Temperatur als Zeigerwert zugeordnet (*Species Temperature Index*). Dieser Wert spiegelt die Jahresmittel-Temperaturen des Verbreitungsgebietes wider. Wärmeliebende Arten haben einen höheren Wert. Kälteliebende Arten haben niedrigere Werte, da sie meist in nördlicheren Breiten oder in größeren Höhen vorkommen, wo es kälter ist. Wird es nun in Mitteleuropa wärmer, sollten südliche Arten nachrücken und ihr Verbreitungsgebiet nach Norden verschieben.

Die Ergebnisse zeigen, dass sowohl die Vögel als auch die Schmetterlinge in ihrer Anpassung (Veränderung des Areals) nicht mit der Klimaveränderung Schritt halten können. Die Verzögerung in der Anpassung ist bei den Vögeln größer als bei den Schmetterlingen. Der Grund hierfür könnte in der Generationenzahl liegen. Falter bilden oft mehrere Generationen pro Jahr und können sich dadurch eventuell schneller anpassen.

Europaweite Verbreitungsdaten von Tier- und Pflanzenarten erlauben auch einen Blick in die Zukunft. Kombiniert mit Klimaszenarien lassen sich beispielsweise Aussagen über die mögliche Verbreitung von Arten treffen. Der Klimaatlas der Schmetterlinge Europas [7] zeigt, wie sich die Vielfalt von Schmetterlingen verändern wird, wenn die Erwärmung und die Intensität der Landnutzung so anhalten wie bisher. Ein Beispiel: Der Aurorafalter (*Anthocharis cardamines*),

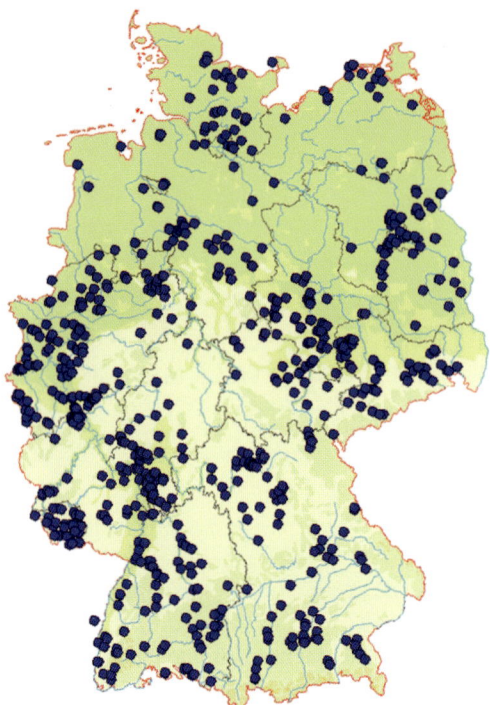

Abb. 4 Geografische Verteilung der Teilnehmer des *Tagfalter-Monitorings Deutschland*. Das Bild zeigt, dass die meisten Naturbeobachter in den Ballungsräumen zu finden sind. Der demografische Wandel wird die Erhebung der biologischen Vielfalt in manchen Regionen erschweren. Bild: Tagfalter-Monitoring Deutschland.

eine sehr häufige Art, die im Frühjahr in vielen Gärten fliegt, könnte nach den Vorhersagen der Forscher bis zum Jahr 2080 über 85% seines Lebensraums verlieren. Die Prognose für die Schmetterlinge gibt Anhaltspunkte dazu, wie auch andere Insekten reagieren dürften.

Die Zukunft der Hobbyforschung

Schnelle Datenübertragung, soziale Medien und die Anwendungsmöglichkeiten von Smartphones werden in Zukunft die Möglichkeiten und das Potenzial der Bürgerforschung wohl noch erweitern.

Das schwere Bestimmungsbuch, das alle Arten einer Tiergruppe vorstellt, muss vielleicht in

naher Zukunft nicht mehr ins Gelände getragen werden. Vielmehr wird es in Zukunft elektronische Bestimmungshilfen geben, die nur ein bestimmtes Gebiet abdecken und den Leser nicht mehr mit einer unüberschaubaren (und letztlich nicht notwendigen) Artenübersicht verwirren. Netzwerke wie *Facebook* oder *Flickr* bieten zahlreiche Möglichkeiten, Citizen Science-Projekte über befreundete Gruppen zu verbreiten und zu organisieren, Daten per Smartphone zu melden und Fotos mit Zusatzinformationen zum fotografierten Lebewesen an andere Interessierte zu schicken [8]. Das Programm *CyberTracker* wurde in den 1990er Jahren entwickelt, um im südwestlichen Afrika die Fähigkeit des Fährtenlesens von Personen aus der Bevölkerungsgruppe der Khoisan für wissenschaftliche Studien an Nashörnern zu nutzen. Die einfache Bedienung der Kleincomputer ermöglichte es auch analphabetischen Fährtenlesern, Tierspuren aufzunehmen und über das integrierte GPS an eine Datenzentrale zu senden. Heute wird *CyberTracker* von vielen Hobbyforschern und Wissenschaftlern genutzt.

Laden Smartphone-Nutzer die App *Anymals*, verbindet sich das Smartphone mit dem Server der Website und sendet standortspezifische Informationen zu den Tier- und Pflanzenarten. Hierzu greift die Plattform auf große naturkundliche Datenbanken und Wikipedia zurück. Über die App können Nutzer aber auch eigene Beobachtungen inklusive Geodaten mitteilen.

Die große Resonanz auf Projekte wie das *Evolution MegaLab* oder das *Tagfalter-Monitoring Deutschland* zeigt, dass es in Deutschland ein großes Potenzial für Citizen Science gibt. Die weitere Erforschung der Wirkungen des Klimawandels, aber auch Phänomene wie die Einwanderung fremder Tier- und Pflanzenarten werden die Bedeutung der Citizen Science noch erhöhen [9].

Eine europaweite Untersuchung machte vor kurzem deutlich, dass sich die Deutschen beim Thema Biodiversität gut auskennen. So wurde die Frage „Haben Sie schon einmal den Begriff

‚Biodiversität' gehört?" in keinem Land von einem höheren Anteil der Befragten zustimmend beantwortet wie in Deutschland [10]. Der Bürgerforschung könnte eine große Zukunft bevorstehen.

Literatur

[1] Schmeller, D., Henry, P.Y., Julliard, R., Gruber, B., Clobert, J., Dziock, F., Lengyel, S., Nowicki, P., Deri, E., Budrys, E., Kull, T., Bauch, B., Settele, J., van Swaay, C., Kobler, A., Babij, V., Papastergiadou, E., Henle, K. (2008) Advantages of volunteerbased monitoring in Europe. *Conservation Biology*, **23**, 307–316.

[2] Silvertown, J. (2009) A new dawn for citizen science. *Trends in Ecology and Evolution*, **24**, 467–471.

[3] Silvertown, J., Cook, L., Cameron, R., Dodd, M., McConway, K., Worthington, J., Anton, C., Bossdorf, O., Baur, B., Schilthuizen, M., Fontaine, B., Sattmann, H., Bertorelle, G., Correia, M., Oliveira, C., Pokryzko, B., Ozgo, M., Stalazs, A., Gill, E., Rammul, U., Solymos, P., Feher, Z., Juan, X. (2011) Citizen Science reveals unexpected continental-scale evolutionary change in a model organism. *PLoS One*, **6**, e18927.

[4] Dreesmann, D., Graf, D., Witte, C. (Hrsg.) (2011) *Evolutionsbiologie – Moderne Themen für den Unterricht*, Spektrum Akademischer Verlag, Heidelberg.

[5] DIE ZEIT: Weißt Du, wie viel Falter fliegen? 12. 2. 2009.

[6] Devictor, V., van Swaay, C., Brereton, T., Brotons, L., Chamberlain, D., Heliola, J., Herrando, S., Julliard, R., Kuussaari, M., Lindstrom, A., Reif, J., Roy, D.B., Schweiger, O., Settele, J., Stefanescu, C., van Strien, A., van Turnhout, C., Vermouzek, Z., WallisDeVries, M., Wynhoff, I., Jiguet, F. (2012) Differences in the climatic debts of birds and butterflies at a continental scale. *Nature Climate Change* **2**, 121–124.

[7] Settele, J., Kudrna, O., Harpke, A., Kuehn, I., van Swaay, C., Verovnik, R., Warren, M., Wiemers, M., Hanspach, J., Hickler, T., Kuehn, E., van Halder, I., Veling, K., Vliegenthart, A., Wynhoff, I., Schweiger, O. (2008) Climatic Risk Atlas of European Butterflies, *Biorisk* **1**, special issue.

[8] Stafford, R., Hart, A.G., Collins, L., Kirkhope, C.L., Williams, R.L., Rees, W.S., Lloyd, J.R., Goodenough, A.E. (2010) Eu-social science: the role of internet social networks in the collection of bee biodiversity data. *PLoS One*, **5**, e14381.

[9] Smith, K. (2011) An army of observers. *Nature Climate Change*, **1**, 79–82.

[10] European Commission (2007) Attitudes of European towards the issue of biodiversity, Brussels.

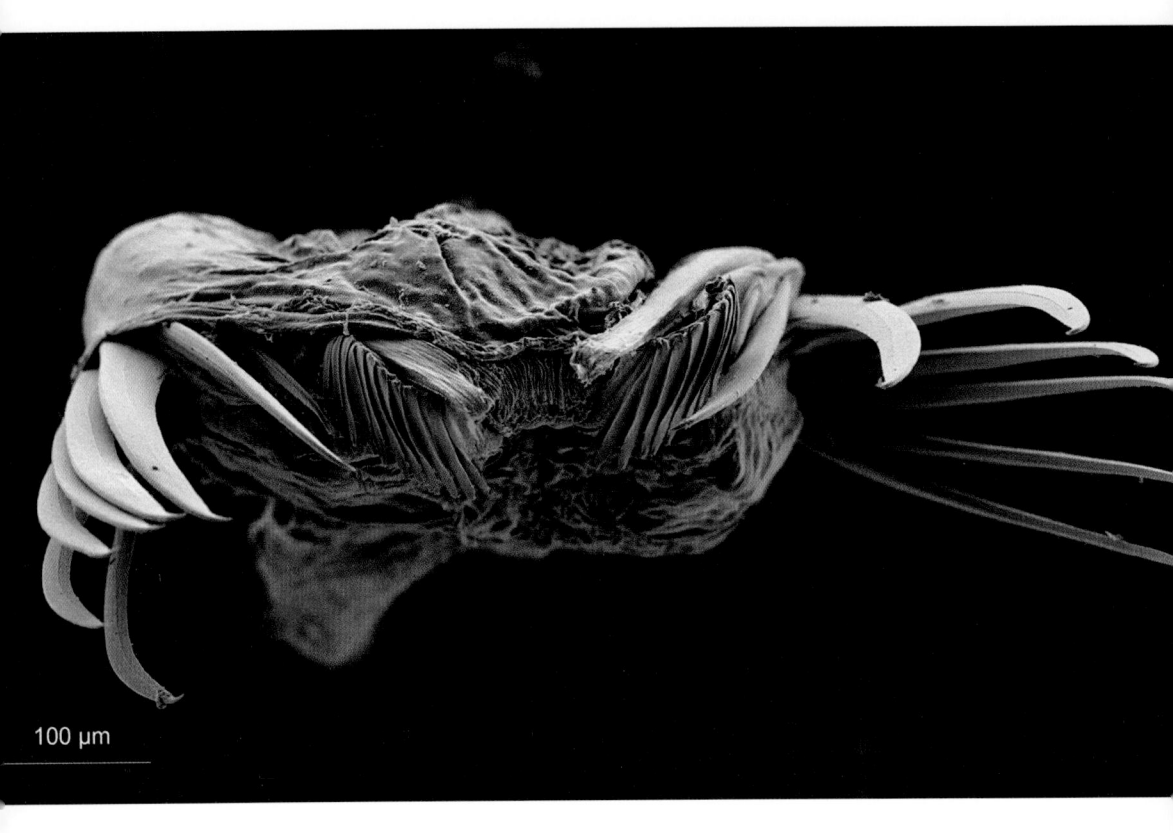

100 µm

3

Die Vielfalt im Kleinen:

Pfeilwürmer – durchsichtige Jäger im Plankton der Meere

Franziska Glück

Die Ozeane gelten als Wiege des Lebens. Neue Arten entstehen, existierende Arten verschwinden im Lauf der Jahrmillionen. Die Natur ist fleißig in ihrem maritimen Versuchslabor: Im August 2010 veröffentlichten 2700 Forscher aus über 80 Nationen ihre ersten Ergebnisse des „Census of Marine Life" – einer „Volkszählung" der Meere, die zehn Jahre lang dauerte. Erste Schätzungen ergaben eine Erhöhung der Meerestierarten von 230.000 auf fast 250.000. Wir können davon ausgehen, dass die Tiefen der Ozeane für Wissenschaftler in Zukunft noch viele Geheimnisse bereithalten. So ist zum Beispiel über Pfeilwürmer – winzige, torpedoartige Jäger im Plankton – noch längst nicht alles bekannt.

Im Juli 1768 machte sich der 28jährige niederländische Beamte und Naturforscher Martinus Slabber auf die Suche nach neuen marinen Lebensformen und unternahm einen seiner zahlreichen Sammlungsausflüge. Er entdeckte eine seltsame, ungefähr einen Zentimeter lange, wurmförmige Kreatur. Unter dem Mikroskop erkannte er einen schlanken und steifen Körper mit einem rundlichen Kopf, konnte dieses Tier aber keiner Gattung zuordnen. Nach vorsichtigen Berührungen beobachtete er, dass es ruckartig „wie ein Pfeil davonsprang". In seinen späteren Aufzeichnungen und Illustrationen gab er diesem Wesen den Namen *Sagitta* oder „pfeilförmiger Seewurm" [1]. Er schloss seine Untersuchungen mit den folgenden Worten ab: „Ein ieder Leser wird bey der Betrachtung dieses Wurms, eher die Merkmale der göttlichen Weisheit und Macht, als die Kennzeichen seines Geschlechtes (= Gattung) finden, und ich wünschte nichts mehr, als daß diese Wahrnehmungen einen ieden reizen möchten, gleicherweise in der Naturgeschichte Untersuchungen anzustellen. Dieses würde einem ieden Naturforscher und auch mir selbst vorzüglich angenehm seyn, zumal, wenn man die Lebensart dieser Geschöpfe ausfündig machen möchte [...]".

In den vergangenen 230 Jahren sind zahlreiche Biologen diesem Aufruf gefolgt und haben die Morphologie und Taxonomie der Pfeilwürmer erforscht. Auch mit aktuellen molekularbiologischen Studien konnte die Stellung dieses Tierstammes im Zoologischen System nicht festgestellt werden, die Diskussion darüber dauert an. Was wissen wir also bis heute von diesen faszinierenden „Kreaturen"?

Die meisten Pfeilwürmer verbringen ihren gesamten Lebenszyklus im freien Wasser und

Pfeilwürmer sind winzige Jäger im Plankton der Ozeane. Haben ihre hier im Bild deutlich zu sehenden Greifhaken erst einmal eine Beute gepackt, gibt es kein Entkommen. Beim Schwimmen werden die Mundwerkzeuge in einer einzigartigen Kopfkappe verpackt, was die Pfeilwürmer zu den vermutlich ältesten Torpedos der Welt macht. Diese rasterelektronenmikroskopische Aufnahme zeigt den Kopf von *Eukrohnia bathypelagica*.

Die Vielfalt des Lebens: Wie hoch, wie komplex, warum? 1. Auflage. Herausgegeben von Erwin Beck
© 2013 WILEY-VCH Verlag GmbH & Co. KGaA. Published 2013 by Wiley-VCH Verlag GmbH & Co. KGaA

treiben mit den großen Meeresströmungen. Manche Arten findet man epibenthisch auf dem Meeresboden oder an Pflanzen angeheftet. Pfeilwürmer kommen in allen marinen Lebensräumen und Tiefenstufen vor. Sie sind jedoch als Jäger im Plankton wenig bekannt, was vor allem an ihrer geringen Körpergröße von nur 1–120 mm liegen mag.

Die etwa 150 Arten spielen aufgrund hoher Individuenzahlen eine wichtige Rolle im Nahrungsnetz der Meere. Pfeilwürmer machen im Allgemeinen zwischen 5 und 10% der Biomasse des Gesamtzooplanktons der Ozeane aus und tragen als Gejagte nennenswert zum Transfer erheblicher Energiemengen auf höhere Stufen der Nahrungsnetze bei [2].

Der wissenschaftliche Name Chaetognatha (*chaete* = Borste, *gnathos* = Kiefer) bezieht sich auf eine Serie langer Greifhaken, die links und rechts am Kopf verankert sind und zum Ergreifen kleiner Beutetiere, wie Ruderfußkrebsen und anderen planktischen Vertretern derselben Größenklasse, dienen. Pfeilwürmer selbst sind eine Nahrungsquelle für Fische, Medusen und größere Arten ihrer eigenen Gruppe.

Strukturen und Funktionen

Pfeilwürmer besitzen einen langgestreckten Körper (Abb. 1), der dem Wasser nur einen geringen Strömungswiderstand entgegensetzt. Diese äußere Form bildet die perfekte Grundlage für die typischen, abrupten Bewegungen bei Flucht oder Beutefang und lässt erahnen, wie schnell dieser Räuber seine Beute packen kann.

Der Körper besteht aus dem Kopf und dem Rumpf. Letzterer wird durch ein Querseptum in einen vorderen Teil (mit paarigen weiblichen Geschlechtsorganen und Darm) und in einen hinteren, auch als Schwanz bezeichneten Teil (mit männlichen Geschlechtsorganen) gegliedert. An beiden Körperseiten befinden sich ein oder zwei Paare transparenter Flossen, die entweder vollständig oder teilweise durch Flossenstrahlen versteift sind. Gleiches gilt für die am hinteren Kör-

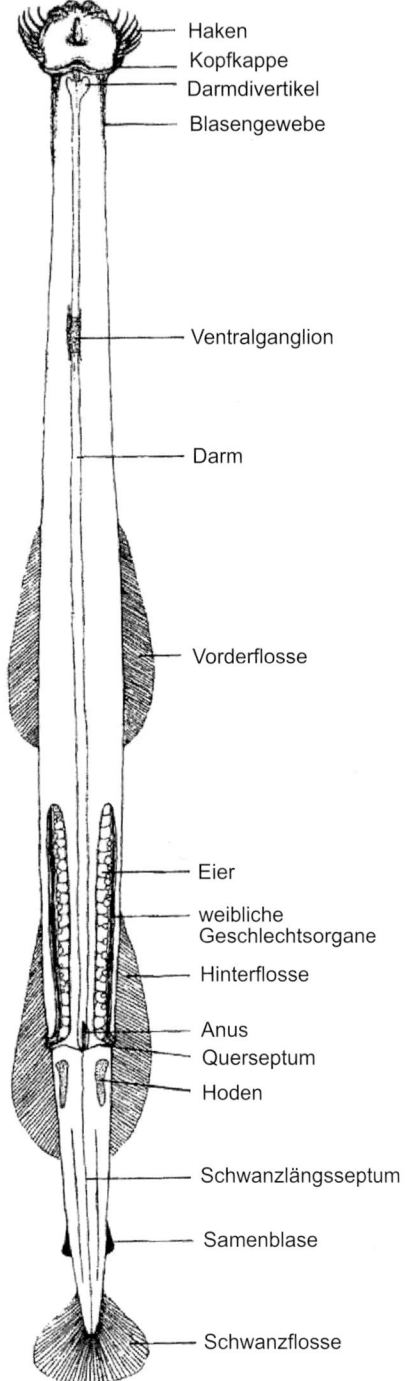

Haken
Kopfkappe
Darmdivertikel
Blasengewebe

Ventralganglion

Darm

Vorderflosse

Eier
weibliche Geschlechtsorgane
Hinterflosse

Anus
Querseptum
Hoden

Schwanzlängsseptum

Samenblase

Schwanzflosse

Abb. 1 Gesamtansicht (*Sagitta*). Zeichnung: H. Kapp.

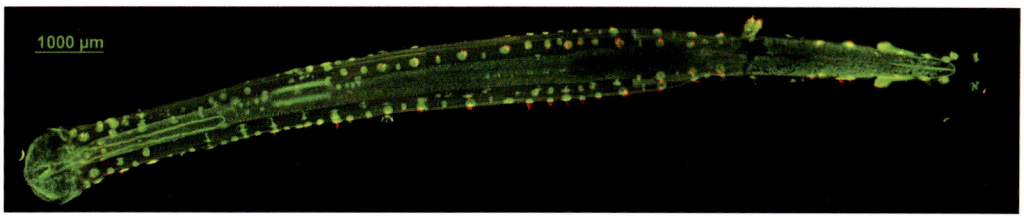

Abb. 2 Fluoreszenzmikroskopaufnahme der *ciliary fence receptors* von *Sagitta bipunctata*.

perende sitzende, einzelne Schwanzflosse. Flossen dieser Bauart gewährleisten den notwendigen Formwiderstand für präzise Bewegungen im Wasser [3].

Pfeilwürmer verfügen über einen perfekten Fangmechanismus. Die Greifhaken funktionieren wie riesige Klauen, die ausgeklappt werden können und dem Packen und Festhalten der Beute dienen. Dafür sorgt ein komplexes System aus schnell und kraftvoll kontrahierenden Muskeln im Kopf, die ein Entkommen der Beute fast unmöglich machen. Neben den Greifhaken ist der rundliche Kopf der Pfeilwürmer auf jeder Seite mit ein bis zwei Zahnreihen (Vorder- und Hinterzähne) ausgestattet. Die dolchartigen Zähne durchstechen die Haut oder das Außenskelett des Opfers und injizieren innerhalb von Sekunden das lähmende Gift Tetrodotoxin [3]. Im Anschluss kann die Beute zum Mund transportiert und verschlungen werden.

Studiert man Pfeilwürmer beispielsweise durch ein Licht- oder Elektronenmikroskop, dann entdeckt man viele weitere und häufig nur den Pfeilwürmern eigene Details. Ein einzigartiges Merkmal im Tierreich stellt die Kopfkappe (Praeputium) dar – eine Erweiterung der Außenhaut (Epidermis), die entweder dorsal auf dem Kopf zusammengefaltet oder kapuzenartig über den gesamten Kopf gestülpt werden kann. In diesem Zustand besteht ein deutlich geringerer Strömungswiderstand beim Schwimmen, da die spitzen und langen Mundwerkzeuge bis auf eine kleine Öffnung im Mundbereich vollständig umhüllt sind. Mit Nachweisen aus dem Kambrium gehören Pfeilwürmer zu den frühesten fossil überlieferten Räubern in den Ozeanen [4].

Pfeilwürmer sind zu verschiedenen Sinnesleistungen fähig, die der Orientierung und dem Beutefang dienen. Das Nervensystem ist entsprechend zur Zweiteilung des Körpers in Kopf und Rumpf ebenfalls in zwei Zentren gegliedert: dem Cerebralganglion oder Gehirn auf der Oberseite des Kopfes und dem Ventralganglion auf der Unterseite des vorderen Rumpfes. Serien kleiner Nerven streuen über Netzwerke feiner Nervenfasern in die Körperperipherie [5]. Dort befinden sich zahlreiche Sinnesorgane mit präzisen Mechanismen zum Aufspüren von Beuteorganismen. Auf der Oberseite des Kopfes sitzen bei den meisten Arten zwei kleine Augen, die sowohl die Lichtintensität als auch die Richtung des Lichteinfalls wahrnehmen. So können Pfeilwürmer ihre Lage im Raum bestimmen und die weitere Fortbewegung koordinieren.

Besondere Strukturen sind die Tastbüschel oder *ciliary fence receptors* (*ciliary* = ciliär, *fence* = Zaun). In Längs- und Querreihen entlang des gesamten Körpers angeordnet, bilden sie artspezifische, aber ähnliche Muster [6] (Abb. 2). Diese Rezeptoren reagieren auf Vibrationen über kurze Distanzen (wenige Millimeter). Dabei werden die von Beuteorganismen ausgelösten Schwingungen von dem bewegungslos dahintreibenden Jäger zielsicher erfasst [6].

Pfeilwürmer sind Zwitter, bei denen die Reife der männlichen vor der Reife der weiblichen Geschlechtsprodukte eintritt. Von vielen Autoren wird Fremdbefruchtung angenommen, aber auch Selbstbefruchtung ist möglich. Die befruchteten Eier werden auf unterschiedliche Weisen in die Umwelt abgegeben: sie können ins freie Wasser entlassen (*Sagitta;* holoplanktisch), an Steine oder Pflanzen geheftet (*Spadella;* nahe beziehungsweise auf dem Meeresboden lebend) oder in Brutsäckchen ausgetragen werden (*Eukrohnia;* Tiefenform).

Pfeilwürmer besitzen kein Larvenstadium, sondern entwickeln sich direkt. Diese Entwicklung vom Embryo zum geschlüpften Jungtier dauert etwa einen Tag und zählt zu den kürzesten Embryonalzeiten im Tierreich.

Systematik

Die stammesgeschichtlichen Verwandtschaftsverhältnisse der Pfeilwürmer innerhalb der vielzelligen Tiere werden seit rund 230 Jahren erforscht, sind aber weiterhin unklar. Obwohl morphologische Untersuchungen inzwischen durch moderne molekularbiologische Methoden ergänzt werden, sind sowohl die Position im System der Tiere als auch die Stellung der einzelnen Arten innerhalb des Stammes nicht eindeutig. Aktuelle Studien lassen die Zugehörigkeit zu den Urmündern (Protostomia) [7] und nähere Verwandtschaft zu den Rädertierchen (Rotifera) sowie den Lophotrochozoen vermuten [8]. Aber auch eine phylogenetisch isolierte Stellung der Pfeilwürmer wird diskutiert [9].

Biologische Vielfalt erkunden

Im Rahmen von drei Expeditionen in den Atlantischen Ozean im Jahr 2009 wurde das Artenspektrum der Pfeilwürmer entlang einer Linie aus Messpunkten von Norden (subtropischer Nordostatlantik, Azoren-Schwelle und Kapverdische Inseln) über den Äquator hinweg entlang des Mittelatlantischen Rückens nach Süden ins Brasilianische und Argentinische Becken vor der südamerikanischen Küste auf insgesamt 18 Stationen untersucht. Es konnten dabei Wasserschichten von der Oberfläche bis in 4000 Meter Tiefe beprobt werden. In jeder der untersuchten Schichten waren Pfeilwürmer präsent.

Für das Einfangen von Planktonorganismen bedient man sich engmaschiger Netze, die verti-

Abb. 3 Netzsystem zum Fang von Plankton in Ozeanen: MOCNESS, was eine Abkürzung für *Multiple Opening/Closing Net and Environmental Sensing System* ist. MOCNESS-Netze können Proben bis in die Tiefsee sammeln. Bild: B. Christiansen.

kal durch die Wassersäule gezogen werden. Die Apparatur eines Multinetzes besteht aus fünf Einzelnetzen, die nach Betätigen eines Auslösemechanismus an Bord des Forschungsschiffes schrittweise in verschiedenen Tiefenstufen geöffnet und geschlossen werden können. Die Maschen sind nur 300 μm weit. Das so genannte MOCNESS-Netz funktioniert analog, besteht jedoch aus bis zu 20 Einzelnetzen mit einer Maschenweite von 335 μm (Abb. 3).

Die Vielfalt der Pfeilwürmer

Bei den drei erwähnten Expeditionen konnten in den Proben 17 unterschiedliche Arten aus den folgenden fünf Gattungen identifiziert werden: *Sagitta, Eukrohnia, Heterokrohnia, Pterosagitta* und

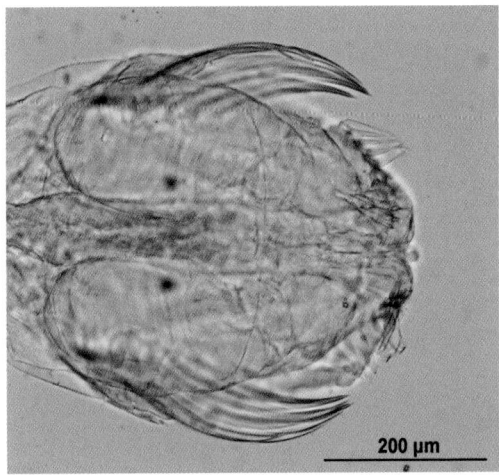

Abb. 4 Lichtmikroskopische Aufnahme des Kopfes von *Krohnitta pacifica* mit 7–15 langen, dünnen Vorderzähnen und ohne Hinterzähne.

Krohnitta. Die einzelnen Gattungen unterscheiden sich dabei in der Körperform, der Anzahl an paarigen Seitenflossen und Zahnreihen sowie in der Muskelstruktur. Wie in Abb. 4 deutlich wird, weist die Gattung *Krohnitta* nur eine Zahnreihe auf und besitzt typischerweise nur ein Paar an kurzen Seitenflossen. Die beiden Vertreter der Gattung *Sagitta* (Abb. 5 und 6) besitzen zwei Zahnreihen mit einer artspezifischen Anzahl an Zähnen. Am Körper tragen sie zwei Paare von

Seitenflossen (Abb. 1). Bisher wurden für den Atlantik circa 40 Arten beschrieben (Kapp, 2004, bisher nicht publiziert).

Die physikalischen, chemischen und ökologischen Bedingungen in den Ozeanen ändern sich mit geografischer Breite und Meerestiefe. Diese Veränderungen bewirken Unterschiede in den Artenspektren, in Verbreitung und Tiefenverteilung sowie in der Häufigkeit und Biodiversität von Planktonorganismen.

Die Verteilungsmuster von Pfeilwürmern werden dabei vor allem von Temperatur, Salzgehalt, Wasserzirkulation und Beutemenge, außerdem von den Eigenbewegungen der Tiere sowie von Konkurrenten und Fressfeinden beeinflusst. Aufgrund ihrer engen Kopplung an vorherrschende Umweltvariablen dienen einige Arten von Pfeilwürmern als zuverlässige Indikatoren.

In den Ozeanen können gewaltige zyklonisch und antizyklonisch laufende Wirbel mit Übergangszonen und Grenzströmungen beobachtet werden. Übergangszonen sind besonders artenreich. Generell nimmt die Artenvielfalt und Individuendichte von niedrigen zu hohen Breitengraden und von der Wasseroberfläche zur Tiefe hin ab [10].

Die meisten Pfeilwurmgattungen leben pelagisch. *Spadella*, *Paraspadella* und *Bathyspadella* dagegen kommen nahe beziehungsweise auf

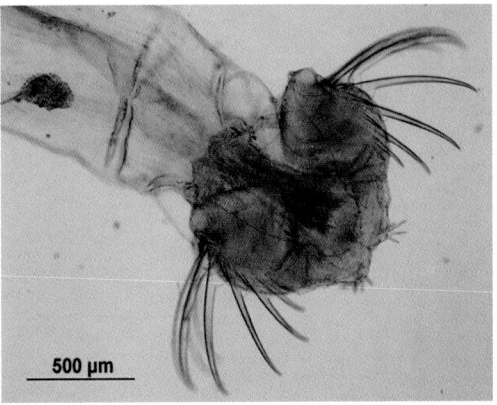

Abb. 5 Lichtmikroskopische Aufnahme des Kopfes von *Sagitta hexaptera* mit 3–5 dolchartigen Vorderzähnen und 0–6 Hinterzähnen.

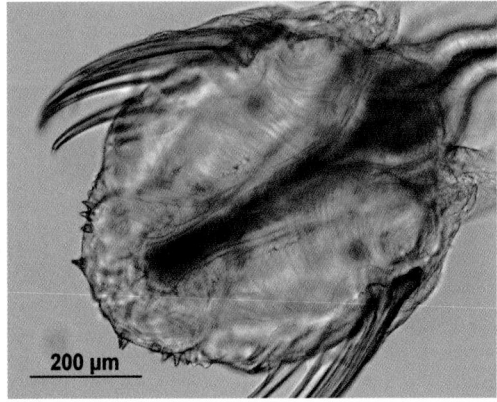

Abb. 6 Lichtmikroskopische Aufnahme des Kopfes von *Sagitta lyra* mit 2–8 Vorderzähnen in steilen Reihen und 5–12 Hinterzähnen.

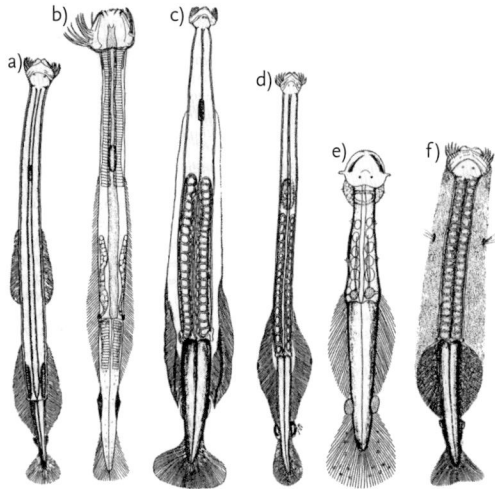

Abb. 7 Gattungen der Pfeilwürmer. a) *Sagitta*, b) *Hetero-krohnia*, c) *Eukrohnia*, d) *Krohnitta*, e) *Spadella*, f) *Pterosa-gitta*. Zeichnung: H. Kapp.

dem Meeresboden vor. *Heterokrohnia* und *He-mispadella* leben spezifisch in der Tiefsee, meist zwischen 1000 und 4000 Meter (Abb. 7).

Generell kann die Gattung *Sagitta* (Abb. 8) als besonders erfolgreich bezeichnet werden. Diese Gattung ist erst spät aus anderen entstanden, hochentwickelt und anpassungsfähig. *Sagitta* verfügt über die größte Artenzahl aller Pfeil-wurm-Gattungen und tritt in allen pelagischen Lebensräumen auf [10].

Sagitta lyra ist eine weitverbreitete Spezies, die typischerweise warme und temperierte Gewässer zwischen 200 und 1000 Meter Tiefe bewohnt. Sie wurde auf fast allen beprobten Stationen zwischen der Oberfläche und bis in 1000 Meter Tie-fe gefunden und trat als häufigste Spezies neben zwei weiteren *Sagitta*-Arten auf.

Die größte Populationsdichte an Pfeilwürmern findet man generell in der oberen, belichteten Zone des Wassers, dem Epipelagial (0–200 Meter Tiefe). Im Pazifik beispielsweise bewohnen von 40°N bis 40°S etwa 20 Arten die oberen 200 Me-ter der Wassersäule [10]. Es konnten jedoch ebenfalls Arten in Tiefenstufen gefunden wer-den, die sie typischerweise nicht bewohnen. Das ist nicht ungewöhnlich, da einige Spezies ausge-prägte Vertikalwanderungen unternehmen. Es wird davon ausgegangen, dass dieses Verhalten in Zusammenhang mit der Nahrungsaufnahme steht und dass Pfeilwürmer parallel zu plankti-schen Beutetieren auf- und absteigen. Tagsüber halten sie sich in mesopelagischen Schichten (200–1000 Meter Tiefe) auf und bewegen sich in der Dämmerung in oberflächennahe Bereiche [2].

Im Laufe der Evolution könnten dafür be-stimmte Strukturen oder Mechanismen, wie die versteiften Finnen, voluminöses und gallertiges Gewebe im Rumpfbereich oder Darmzellen mit großen Vakuolen und dichteregulierendem Ionenaustausch bedeutsam geworden sein [3]. Damit ergeben sich Hinweise für einen Zu-sammenhang zwischen Tiefenverteilung und Größe/Reifegrad eines Individuums. Jungtiere bewohnen oft die oberen Wasserschichten, wäh-rend sich ausgewachsene Tiere scheinbar auf-grund von Gewichtszunahme durch Wachstum und Reifeprozesse von Sexualprodukten in tiefe-ren Zonen aufhalten.

Temperatur und Salzgehalt sind weitere Para-meter, die bevorzugte Lebensräume bestimmen. *Sagitta gazellae* hält sich vor allem in kühlen, salz- und nährstoffreichen Wasserkörpern auf. Während der oben genannten Expeditionen wur-

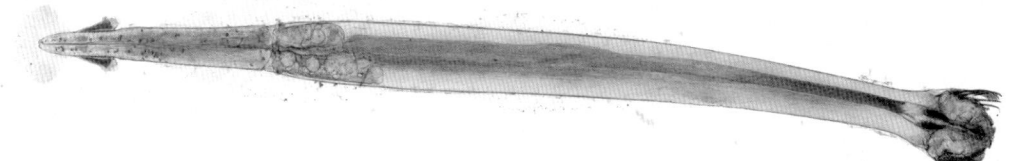

Abb. 8 *Sagitta bipunctata*, ein typischer Vertreter der besonders artenreichen Gattung *Sagitta*.

de diese Spezies ausschließlich im Malvinas-Strom unter dem Einfluss von kaltem antarktischem und subantarktischem Wasser gefunden. Kaltwasserarten leben in hohen Breiten (> 40 °N/S). Auf der Südhalbkugel sind sie für gewöhnlich zirkumantarktisch verbreitet. In arktischen Regionen tritt bei einigen Arten Provinzialismus auf. So kommt *Sagitta tasmanica* im Nordatlantik, nicht aber im Nordpazifik vor. Warmwasserarten mit eingeschränktem tropischem Lebensraum (±30 °N bis ±30 °S) können sich nicht in andere Ozeane ausbreiten, denn die Kontinente wirken hier als physikalische Barrieren. Als Folge existieren häufig enge Verwandte in unterschiedlichen Ozeanen, in der Regel gibt es eine indo-pazifische und eine atlantische Art. Die Populationen der epipelagischen Warmwasserarten (zum Beispiel *Pterosagitta draco*) mit einer tropisch-subtropischen Verbreitungsspanne (±40 °N bis ±40 °S) sind zumeist global verbreitet. Sie treffen an der südafrikanischen Spitze zwischen Atlantik und Indo-Pazifik aufeinander und können so zum Genfluss und damit zur genetischen Vielfalt beitragen [2].

Trotz ihrer geringen Artenzahl haben sich Pfeilwürmer aufgrund ihrer vielfältigen Anpassungsmechanismen erfolgreich als durchsichtige Jäger im Plankton durchgesetzt. Mit Sicherheit halten die Ozeane noch weitere faszinierende Arten bereit und der Aufforderung von Martinus Slabber, diese zu erforschen, wird noch der eine oder andere Biologe nachgehen.

Danksagung

Ich möchte mich bei Dipl.-Biol. Helga Kapp für ihre Beratung herzlich bedanken.

Literatur

[1] Slabber, M. (1778) *Natuurkundige Verlustigingen behelzende microscopise Waarneemingen van inen uitlandse Water-en Land-dieren*, Bosch, Haarlem.

[2] Bone, Q., Kapp, H., Pierrot-Bults, A.C. (1991) *The Biology of Chaetognaths*, Oxford University Press, Oxford.

[3] Kapp, H. (2004) Chaetognatha oder Pfeilwurmer – Leben und Entwicklung im Pelagial. *Natur und Museum*, **134**, 398–405.

[4] Chen, J.Y., Huang, D.Y. (2002) A possible Lower Cambrian Chaetognath (Arrow Worm). *Science*, **298**, 187.

[5] Harzsch, S., Müller, C.H.G. (2007) A new look at the ventral nerve centre of *Sagitta*: implications for the phylogenetic position of Chaetognatha (arrow worms) and the evolution of the bilaterian nervous system. *Frontiers in Zoology*, **4**, 14.

[6] Feigenbaum, D.L. (1978) Hair fan patterns in the Chaetognatha. *Canadian Journal of Zoology*, **56**, 536–546.

[7] Marletaz, F., Martin, E., Perez, Y., Papillon, D., Caubit, X., Lowe, C.L., Freeman, B., Fasano, L., Dossat, C., Wincker, P., Weissenbach, J., Le Parco, Y. (2006) Chaetognath phylogenomics: a protostome with deuterostome-like development. *Current Biology*, **16**, R577–R578.

[8] Philippe, H., Brinkmann, H., Copley, R.R., Moroz, L.L., Nakano, H., Poustka, A.J., Wallberg, A., Peterson, A.J., Telford, M.J. (2011) Acoelomorph flatworms are deuterostomes related to Xenoturbella. *Nature*, **470**, 255–260.

[9] Kapp, H. (2000) The unique Embryology of Chaetognatha. *Zoologischer Anzeiger*, **239**, 263–266.

[10] Alvarino, A. (1964) Bathymetric distribution of chaetognaths. *Pacific Science*, **18**, 64–82.

4

Hotspot mariner Biodiversität:

Wind, Wasser und Wirbellose im Atlantischen Ozean

Ralf Bochert, Michael L. Zettler

Vom Wind angetrieben bewegen sich seit mehreren Millionen Jahren gewaltige Wassermassen im südlichen Atlantik. Ein beständiges System gerichteter Meeresströmungen gibt die Bahnen für die Ausbreitung von Tierarten vor. Tropisch warm, antarktisch kalt, reichlich mit Sauerstoff versorgt und arm an Nährstoffen oder sauerstoffarm und nährstoffreich – an den Grenzflächen vor Südwest-Afrika prallen die Gegensätze aufeinander.

Als der Leipziger Zoologieprofessor Carl Chun im Jahr 1898 den für eine Forschungsreise umgerüsteten Dampfer „Valdivia" in Hamburg bestieg, war erst seit wenigen Jahrzehnten bekannt, dass Leben unterhalb einer Wassertiefe von 500 Metern möglich ist. Die Route der ersten deutschen Tiefseeexpedition verlief entlang der Westküste Afrikas und ihr Ziel war klar: Beschreibung aller aufzufindenden Tierarten und Einordnung in die wissenschaftliche Systematik. Die Ergebnisse der Expedition waren bedeutend. Die Aufarbeitung des gesammelten Materials, die Auswertungen und die Veröffentlichungen der Resultate dauerten bis 1940. Der Name des Expeditionsschiffes wird eng mit dem Südostatlantik verbunden bleiben: Die „Valdivia-Bank" ist die seichteste Stelle des während dieser Reise entdeckten so genannten Walfischrückens (Abb. 1), einem 3000 Kilometer langen ozeanischen Gebirge, das sich fast bis an die Wasseroberfläche erhebt und dabei bis zu 5000 Meter tiefe Becken voneinander trennt.

Auch heute – über 100 Jahre nach der Valdivia-Expedition – gilt das nördlich des Walfischrückens gelegene Angolabecken als ein weißer Fleck in der biologischen Landschaft. Im Jahr 2000 führte eine Expedition des Forschungsschiffes „Meteor" dorthin. Diese Reise war Teil einer weltweiten Zählung von Tierarten aus der Tiefsee. Erneut wurde umfangreiches Tiermaterial gesammelt und es war nicht überraschend, dass in vielen der untersuchten Tiergruppen mehr als 90% der gefangenen Arten neu für die Wissenschaft waren [1].

Neue Tierarten weisen morphologische oder molekularbiologische Merkmale auf, die sie von ähnlichen Arten unterscheiden. Ihre Entdeckung durch den systematisch arbeitenden Zoologen ist eine wesentliche Grundlage für die Beschreibung der Artenvielfalt mit lokalem, regionalem oder globalem Bezug. Abgrenzungen von

◀ Vor Namibias Küste liegt eine der größten Auftriebszonen der Welt. Dieses Satellitenbild zeigt den Küstenbereich zwischen 22 und 28°S mit Blick auf Sanddünen der Namib-Wüste zwischen Walvis Bay und Lüderitz. Deutlich erkennbar ist der Kaltwasserauftrieb vor Namibias Küste mit küstennaher Wolkenbildung an der angrenzenden warmen Wüste und dem Abtransport des lebenswichtigen Wassers durch vorherrschende Südostwinde. Bild: NASA.

Die Vielfalt des Lebens: Wie hoch, wie komplex, warum? 1. Auflage. Herausgegeben von Erwin Beck
© 2013 WILEY-VCH Verlag GmbH & Co. KGaA. Published 2013 by Wiley-VCH Verlag GmbH & Co. KGaA

Arten sind als evolutionäre Prozesse zu verstehen, die konkrete Anpassungen und wesentliche Spezialisierungen der Organismen an die Lebensbedingungen in ihrer Umwelt widerspiegeln. Die ökologische Bedeutung dieser Anpassungen und die Vernetzung des einzelnen Individuums oder der Population im biologischen Gefüge beschreiben daher die funktionalen Aspekte der Biodiversität.

Die Quelle ist ein Strom

Es ist erstaunlich, welchen globalen und regionalen Einfluss tiefe Meeresströmungen ausüben können. Seit mehr als 40 Millionen Jahren, als sich die Drakestraße zwischen der Südspitze Südamerikas und der Nordspitze der Antarktischen Halbinsel öffnete, bewegt der Antarktische Zirkumpolarstrom sein Wasser immer westwärts und transportiert dabei gewaltige Mengen gelöster Stoffe, fester Teilchen und Kleinstlebewesen. Ein Teil dieses Wassers strömt südlich des Walfischrückens auf die Südwestküste von Afrika zu. Aus den Tiefen wird es auf den Schelf gehoben und gelangt bei Lüderitz (Namibia) an die Oberfläche: kaltes Wasser (9–12 °C), arm an lebenswichtigem Sauerstoff, aber reich an Nährstoffen. Vor Namibias Küste liegt eine der größten Auftriebszonen der Welt, welche die atmosphärischen Bedingungen der Region prägt, Richtung und Stärke von Oberflächenströmungen bestimmt und als Quelle des Großen Benguelastrom-Meeresökosystems (Abb. 1) bezeichnet wird [2, 3]. Dieses erstreckt sich an der Westküste Afrikas südlich des Äquators bis zum Kap auf einer Küstenlänge von 3500 Kilometern. Vielfältige und einzigartige Lebensräume befinden sich an den langen Fels- und Sandküsten, den Mündungen zahlreicher Flüsse, auf den großflächigen Schelfgebieten und den Tiefseeböden bis in 5000 Meter Tiefe. Der Einfluss des Kaltwasserauftriebes vor Namibias Küste ist nicht auf die marine Umwelt begrenzt. Auch bis zu 150 Kilometer landeinwärts formt der Strom Landschaften. Die Trockenheit in der Namib-Wüste ist ursächlich mit ihm verbunden,

denn durch das kalte Wasser aus der Antarktis kondensiert die Luftfeuchtigkeit an der warmen westafrikanischen Küste und aufgrund der hohen Schichtungsstabilität der Luft können sich die einzelnen Schichten nicht mischen, sodass kein Niederschlag gebildet werden kann.

Das Auftriebssystem vor Süd-West-Afrika in seiner heutigen Ausprägung ist etwa zwei Millionen Jahre alt. Nirgendwo sonst auf der Welt befindet sich eine vergleichbare auf einen kleinen Bereich konzentrierte Auftriebszone. Die globale Einzigartigkeit des Gebietes ist durch die Begrenzung durch zwei Warmwasserströmungen gegeben. Im Süden transportiert der Agulhasstrom warmes Wasser aus dem Indischen Ozean westwärts, im Norden beeinflusst der Äquatoriale Gegenstrom das Strömungsgeschehen.

Das vor Lüderitz (Namibia) aufströmende Kaltwasser wird durch die in diesem Gebiet vorherrschenden Südostwinde permanent nach Nordwesten gedrückt. Diese Kaltwasserströmung, der Benguelastrom, verläuft zunächst küstenparallel und bewegt sich etwa in Höhe der Mündung des Flusses Kunene an der Grenze von Namibia und Angola auf die offene See. An der südlichen Grenze vermischen sich die um 5 °C wärmeren Wasser des Indischen Ozeans mit dem Kaltwasser im 320 Kilometer messenden Agulhas-Ring (Abb. 1). Im Norden induziert der sich von der Küste entfernende Benguelastrom eine küstennahe Gegenströmung, den Angolastrom, der oberflächennah das tropisch warme, salzreiche, sauerstoffgesättigte, aber nährstoffarme Wasser vom Äquator südwärts transportiert. Küstenfern bildet sich ein Strömungsring vor Angola (Angola-Wirbel). Charakteristisch ist ebenfalls die Ausprägung einer klaren Konvergenzzone, der Angola-Benguela-Front, vor Angolas Südküste.

Die kräftigen und stetigen Strömungen verändern sich im Jahreslauf nur gering [4]. Dennoch führen Extrembedingungen wie „El Niño", ähnlich wie seltene Extremhochwasser in Flüssen, manchmal zu abweichenden Bedingungen.

Alle Organismen haben sich ihm Laufe ihrer evolutionären Entwicklung mehr oder weniger

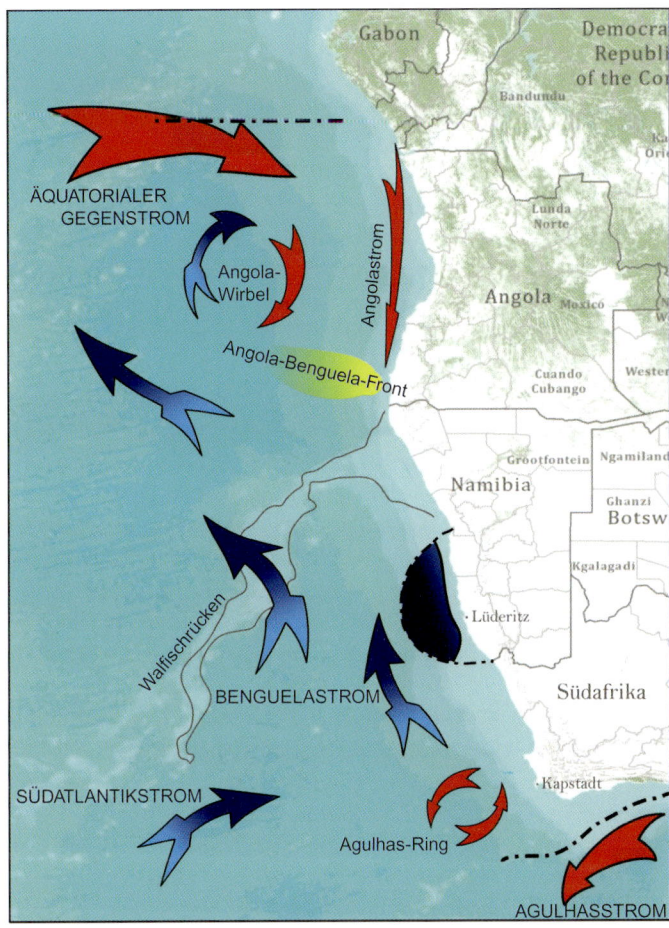

ÄQUATORIALER
GEGENSTROM

Angola-Wirbel

Angolastrom

Angola-Benguela-Front

Walfischrücken

BENGUELASTROM

SÜDATLANTIKSTROM

Agulhas-Ring

AGULHASSTROM

Abb. 1 Strömungssystem des Großen Benguelastrom-Meeresökosystems im Südostatlantik: Es herrschen konstant starke, gerichtete Strömungen vor. Die Quelle eines nährstoffreichen Kaltwasserauftriebes befindet sich vor Lüderitz (Namibia).

eng an bestimmte Umweltbedingungen angepasst, um sich zu entwickeln und sich erfolgreich fortzupflanzen. Im marinen Bereich sind für bodenlebende Tiere neben dem Siedlungssubstrat (Fels, Sand, Schlick) vor allem die Verfügbarkeit von Nahrung, das Vorhandensein von Sauerstoff und die für physiologische Prozesse wichtigen Parameter des Salzgehaltes und der Wassertemperatur wesentliche Anpassungsfaktoren. Mit den Strömungen können auch die verschiedenen abiotischen Faktoren stark ab- oder zunehmen, was insbesondere an Grenzflächen zu extremen Schwankungen führt. Einzeln oder als Kombination aus mehreren Faktoren gelangt eine Tierart dadurch an die Grenzen ihrer Leis-

tungsfähigkeit. Dies spiegelt sich deutlich im Vorkommen einzelner Tierarten wider, es lassen sich zudem Gruppen von Tierarten mit ähnlichen Reaktionen gegenüber der Umgebung zusammenfassen und letztlich bilden sich zoogeografische Regionen heraus, die ein Abbild des Strömungsgeschehens im Großen Benguelastrom-Meeresökosystem sind.

Aus der Tiefe entspringt der Reichtum

Die Auftriebsgebiete der Welt zeigen eine hohe Produktion und sind damit reich an Biomasse. Grund dafür ist der permanente Transport von Nährstoffen. Einzellige Algen sind die Basis des ozeanischen Reichtums vor Namibia. Ihnen werden Nitrat und Phosphat aus der Tiefe serviert. Diese Nährstoffe setzen sie in den lichtdurchfluteten Oberflächenschichten um und wachsen damit ausgesprochen gut. Die Nahrungskette hat sich in Gang gesetzt, unzählige Tierarten verschiedener Gruppen wollen nur eines: fressen. Kleinstkrebse, kleine Wirbellose im Freiwasser und am Boden, größere Krebse, Krabben und Stachelhäuter führen die gespeicherte Energie weiter zu den kleinen Fischen und großen Meeresräubern. Diese einzigartige Faktorenkombination führt im Großen Benguelastrom-Meeresökosystem zu einer enormen Biodiversität auf einer breiten Basis und ermöglicht die Etablierung verschiedener Lebensgemeinschaften entlang des südwestafrikanischen Schelfs.

Die enorme Biodiversität des Gebietes lässt sich nur schwer abschätzen. Für die Phytoplanktongemeinschaft als Grundlage der Artenfülle sind in der Größenklasse kleiner als 200 µm 184 Diatomeenarten, 158 Dinoflagellatenarten sowie 32 verschiedene Braun-, Grün- und Blaualgen bekannt [5]. Das Zooplankton zeigt sich mit 511 Arten sehr divers. Am stärksten sind dabei die Klassen der Wurzelfüßer (Rhizopoda) und Wimperntierchen (Ciliata) vertreten. Für mehrzellige Pflanzen (Meeresalgen) werden 179 Arten im Areal benannt. Allein bei den höheren Krebsen (Garnelen, Hummer und Krabben) sind 105 Arten bekannt, weiter kommen im Gebiet 55 verschiedene Kopffüßerarten (Oktopus, Sepien, Kalmare) vor. Neben zwei Rundmäulern gibt es an Knorpelfischen 46 Hai-, 28 Rochen- und sechs Chimärenarten. Die Knochenfische sind sogar mit 410 Arten im Gebiet beschrieben [5]. Hinzu kommen noch die bekannten Meeressäuger: Acht Bartenwalarten, 23 Zahnwal- und Delfinarten und eine Robbenart. Mehr als 1000 ohne starke Vergrößerung noch zu erkennende wirbellose Arten sind im und am Boden zu erwarten. Diese haben sich in vielfältigen Lebensräumen wie beispielsweise Gezeitenzonen, Seegraswiesen sowie auf den unterschiedlichen Sedimenten (Schlick, Ton, Schill, Sand) des

Schelfs und am Kontinentalabhang bis hin zur Tiefsee ab 200 Meter Wassertiefe eingenischt.

Das Auftreten und die Verteilung von Arten vor Namibia und Angola lässt allein auf dem Schelf eine Abgrenzung mehrerer zoogeografischer Regionen zu. Im Süden befindet sich eine Vermischungszone. Die Ausbreitung wärmeliebender Arten des Indischen Ozeans stößt hier an Grenzen. Weiter nördlich bis zur Mündung des Kunene leben fast ausschließlich kälteliebende Arten. Auf dem dortigen Schelf hat sich seit Millionen von Jahren eine Lebensgemeinschaft an die Sauerstoff-Minimum-Zonen angepasst [6]. Trotz widriger Lebensumstände (die Sauerstoffwerte liegen meist weit unter 0,5 ml/l) werden erstaunlich hohe Dichten und Biomassen erreicht. Vom Kap von Südafrika bis zur Nordgrenze von Namibia nehmen die Artenzahlen stetig ab [7]. Der Süßwassereintrag des Grenzflusses zu Angola lässt die Diversität auf dem Schelf im Mündungsbereich in die Höhe schnellen. Wie im Auftriebsgebiet stehen hier im brackigen Wasser ausreichend Nährstoffe zur Verfügung. Doch dieser Hot Spot ist lokal begrenzt. Nördlich, wenige Kilometer Küstenlinie weiter, stoßen tropisch warme Wasser mit dem Kaltwasser des Südens zusammen. In dieser sehr dynamischen Mischungszone mit wechselnden Umweltbedingungen sinkt die Artenzahl engräumig erneut, um im Anschluss in den warmen Wassern des Angolastroms stetig anzusteigen (siehe auch Abb. 4). An Angolas Küste dominieren Arten des tropischen Atlantiks [8].

Die Vielfalt der Meere – Faszination Wirbellose

Einen Einblick in die Unterwassermeereswelt der Wirbellosen erhält der interessierte Strandwanderer durch Beobachten von größeren Vertretern dieser Gruppe. Schalentiere (Muscheln und Schnecken, Abb. 2), Stachelhäuter (Seesterne, Seeigel, Seegurken) und Krebse (Krabben, Hummer, Garnelen) sind leicht zu identifizieren und erregen die Aufmerksamkeit des Betrachters durch Formenvielfalt, Farbenspiel und Be-

Abb. 2 Formenvielfalt und Arten-reichtum bei Schalentieren: Die Stachelschnecke *Hexaplex rosarium* ist ein Räuber in flachen tropischen Gewässern (oben links; 8 cm), die Nabelschnecke *Natica marchadi* lebt auf Weichboden, jagt Weichtiere und frisst Aas (oben rechts), *Marginella orstomi* bevorzugt tropische Gewässer und ernährt sich räuberisch (unten links), die Muschel *Nuculana bicuspidata* lebt eingegraben im weichen Boden und sammelt sich die Nahrung von der Sedimentoberfläche (unten rechts, alle 2 cm).

musterungen. Ist die Abgrenzung von Gruppen noch recht einfach, lassen sich Unterschiede zwischen einzelnen Arten nur schwer erkennen. Dem erfahrenen Zoologen offenbart sich die Vielfalt und Reichhaltigkeit dieser umfangreichen Tiergruppen erst bei Betrachtung durch Vergrößerung unter dem Stereomikroskop.

Einige Klassen innerhalb der Wirbellosen haben sich im Großen Benguelastrom-Meeresökosystem besonders umfangreich entwickelt. Dazu gehören unter anderem die wurmartig aus vielen gleichmäßigen Segmenten aufgebauten Vielborster, Schlangensterne und Krebse (Abb. 3).

Ein halbwegs vollständiges Inventar der Artenvielfalt aller Wirbellosengruppen im Gebiet ist mittelfristig nicht absehbar. Allenfalls ist es möglich, einzelne Klassen vergleichend zu betrachten. Die Artenzahl in der Klasse der Vielborster wird für das Gebiet südlich des Äquators bis 18°S mit 385 angegeben [8]. Im weiteren Küstenverlauf vor Namibia und Südafrika kommen noch einmal 64 endemische Arten hinzu.

Ein bereits angesprochener deutlich regionaler Trend im Vorkommen ist auch für Schnecken belegbar. Die 133 bekannten Arten im Gebiet bevorzugen den Bereich um die Mündung des Grenzflusses Kunene, der reichlich Nahrung auf den Schelf transportiert. Weiter nach Norden sinken die Artenzahlen, weil die Bedingungen im Grenzgebiet zwischen kalten und warmen Wassermassen an die Leistungsgrenzen vieler tropischer beziehungsweise Kaltwasser-Spezies führen. Mit Stabilisierung der Bedingungen an Angolas Nordküste steigen auch die Artenzahlen wieder an (Abb. 4).

Die Artenvielfalt im Großen Benguelastrom-Meeresökosystem lässt sich ebenfalls innerhalb der Ordnung der Flohkrebse erkennen. Viele verschiedene Spezies leben verteilt im Gebiet und tragen zu einer stattlichen Gesamtartenzahl von 111 bei. Auch weiterhin werden neue Arten gefunden.

Die Ausbreitung von Arten ist ein populationsdynamischer Prozess. Für die Bewohner des Meeresbodens spielen sowohl aktive Migrationsbewegungen als auch passives Verdriften eine enorme Rolle. Es ist leicht vorstellbar, dass eine Ausbreitung von größeren und mobilen Arten

Abb. 3 Formenvielfalt und Artenreichtum bei Krebsen (von links nach rechts). a) *Dehaanius* spec. maskiert sich vor Fressfeinden durch gezieltes Anheften von Algenfilamenten und verschmilzt dadurch optisch mit dem gleichförmigem Weichboden; b) bei Schwimmkrabben (Polybiidae) ist das fünfte Beinpaar mit deutlich abgeflachtem und extrem verbreitertem, blattförmigem Endglied zu einer Schwimmextremität umgewandelt.
c) Kugelkrabben leben vergraben im Sand flacher Meeresgebiete (Leucosoiidae), d) Seespinnen (Majidae) sind Allesfresser und durch ihre langen Beine sehr mobil; e) Bärenkrebse (Scyllaridae) sind nachtaktiv und leben bevorzugt in warmen Gewässern.
f) Strandkrabben leben häufig an der Küste im Gezeitenbereich und bewegen sich seitwärts auf der Suche nach Nahrung; g) Schamkrabben (*Calappa* spec.) besitzen stark verbreiterte Endglieder am ersten Beinpaar, die schützend vor den Körper gehalten werden.

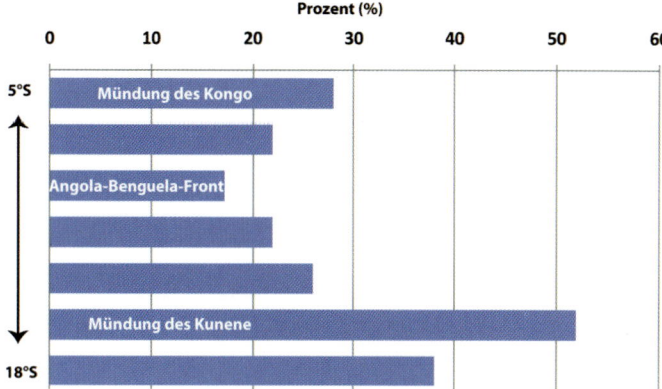

Abb. 4 Biogeografische Verteilung (in Prozent) der Schneckenfauna (Artenzahl 133) vor der Küste Angolas. Hohe Biodiversität (Hot Spots) sind Bereiche der Flussmündungen. Die Angola-Beguela-Front ist dagegen artenarm.

(Krabben, Langusten, Hummer) in einem höheren Maß stattfinden kann als bei kleinen Vertretern. Jedoch wie bei allen Tiergruppen gelingt dies nur denjenigen Arten, die sehr tolerant gegenüber veränderten Lebensbedingungen sind. 218 Krabbenarten aus 26 Familien an Westafrikas Küsten haben sich bereits etabliert [9].

Auftriebsgebiete: hochproduktive Zentren der Biodiversität

Auftriebsgebiete der Welt sind ein bedeutendes Zentrum für die Fischerei. Im Großen Benguelastrom-Meeresökosystem werden jährlich 1,25 kg Kohlenstoff pro Quadratmeter in der Biomasse festgelegt, etwa sechsmal mehr als in der Nordsee [3]. Das Gebiet ist reich an Fischen, Seevögeln, Krebsen und Meeressäugern. Die Gesamtanlandung an Fisch (der Teil des Fangs, der an Land gebracht wird) erreichte 1978 ein Hoch von circa drei Millionen Tonnen pro Jahr. Starke Überfischung führte zu einem drastischen Rückgang in den Beständen. Aktuell betragen die Anlandungen circa eine Million Tonnen pro Jahr. Große Bedeutung an den Fängen haben die pelagisch lebenden Sardinen und Anchovis (etwa 200.000 Tonnen pro Jahr). In ähnlichen Größenordnungen werden weiterhin Sardellen, Seehechte (*Merluccius* sp.), Makrelen und Hummer gefangen.

Die vorhandene Biomasse dieser Schlüsselorganismen im Gebiet ist eng mit den Populationsgrößen ihrer Beute (Zoobenthos und Planktonorganismen) und ihrer Räuber, wie den Seevögeln, Robben und Pinguinen, verknüpft.

Erwachsene Tiere, aber auch frühe Entwicklungsstadien von kleinen und festsitzenden Arten nutzen den Wasserstrom, um neue Gebiete zu erreichen, da Siedlungsplätze am Ort für Artgenossen generell knapp sind.

Im Großen Benguelastrom-Meeresökosystem gibt der nordwärts fließende Strom die Richtung für die Ausbreitung vor. Insofern ist es nicht verwunderlich, dass nur ein sehr geringer Prozentsatz an Tierarten zugleich vor Südafrika und nördlich des Äquators lebt. Vielborster gelten dabei als besonders robust und anpassungsfähig. Von den 211 bekannten Vertretern rund um Südafrika lassen sich immerhin etwa zwei Drittel auch an den Küsten Nordostafrikas nördlich 20°N finden [8].

Dass noch viel Forschungsbedarf besteht, zeigen die Funde vieler neuer Tierarten aus dem Gebiet vor Angola, die jüngst beschrieben wurden [10–14].

Literatur

[1] Guerrero-Kommritz, J. (2005) Results of the Diva-1 expedition of RV "Meteor" (Cruise M48/1). Notes on the Tanaidacea (Crustacea: Peracarida) of the Angola Basin. *Organisms, Diversity & Evolution*, **5**, 171–177.

[2] O'Toole, M.J., Shannon, L.V., de Barros Neto, V., Malan, D.E. (2001) Integrated Management of the Benguela Current Region, in: *Science and Integrated*

Coastal Management, (eds. B. von Bodungen, R.K. Turner), Dahlem University Press, 231–253.

[3] Shannon, L.V., O'Toole, M.J. (2003) Sustainability of the Benguela: ex Africa semper aliquid novi, in: *Large Marine Ecosystems of the World – Trends in Exploitation, Protection and Research* (eds. G. Hempel, K. Sherman) Elsevier, Amsterdam, 227–253.

[4] Mohrholz, V., Bartholomae, C.H., van der Plas, A.K., Lass, H.U. (2008) The seasonal variability of the northern Benguela undercurrent and its relation to the oxygen budget on the shelf. *Continental Shelf Research*, **28**, 424–441.

[5] Maartens, L. (2003) Biodiversity, in: *Namibia's marine environment* (eds. F. Molly, T. Reinikainen) (Directorate of Environment Affairs of the Ministry of Environment and Tourism, Windhoek), 103–135.

[6] Zettler, M.L., Bochert, R., Pollehne, F. (2009) Macrozoobenthos diversity in an oxygen minimum zone of northern Namibia. *Marine Biology*, **156**, 1949–1961.

[7] Sakko, A.L. (1998) The influence of the Benguela upwelling system on Namibia's marine biodiversity. *Biodiversity and Conservation*, **7**, 419–433.

[8] Le Loeuff, P., von Cosel, R. (1998) Biodiversity patterns of the marine benthic fauna on the Atlantic coast of tropical Africa in relation to hydroclimatic conditions and paleogeographic events. *Acta Oecologica*, **19**, 309–321.

[9] Manning, R.B., Holthuis, L.B. (1981) West African crabs (Crustacea: Decapoda). *Smith. Contr. Zool.*, **306**, 1–379.

[10] Bochert, R., Zettler, M.L., (2009) A new species of *Heterospio* (Polychaeta, Longosomatidae) from offshore Angola. *Zoological Science*, **26**, 735–737.

[11] Bochert, R., Zettler, M.L. (2010) *Grandidierella* (Amphipoda: Aoridae) from Angola with description of a new species. *Crustaceana*, **83**, 1209–1219.

[12] Massier, W., Zettler, M.L. (2009) *Marginella himburgae* nov. sp. (Gastropoda: Marginellidae: *Marginella*). Description of a new Marginellidae species from Namibia. *Malacologia Mostra Mondiale*, **65**,3–4.

[13] Rolan, E., Zettler, M.L. (2010). A new species of *Gibbula* (Mollusca, Archaegastropoda) from Namibia. *Iberus*, **28**, 73–78.

[14] Thandar, A.S., Zettler, M.L., Arumugam, P. (2010) Additions to the sea cucumber fauna of Namibia and Angola, with descriptions of new taxa (Echinodermata: Holothuroidea). *Zootaxa*, **2655**, 1–24.

Teil II
Ein weißer Fleck auf der Landkarte des Lebens: Mikroorganismen

5

Pilze, Bakterien & Co.

Mikroorganismen: die unbekannte Mehrheit

François Buscot, Erko Stackebrandt

Wenn von den großen Gruppierungen der biologischen Vielfalt auf unserem Planeten die Rede ist, so denkt man in erster Linie an Tiere und Pflanzen, vielleicht auch noch an die essbaren Pilze. Anders dagegen ist die Situation der mikroskopisch kleinen Objekte, die gemeinhin unter den Begriff Mikroorganismen fallen und im Volksmund häufig auch als Mikroben oder Keime bezeichnet werden. Sie kommen – weitgehend unentdeckt – in unglaublicher Vielzahl vor und ihre stoffwechselphysiologischen Leistungen übertreffen diejenigen der Pflanzen und Tiere bei Weitem.

Mikroorganismen vereint zwar eine geringe Größe, nicht aber eine gemeinsame Abstammung miteinander. Ihre Entwicklung lief über einen Zeitraum von einigen Milliarden Jahren ab. Alle höheren Organismen, inklusive des Menschen, sind und wurden während ihrer Evolution von Mikroorganismen begleitet und beeinflusst: Als Erzeuger von Sauerstoff und Treibhausgasen, als Fixierer von Luftstickstoff; als lebensnotwendige Komponenten des Verdauungstrakts, als abbauende Destruenten, als Krankheitserreger und lebensbedrohende Agenzien, als Veredler von Nahrungsmitteln, als Produzenten von Pharmaka und wirtschaftlich bedeutenden Chemikalien und als lebensmittelverderbender „Schimmel" werden Mikroorganismen tätig. Und schließlich lieferten sie als Endosymbionten auch Teile des genetischen Materials der mehrzelligen Organismen.

Die Entdeckung neuer Ufer

Wie die Seefahrer durch die Besiedlung neuer Küsten einen nur unvollständigen Eindruck von der geografischen, klimatischen und biologischen Diversität eines neuen Kontinents gewinnen konnten, waren auch die Väter der Mikrobiologie nicht in der Lage, die gesamte morphologische Diversität, die unglaubliche genetische und biochemische Vielfalt und die Anpassungsfähigkeit der Mikroorganismen an terrestrische und aquatische Lebensräume dieses Planeten zu begreifen.

Die Mikrobiologie des ausgehenden 19. und des beginnenden 20. Jahrhunderts war vor allem eine medizinische Bakteriologie. Parallel zur dia-

◀ Die unglaubliche Vielfalt der Bakterien spiegelt sich auch in ihrer Struktur wider. Ob als Wachstum auf Nährmedium (a, *Rhodococcus erythropolis* DSM 43066), unter dem Lichtmikroskop (b, *Leucothrix mucor* DSM 2157; c, *Thiothrix lacustris* DSM 21227; d, *Chondromyces apiculatus* DSM 14605) oder unter dem Elektronenmikroskop (e, *Verrucomicrobium spinosum* DSM 4136; f, *Hyphomicrobium zavarzinii* DSM 1566): Immer wieder begeistert die Mannigfaltigkeit der Struktur den Betrachter. Bilder: a–c) DSMZ; d) Hans Reichenbach; e–f) Manfred Rohde, HZI, Braunschweig.

Die Vielfalt des Lebens: Wie hoch, wie komplex, warum? 1. Auflage. Herausgegeben von Erwin Beck
© 2013 WILEY-VCH Verlag GmbH & Co. KGaA. Published 2013 by Wiley-VCH Verlag GmbH & Co. KGaA

gnostischen Mikrobiologie begann eine neue Ära, die bis heute nichts von ihrer Faszination eingebüßt hat: die Umweltmikrobiologie, das heißt die Erforschung von Mikroorganismen aus Boden und Wasser, für die kein krankheitsauslösendes Potenzial nachgewiesen wurde. Sehr schnell wurde erkannt, dass die Zahl der aus diesen Substraten isolierten Arten wesentlich höher liegt als die der Krankheitserreger. Diese Untersuchungen, stimuliert durch methodische Fortschritte in der Mikrobenkultur, waren Ausgangspunkt für die Entdeckung der autotrophen und lithotrophen Lebensweise, der Fixierung und Assimilation von Luftstickstoff in Symbiose mit anderen Organismen, aber auch durch frei lebende Bakterien, des oxidativen Abbaus von organischen Stickstoffverbindungen zu Nitrit und Nitrat (Nitrifikation) sowie der Schwefeloxidation und Schwefelreduktion durch Bakterien.

Die mikrobiologische Forschung konzentrierte sich in den folgenden Jahrzehnten auf die Serologie, Biochemie und Genetik – Gebiete, in denen Bakterien auf Grund ihrer einfachen genetischen Ausstattung und des leichten Zugangs zu Zellmaterial eine Modellrolle zukam. In dieser Zeit wurde der Begriff Prokaryo(n)t für eine Zelle geprägt, in der das genetische Material nicht von einer Zellkernmembran umschlossen ist (im Gegensatz zu den Eukaryoten, den Protozoen, Algen, Tieren, Pflanzen und Pilzen) [1]. In der Periode zwischen 1965 und 1980 wurden neue Stoffwechselwege beschrieben und neue Konzepte zur Systematik der Mikroorganismen aufgestellt. Diese beruhten auf wichtigen Entdeckungen, zum Beispiel

- der Eignung von Sequenzen der DNA, RNA und von Proteinen zur Ableitung natürlicher Verwandtschaften [2];
- der überragenden Bedeutung ribosomaler Komponenten für Systematik, Artbeschreibungen und Identifizierung [3] und nicht zuletzt
- die Entdeckung der Archaea und die Dreiteilung der Organismen in die Reiche Bacteria, Archaea und Eukarya [4] (Abb. 1).

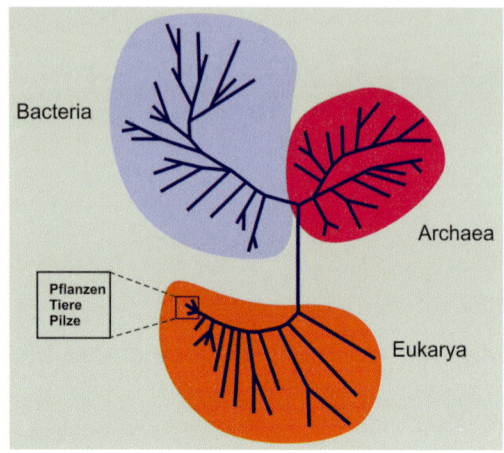

Abb. 1 Die derzeitige Vorstellung von der Evolution der drei Hauptgruppen von Mikroorganismen. Bild: R. Kolter, S. Maloy, Microbe 2011, 6, 26–29.

Neue Techniken zur Analyse von Genfragmenten öffneten das Feld der molekularen Ökologie. Dieses neue Wissensgebiet der Biologie revolutionierte innerhalb kürzester Zeit die Umweltmikrobiologie, da man nun die Existenz von Mikroorganismen nachweisen konnte, ohne sie zu isolieren und zu kultivieren. Heute stehen die Mikrobiologen kurz davor, das Genom jeder neubeschriebenen Art vollständig zu sequenzieren, um letztlich tiefe Einblicke in die Evolution und die Beziehung zwischen Zellstruktur und Funktion der Mikroorganismen zu gewinnen.

Die traditionelle Gruppierung der Eukarya – derjenigen Organismen, deren Zellen einen Zellkern besitzen – in die Abteilungen der Tiere (Animalia), Pflanzen (Plantae), Pilze (Fungi) und Protisten (Protista) geriet mit der molekularen Analyse ins Schwanken. Während die ersten drei Abteilungen in der Tat monophyletisch sind, stellt sich die Zusammenfassung der eukaryotischen Mikroorganismen oder Protisten in einer eigenen Abteilung als zu einfach dar. Aufgrund der Sequenzvergleiche stehen den drei Abteilungen der höheren Eukaryoten mindestens elf Abteilungen von Protisten gegenüber. Eine spezifische Gruppierung von drei Abteilungen wird durch die Fungi, Metazoa (vielzellige Tiere) und

Choanoflagellata (u. a. Kragengeißeltierchen) definiert, von denen letztere als Vorfahren der Tiere gelten. Die Pilze stehen innerhalb dieser Gruppierung an der Basis. Ihr Alter wird auf etwa 1,3 Milliarden Jahre geschätzt (http://www.timetree.org).

Die weitaus artenreichste Gruppe der Prokaryoten stellt die Domäne Bacteria dar, der sich etwa 30 Phyla zuordnen lassen. Die Domäne Bacteria umfasst alle „klassischen" Bakterien, die seit den Zeiten von Pasteur und Koch beschrieben wurden. Die Erkenntnis über das Vorhandensein einer völlig neuen Gruppe von Prokaryoten, den Archaea, die sich in stammesgeschichtlichen, genetischen und chemischen Aspekten von den Bacteria deutlich unterscheiden, führte zu einer intensiven Suche nach neuen Lebensformen in solchen Habitaten, die bisher als lebensfeindlich galten: Dies sind die so genannten extremophilen Standorte, die zum Beispiel anaerob, sehr heiß, sauer, alkalisch oder sehr salzhaltig sind. Neben im Labor kultivierten und in Sammlungen hinterlegten Arten wurden mittlerweile auch über 40 Phyla beschrieben, von denen es noch keine Isolate gibt, die im Labor wachsen können.

Das Ausgangsmaterial für diese kultivierungsunabhängigen Verfahren spielt hierbei eine richtungsweisende Rolle: Extreme Standorte sowie Wirt-Symbiont-Systeme, vor allem zwischen Prokaryoten und niederen Eukaryoten, erhöhen die Chance, in phylogenetisches Neuland vorzustoßen. Je extremer die physikalisch-chemischen Bedingungen und je exotischer der Ursprung einer Probe (zum Beispiel Geysire, marine Vulkane, Symbionten von Organismen der Tiefsee, Knochen toter Wale), desto höher die Aussichten auf neuartige Produkte: Celluloseabbauende Enzyme zum Ausbleichen von Fasern in „stone-washed"- Jeans und zur Papierbleiche, Esterasen zur Kreation neuer Parfüms, Proteasen für die Käsereifung und hitzeresistente Mannasen für die Leistungssteigerung von Öl als Gleitmittel in Tiefenbohrungen sind nur einige Beispiele für erfolgreiche neue Produkte. Die Technik, DNA direkt aus einer Umweltprobe zu extrahieren, sie in dem Bakterium *Escherichia coli* zu klonieren und die Klone auf die Bildung spezifischer Enzyme hin zu testen, ist ein bereits gängiges industrielles Verfahren.

Unsere eingeschränkte Sicht auf die Vielfalt der Mikroorganismen

Seit dem ohne Isolierung und Kultivierung von Bakterienstämmen möglichen Nachweis der phylogenetischen Diversität in natürlichen Habitaten wurde den Mikrobiologen bewusst, wie wenig wir über die Vielfalt der Bakterien und ihre Welt wissen. Wissenschaftliche Schätzungen über die Zahl der auf unserem Planeten existierenden prokaryotischen Zellen sind atemberaubend [5]: $2{,}5 \times 10^{30}$ könnten es sein, von denen der Hauptteil in terrestrischen und marinen Sedimenten (60%) und in tiefer liegenden Gesteinen lebt (34%). Nur 4% der Zellen sollen in den oberen Bodenschichten und nur 2% in den oberen 200 Metern der Ozeane vorkommen, also in solchen Bereichen, die dem Bakteriologen als Untersuchungsquelle für die Kultivierung gemeinhin zur Verfügung stehen. Die Zahl der im Pansen der Wiederkäuer und im Darmtrakt des Menschen lebenden Bakterien ist dagegen verschwindend gering (ungefähr 3×10^{24} beziehungsweise 4×10^{23}). Entsprechende Hochrechnungen liegen für andere Lebensgemeinschaften mit Mikroorganismen noch nicht vor.

Die astronomisch hohe Zahl von über 10^{30} Zellen und damit das unschätzbare Ausmaß der zu erwartenden genetischen und biochemischen Vielfalt ist das Ergebnis der 3,8 Milliarden Jahre alten biologischen Evolution auf der Erde. Sie wird von keinem der anderen Organismenreiche erreicht. Obgleich das tatsächliche Ausmaß, ebenso wie die Zahl der dieses Spektrum repräsentierenden Arten methodenbedingt noch im Dunkeln liegt, muss man davon ausgehen, dass die enorme genomische Plastizität der Einzeller, die durch unterschiedliche, aber hohe Mutationsraten entstand, einen unschlagbaren Evolutionsvorteil mit sich brachte. Hinzu kamen eine im Prinzip sehr kurze Generationszeit und ein leichter Austausch von genetischem Material zwischen einzelnen Zellen, Jedes neue Habitat, wie extrem auch immer, jeder mehrzellige Organismus wird als Lebensraum, Symbiont oder Ziel von Krankheitserregern rasch besiedelt; jedes Stoffwechsel-Endprodukt eines Organismus kann nach verhältnismäßig schneller genetischer Adaptation des katabolischen oder anabolischen mikrobiellen Stoffwechsels als Energie- oder Kohlenstoffquelle verwendet werden. Man darf allerdings die geschätzte globale Zellzahl nicht mit der von Arten gleichsetzen, da nicht nur die Definition einer Art (in der Bakteriologie ist die Art pragmatisch definiert, ein Artkonzept gibt es nicht) in den verschiedenen Organismenreichen unterschiedlich ist, sondern auch die Zellzahl pro Art unbekannt ist. Letztere hängt von zahlreichen, noch wenig verstandenen Parametern ab. Auch sind zahlreiche Arten Kosmopoliten. Die Chancen sind hoch, neuen Stimuli durch die Umwelt ausgesetzt zu werden, wodurch sich auf lange Sicht das Erbmaterial ändert.

Trotz aller Unsicherheiten ist eine Schätzung der Artenzahl verlockend und hat die Wissenschaftler zu Spekulationen veranlasst: So reichen die Schätzungen von 40.000 bis zu einer Milliarde Arten, eine unglaublich hohe Zahl, die auf der Hochrechnung der Analyse von 2000 unterschiedlichen Typen bakterieller Lebensgemeinschaften fußt.

Phylogenetische und physiologische Diversität der Bakterien

Nur etwa 9000 Bakterienarten sind bis heute wissenschaftlich beschrieben – eine geringe Zahl im Vergleich zu Pilzen (etwa 100.000) und nahezu verschwindend klein verglichen mit der Zahl der heute bekannten Insekten und Blütenpflanzen. Der Grund liegt nicht darin, dass prokaryotische Arten selten sind: Es ist die Kombination von nur wenigen und wenig differenzierten morphologischen Merkmalen mit einer enormen genetischen und metabolischen Vielfalt, die eine Beschreibung von Prokaryoten-Arten so aufwändig macht. Außerdem ist die Definition einer Prokaryoten-Art nicht mit dem Artbegriff von Tieren und Pflanzen zu vergleichen, zumal man weder auf ontogenetische (Entwicklungsgeschichte des Individuums) noch auf phylogenetische (Stammesentwicklung, dokumentiert durch Fossilien) Daten zurückgreifen kann. Besonders erschwerend ist die Tatsache, dass Mikrobiologen nicht in der Lage sind, im Labor einen höheren Anteil als nur etwa 1% dessen zu kultivieren, was sie unter dem Mikroskop beziehungsweise mit biochemischen Methoden als mikrobielle Vielfalt in einer Habitatprobe erkennen. Der Flaschenhals im Fortschritt liegt in der Unkenntnis, wie sich die in der Natur entdeckten potenziellen Arten isolieren und als Reinkultur im Labor vermehren lassen. Die genomische Information, die auf die Anwesenheit einer neuen Art in einer Habitatprobe hindeutet, reicht für eine Artbeschreibung nicht aus.

Basierend auf der geschätzten Zahl prokaryotischer Zellen von über $2,5 \times 10^{30}$ auf unserem Planeten lässt sich nicht nur deren Gesamtgewicht, sondern auch der intrazelluläre Gehalt essenzieller Zellbausteine abschätzen. So wird, bei einem Gewicht von etwa 10^{-12} g pro Bakterienzelle, das globale Gesamtgewicht der Mikroben bei etwa $2,5 \times 10^{14}$ t liegen (das Gewicht der Erde wird mit 6×10^{21} t angegeben). Spektakulärer ist jedoch die Rechnung, dass fast die gleiche Menge (etwa 60–100%) des global in der pflanzlichen Biomasse enthaltenen Kohlenstoffs ($3,5$–$5,5 \times 10^{11}$ t) auch in den Zellen der Bakterien fixiert ist. Diese enthalten auch $8,5$–13×10^{10} t Stickstoff und $0,9$–$1,4 \times 10^{10}$ t Phosphor, das sind Mengen, die die in den Pflanzen um den Faktor 10 übersteigen [5]. Zweifelsohne spielen die Mikroorganismen mit ihrer hohen Stoffwechselrate und Fähigkeit zum Umsatz von organischer und anorganischer Materie eine dominierende Rolle als Reservoir für den Stoffwechsel höherer Organismen. Der hohe Stoffumsatz prokaryotischer Biomasse von etwa $1,7 \times 10^{30}$ Zellen pro Jahr bedingt einen schnellen Rückgewinnungsprozess der Zellbausteine. So schätzt man den Stoffumsatz der gesamten Biomasse von Bakterien im Metalimnion (bis 200 Meter Tiefe) der Ozeane auf nur 16 Tage, während derjenige, der durch terrestrische Bakterien bewerkstelligt wird, bis zu mehrere Jahre dauern kann.

Mikroorganismen mit ihrer physiologischen Vielfalt, sei es als Stickstofffixierer, Wachstumspromotoren, Produzenten von Sauerstoff und ihrer unschlagbaren Fähigkeit, als Destruenten den Abbau organischen Materials zu katalysieren, nehmen im Stoff- und Energiekreislauf des Lebens auf unserem Planeten eine Schlüsselposition ein. Ohne Mikroorganismen würde auch das Leben höherer Pflanzen und Tiere schnell zum Stillstand kommen.

Die Pilze

In jedem erweckt der Begriff „Pilze" unterschiedliche Vorstellungen. Es sind einerseits Bilder von herbstlichen Waldwanderungen auf „Pilzjagd", die von der Schwierigkeit getrübt werden, essbare von ungenießbaren oder giftigen Exemplaren zu unterscheiden. Es können aber auch unangenehme Visionen von Schimmel auf Nahrung oder an feuchten Wänden oder von hartnäckigen Hautkrankheiten aufkommen. Positiv dagegen ist die Wahrnehmung, dass ohne die Hefen, die auch Pilze sind, kein Brot gebacken, kein Bier gebraut und kein Wein hergestellt werden könnte, und dass mit dem Pilzprodukt Penicillin die Medikamentengruppe der Antibiotika entdeckt wurde.

Sind Pilze Mikroorganismen?

Diese Facetten unserer Wahrnehmung spiegeln die Vielfalt einer faszinierenden Gruppe von Organismen wider. Bevor man diese Vielfalt, ihre Ursachen und ökologische Bedeutung erläutert, sollte man aber die Frage beantworten, warum man die Pilze den Mikroorganismen zuordnet. Es ist kein Mikroskop erforderlich, um Champignons und Schimmelpilze zu sehen. Auch sind

Pilze wahrscheinlich die größten Organismen der Welt. Im Jahre 2000 wurde in Oregon (USA) ein Honiggelber Hallimasch (*Armillaria mellea*) mit einem Alter von 2400 Jahren und einer Verbreitung von 9 km^2 (1200 Fußballfelder) entdeckt, dessen Biomasse (Trockengewicht) mehrere Dutzend Tonnen beträgt!

Pilze werden jedoch deshalb als Mikroorganismen betrachtet, weil eine Vielzahl von ihnen mikroskopisch klein ist und weil drei Grundbausteine von Pilzen dem bloßem Auge unsichtbar bleiben. Es handelt sich um mikroskopische Vermehrungseinheiten, die Sporen, um nur wenigzellige Hefen und um dünne Myzelfäden mit höchstens 0,03 mm Durchmesser. Ein Myzel ist ein einziger, meist verzweigter Schlauch, der aus einer einzigen Zelle oder aus vielen Zellen bestehen kann. Durch Spitzenwachstum und Verzweigung können Myzelien im Prinzip unendlich wachsen. Myzelfäden, so genannte Hyphen (Abb. 2a, b), können sich auch bündeln, um die makroskopischen Fruchtkörper oder auch Rhizomorphen – wurzelähnliche Stränge – zu bilden, und genau solche Elemente bilden den gigantischen Hallimasch aus Oregon.

Myzel-ähnliche Formen kommen im Organismenreich auch außerhalb der Pilze vor, zum Beispiel bei fädig wachsenden Bakterien und bei fädigen Algen. Auch die aus Pollenkörnern auf den Griffeln der Blütenpflanzen auskeimenden „Pollenschläuche" gleichen Myzelien. Bezeichnend für die Pilze ist allerdings, dass ihre Zellen Wände mit Chitin haben, einem Polymer aus Stick- und Kohlenstoff (übrigens besteht auch das Außenskelett der Insekten aus Chitin). Ein weiterer Unterschied zu den Pflanzen (zu denen die Pilze nach früherer Lehrmeinung gehörten) besteht darin, dass Pilze nicht in der Lage sind, ihren Energiebedarf durch Umwandlung der Sonnenstrahlung über die Photosynthese zu gewinnen. Stattdessen benötigen Pilze, wie Tiere, organische Moleküle als Nahrungsgrundlage. Diese holen sie sich über drei Wege: indem sie andere Organismen, also Pflanzen, Tiere oder sogar andere Pilze parasitieren, mit ihnen eine

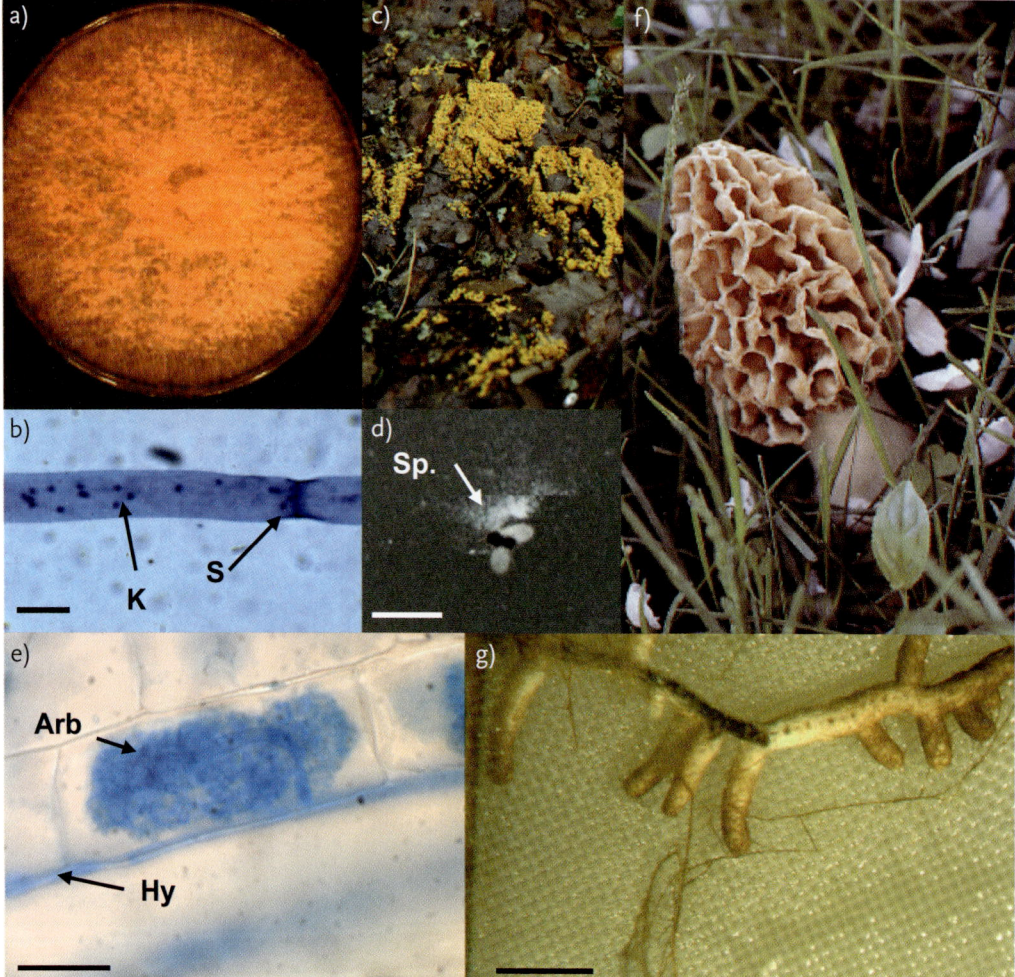

Abb. 2 a) Pilzmyzel von der Speisemorchel *(Morchella esculenta)* auf einem Nährmedium in einer Petrischale, das im Prinzip unendlich weiterwachsen könnte. Es handelt sich um die vegetative Form („imperfekte Form") des Fruchtkörpers auf Foto f. Bild: F. Buscot.
b) Detail einer Pilzhyphe mit Querseptum (S). Die dunklen Punkte sind winzige Zellkerne (Strich = 20 μm). Bild: F. Buscot.
c) Fruchtkörperkolonie eines Schleimpilzes auf einem laubbedeckten Waldboden. Bild: F. Buscot.
d) Eine von einer Entomophtorales befallene Fliege, aus deren Körper die Pilzsporen (Sp.) geschleudert wurden (Strich = 5 mm). Bild: F. Buscot.

e) Arbuskuläre Mykorrhiza: Wurzelzelle, in welcher ein Glomeromycot eine Arbuskel (Arb) gebildet hat. Im Zwischenraum zweier Zellen ist eine Hyphe (Hy) erkennbar (Strich = 20 μm). Bild: T. Schäfer.
f) Der Fruchtkörper einer Speisemorchel *(Morchella esculenta)*, wie er sich im Frühjahr bildet (Größe ca. 10 cm). Es handelt sich um die sexuelle Fortpflanzungsform („perfekte Form") des Organismus aus Bild a). Bild: F. Buscot.
g) Die Ektomykorrhiza einer Eichenwurzel. Die Wurzeln sind von einem Hyphenmantel komplett umhüllt, aus welchen Rhizomorphen (Hyphenbündel) herauswachsen (Strich = 3 mm). Bild: S. Herrmann.

symbiotische Assoziation eingehen oder sie nach ihrem Tod als „Saprobionten" abbauen.

Wie vielfältig sind die Pilze?

Die Kombination von wenigen Grundlebensformen (Hefe, Myzel) und von drei Ernährungsarten (Saprotrophismus, Parasitismus und Symbiose) hat im Laufe der Evolution durch Anpassung an Substrate und Spezialisierung auf Partner zur Bildung einer riesigen Artenzahl geführt, die derzeit auf über 1,5 Millionen geschätzt wird [6]. Wie bei den Bakterien ist diese Angabe nur eine grobe Schätzung. Auf Grund der Tatsache, dass sich die meisten Pilze aus so komplexen Substraten wie Böden nicht isolieren lassen und ihre Existenz deshalb nur mit molekularbiologischen Methoden, nicht aber über Beobachtung nachgewiesen wurde, ist es für die meisten Pilzgruppen unmöglich, ein kohärentes Artkonzept festzulegen. Von vielen Pilzen ist keine sexuelle Fortpflanzung bekannt, möglicherweise pflanzen sie sich auch gar nicht sexuell fort, so dass die klassischen biologischen Artkonzepte der Zoologie und Botanik, welche auf einer Paarungsfähigkeit beruhen, bei Pilzen nicht greifen. Dies kann zu einer konfusen Situation führen: Nicht selten trägt das vegetative Myzel eines Pilzes – die Fachleute sprechen von der „imperfekten" Form – einen anderen Namen als die Form, von der sexuelle Fortpflanzung bekannt ist. So heißt bei einer Speisemorchel das unauffällig vegetativ sporenbildende Myzel *Costantinella cristata*, während die Fruchtkörper *Morchella elata* genannt werden.

Vor diesem komplexen Hintergrund muss man die heutige Vorstellung vom Reich der Pilze verstehen, nach der es vier große Gruppen oder Abteilungen gibt, zu denen noch eine künstliche fünfte Gruppe von „imperfekten" Pilzformen, die „Fungi imperfecti" kommt. Die erste Gruppe umfasst die Schleimpilze (Abteilung der „Chytridiomycota"), deren Vertreter Ähnlichkeiten mit niederen Tieren aufweisen. Schleimpilze bilden eine manchmal spektakuläre schleimige Masse,

das „Plasmodium", das auf einem Substrat wie Laub, Ästen oder Telefonmasten kriechen kann, bevor es sich verfestigt, und z. T. sehr attraktive kleine Fortpflanzungsorgane, die „Fruchtkörper" bildet (Abb. 2c).

Die zweite Abteilung, die der „Jochpilze" oder auch „Zygomycota", besteht nur aus Myzel und winzigen Fruchtkörpern. Viele der bekannten Schimmelpilze gehören in diese Gruppe, deren Myzelien Lebensmittel, zum Beispiel feuchte Brotstücke, Käse und Obst besiedeln und sich durch Sporen verbreiten, die in kleinen schwarzen oder andersfarbigen Kugeln an der Spitze von Hyphen gebildet werden, die senkrecht aus dem Substrat herauswachsen. Zu dieser Abteilung gehört auch eine Ordnung von Pilzen, die „Entomophtorales", die Insekten parasitieren. Der Pilz besiedelt den Körper von Fliegen und greift dabei das Nervensystem an, bis sich die Tiere vor dem Tod z. B. an ein Fenster setzen. Kurz danach platzt der Körper der Fliegen, das Myzel tritt heraus und Sporen werden auf dem Glas freigesetzt (Abb. 2d), wo sie auf die nächsten Opfer warten.

Die nächste Gruppe, die der „Glomeromycota", bekam erst vor zehn Jahren den taxonomischen Rang einer Abteilung. Zuvor galt sie als Ordnung der Jochpilze. *Glomus* und seine Verwandten stellen eine kleine Gruppe dar, die auf eine einzige Lebensstrategie spezialisiert ist: die Symbiose mit Pflanzenwurzeln, die so genannte Mykorrhiza. Derartige Assoziationen zwischen Pflanzen und Pilzen sind vermutlich 450 bis 500 Millionen Jahren alt und ermöglichten wahrscheinlich erst die Eroberung des Festlands als Lebensraum der grünen Pflanzen. Etwa 80% der heutigen Landpflanzen sind auf die Bildung von Mykorrhizen zwischen ihren Wurzeln und Vertretern der Glomeromycota angewiesen, die den Wurzeln Nährstoffe und Wasser aus dem Boden zuführen. Dabei wachsen die Pilzhyphen in die Zellen der äußeren Wurzelgewebe hinein und bilden dort kleine „Hyphenbäumchen", die Arbuskeln (Abb. 2e). Deren stark verästelte mikroskopische Struktur begünstigt den schnellen

Austausch von Nährstoffen aus dem Boden gegen die von den Pflanzen produzierten Kohlenhydrate. Von den Glomeromycota ist keine sexuelle Fortpflanzung bekannt, wodurch Merkmale zur Definition von Arten fehlen. Auf Basis der Morphologie der durch einfache Zellteilung erzeugten Sporen kann man heute circa 200 Typen unterscheiden; molekulare Analysen dagegen lassen eine zehnfach höhere Vielfalt erahnen. Rätselhaft ist, warum eine Pilzgruppe, die seit Millionen von Jahren mit über hunderttausend Pflanzenarten in enger Symbiose lebt, während der Evolution so homogen geblieben ist.

Die dritte Abteilung, die Schlauchpilze oder „Ascomycota", zeigt sich uns in einer großen Vielfalt von Arten, Formen und Lebensstrategien. Hier sind mikroskopisch kleine Arten zu finden, wie die bereits erwähnten Hefen, aber auch große Arten, zum Beispiel die Speisemorcheln (Abb. 2f). Darüber hinaus nutzen Schlauchpilze die drei Ernährungsstrategien Parasitismus, Saprotrophismus und Symbiose und sie pflanzen sich sexuell fort, wobei die Mechanismen des Wechsels zwischen vegetativer und sexueller Form oft unbekannt sind. So ist es relativ leicht, das Myzel von Trüffeln, der teuersten Pilzart der Welt (bis zu 3000 Euro pro Kilo), zu kultivieren, nicht aber ihre edlen Fruchtkörper gezielt zu produzieren, die nur in der Natur und in Symbiosen mit Baumwurzeln (siehe Beschreibung von Ektomykorrhiza unten) gebildet werden. Schlauchpilze sind aber auch Partner in einer anderen Symbiose mit Algen und Cyanobakterien, wodurch die Flechten entstehen. Mehr als 15.000 Pilzarten haben sich auf diese Symbiose spezialisiert, die die Eroberung von vielfältigen Habitaten ermöglicht. Auch viele Schimmelpilze gehören zu den Schlauchpilzen, so die Gattung *Penicillium*, deren Arten zur Herstellung von Medikamenten oder Blauschimmelkäse benutzt werden, aber auch manche schwerwiegende Erkrankung des Menschen hervorrufen. Eine Besonderheit der Biodiversität von Pilzen ist die Fähigkeit, innerhalb einer Gattung, Art oder manchmal selbst zwischen verschiedenen Linien

(„Stämmen") einer Art sehr unterschiedliche Lebensstrategien und Stoffwechselwege zu nutzen. Darin zeigt sich die große genetische Plastizität der Pilze, deren Zustandekommen noch weitestgehend unerforscht ist. In dieser „funktionellen Diversität" liegt ein großes Potenzial für die Biotechnologie sowie die Pharma- und die Lebensmittelindustrie. Die praktischen Konsequenzen der Artenvielfalt und Spezialisierung von Pilzen ist aber nicht nur positiv. Zwei Arten parasitärer Schlauchpilze haben zum Beispiel die Wälder der Nordhemisphäre während des 20. Jahrhunderts dramatisch verändert. Es handelt sich um *Ophiostoma ulmi* und *Cryphonectria parasitica*, die jeweils Ulmen und Esskastanien in den westeuropäischen und nordamerikanischen Wäldern quasi komplett ausgerottet haben.

Die letzte Abteilung, die der Basidien- oder Ständerpilze (Basidiomycota), wird als die evolutionär am weitesten entwickelte Pilzgruppe betrachtet. Namensgebend für diese Abteilung sind die Basidien, winzige, leicht aufgeblasene Hyphen, an deren Spitze oder Seite die durch Meiose, also geschlechtliche Fortpflanzung, entstandenen Sporen in Knospen oder Auswüchse der Basidie einwandern. Die Basidienpilze sind enorm vielfältig. Am bekanntesten sind die eigentlichen Ständerpilze (Agaromycotina) mit ihren typischen Fruchtkörpern aus Hut und Stiel, wie Champignon, Steinpilz oder Fliegenpilz. Bei den Ständerpilzen wurden bisher circa 30.000 Arten mit ganz unterschiedlichen Lebensweisen beschrieben. Dazu zählen schwerwiegende Pflanzenparasiten wie der Hallimasch, aber auch Zersetzer, die sehr komplexe Substrate wie Holz abbauen (z. B. der Hausschwamm). Diese Fähigkeit beruht auf der Ausscheidung von Enzymen mit starkem Abbaupotenzial wie Phenoloxidasen oder Peroxidasen. Solche Enzyme können sehr komplexe aromatische Moleküle entweder komplett oder auch teilweise mineralisieren. Während im ersten Fall Kohlenstoffdioxid entsteht, kondensieren sich im zweiten Fall die Zwischenprodukte, um Humus zu bilden. Bodenpilze sind daher essenziell für die Entstehung und Fruchtbarkeit von Böden [7]. Von der Balance zwischen Mineralisierung und Humusbildung hängt darüber hinaus ab, ob Böden als Quelle oder Senke für das atmosphärische Kohlenstoffdioxid fungieren. Die Vielfalt und Aktivität von Bodenpilzen wird daher heute im Zusammenhang mit dem Klimawandel verstärkt untersucht.

Aus der Gruppe der Basidiomycota sind auch die Ektomykorrhiza-Pilze hervorzuheben, die in Symbiose mit Baumwurzeln leben. Ektomykorrhizen entstanden vor circa 130 Millionen Jahren vermutlich mehrmals in der Evolution. Hier umhüllt ein Pilzmyzel die Spitze der Wurzel (Abb. 2g) und dringt nur zwischen die Pflanzenzellen, aber nicht in die Zellen selbst ein. Jeder hat vermutlich schon einmal den weißen Überzug auf den kurzen und angeschwollenen Enden von feinen Baumwurzeln gesehen. Den Stoffaustausch zwischen Pilz und Pflanzenwurzel stellt man sich ähnlich wie bei der arbuskulären Mykorrhiza vor. Im Gegensatz zu dieser enthalten die Ektomykorrhizen eine große Vielfalt an pilzlichen Partnern (von mindestens 15.000 Arten) und sind auf der Pflanzenseite auf Bäume beschränkt. Die Ektomykorrhizen sind essenziell für die Entwicklung von Wäldern der borealen und gemäßigten Regionen, in welchen sie den Bäumen helfen, sich an zeitlich und räumlich sehr heterogene Bodenbedingungen anzupassen. Ohne diese Assoziation wäre der Baum als große Lebensform in diesen Regionen nicht so erfolgreich geworden.

Zu den Basidiomycota zählen aber auch mikroskopisch kleine Arten, wie die zahlreichen Rost- und Brandpilze, die kleine Flecken an Blättern und Blüten vieler Pflanzen hervorrufen, wobei wir hier erneut dem Parasitismus begegnen. In diesem Fall verlief die Evolution der Wirtpflanzen und der Pilze koordiniert und das Ergebnis dieser „Co-Evolution" ist eine gewaltige Artenvielfalt, die den Forscher vor erhebliche Probleme bei der Bekämpfung dieser durch Pilze verursachten Krankheiten an unseren Kulturpflanzen stellt.

Dieser kurze Abriss des Reichs der Pilze zeigt nicht nur eine gewaltige Biodiversität, sondern weist auch auf verschiedene Mechanismen der Artenausprägung während der Evolution hin. Die enorme Diversität der Gruppe der Pilze zeigt deren Bedeutung für die Funktion von Ökosystemen und sie erklärt auch die Schwierigkeit, Pilzarten zu definieren. Ohne Frage ist die Pilzforschung heute aktueller denn je.

Literatur

[1] Stanier, R. Y., van Niel, C. B. (1962) The concept of a bacterium. *Archives of Mikrobiology*, **42**, 17–35.

[2] Zuckerkandl, E., Pauling, L. (1965) Molecules as documents of evolutionary history. *Journal of Theoretical Biology,* **8**, 357–366.

[3] Woese, C. R., Fox, G. E. (1977) Phylogenetic Structure of the Prokaryotic Domain: the Primary Kingdoms. *Proceedings of the National Academy of Sciences USA,* **74**, 5088–5090.

[4] Woese, C.R., Kandler, O., Wheelis, M.L. (1990) Towards a natural system of organisms: Proposae for the domains Archaea, Bacteria, and Eucarya. *Proc. Natl. Acad. Sci. USA* **87**, 4576–4579.

[5] Whitman, W. B., Coleman, D., Wiebe, W. J. (1998) Prokaryotes: The unseen majority. *Proc. Natl. Acad. Sci. USA,* **95**, 6578–6583.

[6] Hawksworth, D.L. (2001) The magnitude of fungal diversity: the 1.5 million species estimated revisited. *Mycological Research,* **105**, 1422–1432.

[7] Buscot, F., Varma, A. (eds.) (2005) Micro-organisms in soils: Roles in genesis and functions. *Soil Biology,* **3**, Springer Verlag, Heidelberg.

6

Diversität und Funktion:

Vielfalt der marinen Mikroorganismen

Jens Harder

Meer ist Bewegung und andauernde Veränderung. Stürmisch war auch die Entwicklung der marinen Mikrobiologie im vergangenen Jahrzehnt, denn wir konnten einen ersten Eindruck von der schier unglaublichen Vielfalt an Mikroorganismen im Salzwasser gewinnen. Was haben wir gelernt – und wissen wir, was wir noch nicht wissen?

Die Einheit der Biodiversität ist die Art – eine vom Menschen geschaffene Einheit. Die Mikrobiologie kennt fast 10.000 im Labor kultivierte Arten (Abb. 1), aber aus Umweltproben sind genetische Fingerabdrücke, 16S rRNA-Gensequenzen, von mehreren hunderttausend „Arten" von

◀ Unzählige Mikroorganismen bevölkern die Weltmeere – und die meisten davon sind uns Menschen noch vollkommen unbekannt. Die elektronenmikroskopische Aufnahme zeigt die Knospung von *Rhodopirellula baltica*, einem marinen Planktomyceten. Dieses an Algen, marinem Schnee und Sedimentkörnern anhaftend lebende Bakterium enthält ein sehr großes Erbgut im Pirellulosom, welches durch eine Membran abgetrennt ist vom Paryphoplasma, dem Raum zur äußeren Zellwand. Dieses nach seinem ersten Fundort als „rote Perle der Ostsee" benannte Bakterium ist mit Chlamydien verwandt. Wir deuten das Pirellulosom als ursprünglichen Endosymbionten, während das Paryphoplasma das Zellinnere eines noch unbekannten Wirts war. Bild: With kind permission by the American Society for Microbiology, Applied and Environmental Microbiology, 76 (2010) 776–785, doi:10.1128/AEM.01525-09.

Bakterien und Archaeen bekannt [1]. Angesichts dieser Artenvielfalt richtet sich das Interesse der marinen Mikrobiologie auf die häufigen Arten, die die Stoffkreisläufe im Meer und in den Sedimenten in Funktion halten, und auf die jahreszeitliche Dynamik der Populationsgröße als Reaktion auf Temperatur- und Lichtintensitätsschwankungen, Stürme, Gezeiten und die großen Strömungen im Meer. Welche Habitate gibt es – und welche Mikroorganismen leben dort?

Im offenen Ozean

In der oberen Schicht der Ozeane, bis in 200 Meter Tiefe, wird Licht zur Photosynthese genutzt, wobei einzellige Cyanobakterien eine wichtige Rolle einnehmen. Mit 100.000 Zellen stellen sie ein Zehntel der Mikroorganismen in einem Milliliter Ozeanwasser. Zwei Arten von Cyanobakterien sind besonders häufig: *Synechococcus* findet man im Atlantischen Ozean nördlich des Golfstroms und südlich des Benguelastroms, während *Prochlorococcus* dazwischen in den warmen Gewässern vorkommt. Die Ursache dieser geografischen Verteilung ist noch ungeklärt. Die Cyanobakterien sind nur einen Mikrometer groß, aber wie alle Partikel sinken sie langsam dem Ozeanboden entgegen. Von den Zellen aufgenommene Nährstoffe der Oberflächengewässer werden mit in die Tiefsee eingetragen. Dieser

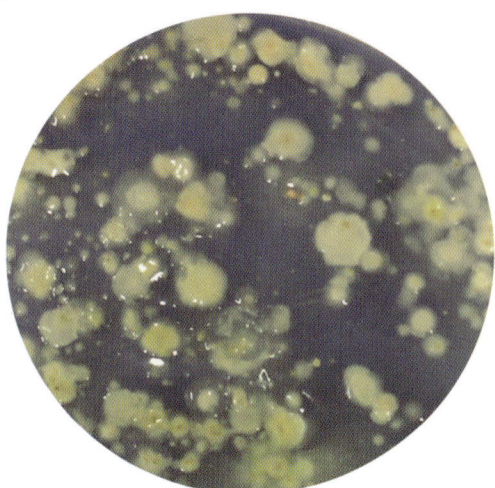

Abb. 1 Vielfalt in Kultur: Wachstum mariner Sediment-bakterien aus dem Watt von Königshafen/Sylt auf einer Agarplatte.

Prozess entzieht den Oberflächengewässern Nährstoffe, die erst nach Abbau der Biomasse und einer Reise der Wassermassen durch die Tiefsee an den Auftriebsgebieten der Kontinente die oberen Wasserschichten wieder erreichen.

Die Sargasso-See ist eines der ruhigsten Meeresgebiete im offenen Ozean. Umkreist vom Golfstrom und dem nordatlantischen Äquatorialstrom, sammeln sich Braunalgen der Gattung *Sargassum* im stillen Mittelpunkt des Wirbels. Hier, um 30° nördlicher Breite und 60° bis 75° westlicher Länge, gibt es eine jährlich wiederkehrende Abfolge von Mikroorganismenpopulationen, verursacht durch die Lichtintensität der Sonne und eine vertikale Durchmischung der oberen 300 Meter der Wassersäule am Ende des Winters. Die Durchmischung bringt die Nährstoffe aus den abgestorbenen Zellen in gelöster Form zurück in die lichtdurchflutete Zone und löst eine Frühlingsblüte von lichtnutzenden (phototrophen) Organismen aus. Obwohl dann im Jahresverlauf noch mehr Licht das Wasser erreicht und es erwärmt, begrenzen niedrige Konzentrationen an gelösten Nährstoffen ein weiteres Wachstum. Die Bakterien sind also im Jah-

resverlauf wechselnden Temperatur-, Licht- und Nährstoffbedingungen ausgesetzt. Deshalb werden nacheinander ganz unterschiedliche Populationen dominant. Genetische Fingerabdrücke zeigten die Dominanz einer Frühlingsspezies von *Pelagibacter* im frisch durchmischten Habitat, während im Sommer in der geschichteten Wassersäule diese „Art" nur im unteren lichtdurchfluteten Oberflächengewässer vorkommt. Eine zweite *Pelagibacter*-„Art" dominiert dann in den hellsten, wärmeren oberen Gewässerschichten, während eine dritte *Pelagibacter*-„Art" weiter unten am Beginn des ewigen Dunkels ihre größte Populationsdichte hat [2].

Pelagibacter ubique – das häufigste Bakterium des offenen Ozeans – nutzt Licht zur Energiekonservierung, fixiert aber nicht Kohlenstoffdioxid, sondern lebt heterotroph. Es nimmt gelöste organische Substanzen auf und baut daraus Biomasse auf. Ökologisch ist dies eine sehr erfolgreiche Lebensstrategie. Bis zu 300.000 Zellen pro Milliliter – normalerweise 30% aller Zellen im lichtdurchfluteten Seewasser – gehören zu den *Pelagibacter*-„Arten". Wir kennen das Erbgut dieser Arten aus der direkten Sequenzierung von DNA aus Umweltproben – ohne die Bakterien im Labor zu kultivieren. Wie die Mehrzahl der einzelligen Cyanobakterien (2500 Gene) hat auch *Pelagibacter* ein kleines, auf das Wesentliche reduziertes Genom (1400 Gene). Diese kleinen Mikroorganismen haben eine große Oberfläche im Verhältnis zum Zellvolumen. Ihre Vermehrung ist langsam und hängt von der Diffusion von Nährstoffen zu den Zellen ab. Eine zweite große ökologische Nische wird durch die aktiv schwimmenden Bakterien besetzt, oft Gammaproteobakterien, unter anderem *Vibrio*-Arten. Diese Bakterien haben Sensoren für die Wahrnehmung von Nährstoffen in ihrer Umwelt. Die gelösten Substanzen lösen eine Bewegung zur Quelle hin aus. Diese Quelle ist normalerweise eine Algen- oder Bakterienzelle, die durch ein Virus – einen Phagen – aufgelöst wurde, wodurch die zellulären Inhaltsstoffe als gelöste Nährstoffe in die Umgebung diffundieren. Der Energieverbrauch beim aktiven Schwimmen der Zelle lohnt sich, denn am Ziel gibt es ein Festmahl, eine Oase in der Nährstoffwüste Ozean [3]. Die Genomgröße dieser aktiven, schwimmenden Bakterien ist aufgrund der vielfältigeren Anforderungen größer. Mit 4000 bis 5000 Genen – vier bis fünf Millionen Basen – hat es eine durchschnittliche Größe.

In der lichtdurchfluteten Zone ist die Zahl der Bakterien mit einem kleinen Genom sehr stabil, während die Anzahl der Bakterien mit einem großen Genom in Variation zum Nährstoffgehalt schwankt. Nach einer Algen-Blüte kommt es durch Fraßdruck oder virale Zelllyse zum Zusammenbruch der lichtnutzenden Population. Es folgt beim Abbau der partikulären Substanz und der löslichen Zellinhalte eine Blüte heterotropher – also von der Mineralisierung der organischen Substanz lebender – Bakterien, wobei jede Art jeweils für einige Tage optimale Wachstumsbedingungen für sich vorfindet. Die Studien in der Sargasso-See haben uns einen ersten Eindruck dieser Dynamik vermittelt.

Bereits diese kleine Einführung zeigt ein Problem der marinen Mikrobiologie auf. Die Probenahmen auf Ausfahrten sind kurze Einblicke in die Bakterienvielfalt und -populationsdynamik. Wenn sich dann noch die beprobte Wassermasse in neue Gebiete bewegt, beispielsweise im Golfstrom mit 150 Kilometern pro Tag in Richtung Europa, gleicht die Untersuchung einer Aufnahme aus einem fahrenden Zug heraus. Es handelt sich also um eine Momentaufnahme, die nur in der Summe von vielen Momentaufnahmen ein glaubwürdiges Abbild der wirklichen Vielfalt darstellt. Zum Glück gibt es einige häufige Ausfahrten, zum Beispiel die Überfahrt der großen europäischen Forschungsschiffe durch den Atlantik zur Antarktis. Zugvögeln gleich geht es im europäischen Herbst in Richtung Süden, im Frühjahr in Richtung Norden. So entstehen allmählich zusammenhängende Bilder der mikrobiellen Vielfalt in den Oberflächengewässern. Aber wie sieht es darunter aus, in der Tiefsee?

Im dunklen Meer

Im Winter sinkt an den Eiskanten von Arktis und Antarktis salzhaltiges Wasser in die Tiefsee, während das (Süßwasser)eis zunimmt. In einer zweitausend Jahre dauernden Reise bewegt sich das abgesunkene Wasser einmal durch die Tiefen des Atlantiks und dann um den Südpol hinein in den Pazifik, wo es im nördlichen Pazifik an der Westküste Kanadas aufsteigt und als Oberflächenwasser über den Indischen Ozean und den Benguela- und Golfstrom zur Eiskante der Arktis zurückfließt. Überall sinken Partikel mit unterschiedlichen Geschwindigkeiten nach unten. Bakterien sinken im Wasser langsam. Einzellige Algen werden von den Wellen aneinander geheftet; ihre extrazellulären Substanzen verkleben sie zu kleinen, schneller sinkenden so genannten „Schnee"-Partikeln. Auch die Exkremente des Zooplanktons und der Fische sinken schnell. Aber alle Partikel fangen auf dem Weg nach unten lebende Bakterien aus dem Wasser ein und die Zersetzung beginnt. Aus den Partikeln setzen die Bakterien organische Substanzen frei, die wie ein Kometenschweif in der Wassersäule den Weg der Partikel nachzeichnen und Tieren, beispielsweise Ruderfußkrebsen, als Duftspur zum Nahrungspartikel dienen. Nur ein kleiner Teil der Partikel erreicht die Tiefseesedimente in fünf Kilometer Wassertiefe, wo bereits vielzellige, mobile Organismen – Seesterne, Asseln und Würmer – warten. Im Boden des Festlandes findet ein Drittel der mikrobiologischen Prozesse in den Verdauungstrakten der Insekten und Pflanzenfresser (Regenwurm) statt. Auch in der Tiefsee haben die Mikroorganismen keine Malmwerkzeuge und benötigen die vielzelligen Lebewesen zum schnellen Abbau des organischen Materials. Erst nach ein- bis mehrfacher Verdauung werden die organischen Partikel auf der Sedimentoberfläche durch nachfallende Partikel bedeckt und langsam durch Mikroorganismen und deren Exoenzyme abgebaut.

Im Zentrum des südpazifischen Ozeans findet die Sedimentbildung in der Tiefsee mit einer Geschwindigkeit von 1 mm in einer Million Jahre kaum merkbar statt, eine Folge der Nährstoffarmut in den Oberflächengewässern. Dort wird die Leistung der photosynthetischen Primärproduktion nicht vom Licht begrenzt. Fernab vom Land fehlt es an eisenhaltigem Staub in der Luft, der den Ozean düngt. Im Atlantik hingegen bringen Wüstenwinde Eisenstaub aus der Sahara in die äquatorialen Oberflächengewässer, weshalb dort statt Eisenionen biologisch verfügbarer Stickstoff und Phosphat die begrenzenden Faktoren für die phototrophen Lebewesen sind. Insgesamt gelangt mit der größeren Biosyntheserate mehr organische Substanz in große Tiefen.

Die Wüsten der Tiefsee enthalten aber auch Oasen voll von überschäumendem, intensivem Leben. Ein toter, gesunkener Wal bietet in der Tiefsee für ein halbes Jahrhundert Nahrung für eine Vielzahl von seltenen Organismen und mikrobiellen Lebensgemeinschaften. An den Rändern der Kontinentalplatten setzt die Konvektionsströmung an. Meerwasser wird in die Tiefe transportiert, erhitzt, mit reduzierten anorganischen Verbindungen angereichert und strömt dann an divergierenden Plattengrenzen wieder ins Meer, angetrieben von der geringeren Dichte der erhitzten Lösungen. An den Ausströmungsöffnungen sind die reduzierten Verbindungen – Wasserstoff, Schwefelwasserstoff, Methan, zweiwertige Eisen- und Manganionen – Nahrung für Bakterien und Archaeen (früher auch Archaebakterien genannt). An diesen Orten gibt es Symbiosen, beispielsweise Lebensgemeinschaften von Bakterien mit Würmern und Muscheln, die die Bakterien in ihren Kiemen mit den reduzierten Verbindungen und mit im Wasser gelösten Sauerstoff umspülen und von den in ihren Kiemen aufwachsenden Bakterien leben. Ohne den aktiven Transport des Meerwassers durch diese Wirtstiere könnten die Bakterien nicht zu so hohen Zelldichten heranwachsen, wie sie in den symbiontischen Organen erreicht werden. Die Vielzahl an möglichen Interaktionen hat bei den Bewohnern der Oasen der Tiefsee zu einer großen Diversität geführt. Erste Stu-

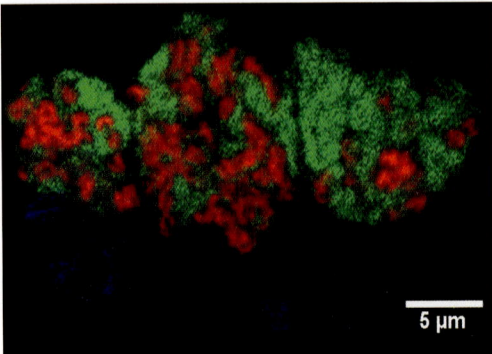

Abb. 2 Symbiontische Bakterien in den Kiemen der Muschel *Bathymodiolus*. Schwefelwasserstoffoxidierende Bakterien wurden mit einer Gensonde grün angefärbt, methanoxidierende Bakterien rot, das Wirtsgewebe ist schwach blau sichtbar.

dien zeigen eine Regionalität der symbiontischen Bakterien auf. Die lokalen Entwicklungen von neuen Muschelarten in den Ozeanregionen werden von einer gleichzeitigen Entwicklung der symbiontischen Bakterien in verschiedene Arten begleitet (Abb. 2).

Extreme Standorte – Lebensraum für Archaeen

Die drei Reiche der Lebewesen umfassen ein- und vielzellige Organismen mit einem Zellkern und die Reiche der Bakterien und der Archaeen, die beide keinen Zellkern haben. Bakterien und Archaeen unterscheiden sich in vielen Merkmalen, beispielsweise in ihrer Zellwand.

Heute sind die Archaeen nur in wenigen Lebensbereichen dominant vertreten. In Salzseen sind salzliebende Archaeen die lichtnutzenden Organismen und geben den Salinen die typischen roten Farben. Die Bildung von Biogas wird ausschließlich durch methanbildende Archaeen katalysiert, weder Bakterien noch Eukaryoten können diesen Prozess durchführen. Bekannt wurden Archaeen durch viele hitzeliebende Arten. An extremen Standorten, wie in Vulkanen und heißen Quellen, in Schwefelquellen und angebohrten Erdölfeldern leben Archaeen. Molekularbiologische Untersuchungen zeigten im ver-

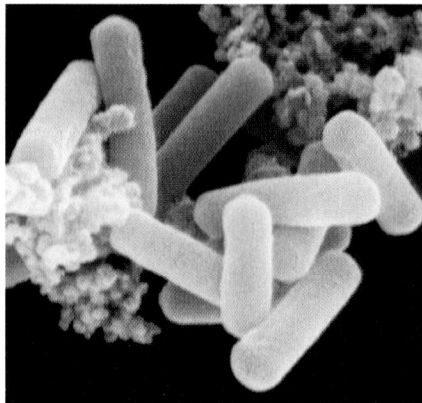

Abb. 3 *Nitrosopumilus maritimus*, mit 0,5 bis 0,9 μm Zelllänge ein sehr kleines Archaeon.

gangenen Jahrzehnt weitere, „ursprüngliche" Archaeen an nicht-extremen Orten, im dunklen Teil des Ozeans, in Sedimenten der Ozeane und im Boden der Kontinente. Von diesen „Arten" konnte bislang nur eine isoliert und in Kultur genommen werden: *Nitrosopumilus maritimus* (Abb. 3), ein sehr kleiner Organismus, welcher das beim Abbau der sinkenden Partikel freiwerdende Ammonium-Ion zum Nitrit-Ion oxidiert [4]. Es ist nicht das erste Mal, dass eine Schüsselreaktion, in diesem Falle des globalen Stickstoffkreislaufs, von einem Organismus katalysiert wird, den die marine Mikrobiologie bislang nicht kannte. Und angesichts der geringen Kenntnis der Stoffwechselleistungen dieser Archaeen erwarte ich noch weitere Überraschungen.

Ohne Sauerstoff – in der Tiefe der Ostsee und des Schwarzen Meeres

Am Ende der letzten Eiszeit vor 10.000 Jahren entstand die Ostsee, ein Binnenmeer ohne Beteiligung am globalen Tiefenwasserstrom. Die Ostsee, das Schwarze Meer und viele Fjorde sind in der Tiefe frei von Sauerstoff. Dort werden herabsinkende Partikel durch sulfatatmende Bakterien abgebaut, die dabei Schwefelwasserstoff bilden. Das Gas diffundiert aufwärts. Sauerstoff löst sich im Oberflächenwasser oder wird dort durch

Photosynthese gebildet und diffundiert abwärts. Wo Schwefelwasserstoff auf Sauerstoff trifft, leben sauerstoffatmende, schwefeloxidierende Bakterien, in der Ostsee in 150 Meter Tiefe, im Schwarzen Meer in 120 Meter Tiefe. Gleichzeitig werden in dieser Grenzschicht die in Richtung geringerer Konzentration – also aufwärts – diffundierenden Ammonium-, Eisen(II)- und Mangan(II)-Ionen oxidiert. Auch Methan wird biologisch zu Kohlenstoffdioxid oxidiert, aber die stärkste Methanoxidation findet in größeren Tiefen statt. Während die Sauerstoffkonzentration im Ozean 0,2 mmol pro Liter beträgt (ungefähr 5 ml reiner Sauerstoff pro Liter), befinden sich 28 mmol Sulfat in jedem Liter Seewasser, so dass die Sulfatatmung in sauerstofffreien Wassersäulen und Sedimenten dominiert. Erst in großer Sedimenttiefe ist auch das Sulfat komplett veratmet und es beginnt die Zone, in der Methan (Biogas) gebildet wird. Natürlich diffundiert auch das Methan aufwärts, wird jedoch schon zu Kohlenstoffdioxid oxidiert, sobald es die sulfatreduzierende Zone erreicht: Der Prozess der anaeroben Methanoxidation durch sulfatatmende Mikroorganismen ist seit 1975 bekannt, allerdings wachsen die Organismen mit zwei Zellteilungen pro Jahr sehr langsam und sind daher noch nicht in Reinkultur im Labor verfügbar. Es waren molekularbiologische, ohne Kultivierung auskommende Untersuchungen, die anhand von geeigneten Proben, gewonnen in aufwändigen Ausfahrten mit großen Forschungsschiffen, eine Lebensgemeinschaft von methanoxidierenden Archaeen und sulfatreduzierenden Bakterien identifizierten (Abb. 4). Deren Aktivität ist so hoch und effizient, dass so gut wie kein Methan, das in den Tiefen der Sedimente entstanden ist, in die Atmosphäre gelangt [5].

Das Wattenmeer

Ebbe und Flut prägen das Wattenmeer in der Nordsee. Die groben Sande an der Außenseite des Wattenmeeres wirken im Spiel der Wellen wie Brandungsmühlen, in deren Bereich kein

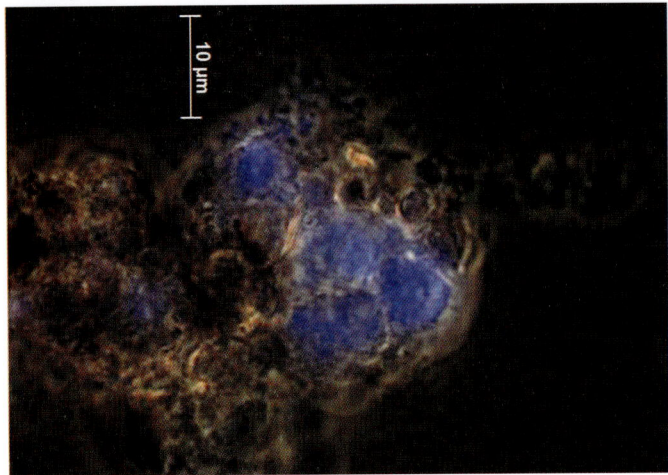

10 µm

Abb. 4 Eine Schlammflocke aus einer methanoxidierenden, sulfatreduzierenden Anreicherung. Blau sichtbar ist die Autofluoreszenz von Archaeen in der Lebensgemeinschaft.

höheres Lebewesen überleben kann. Im Rücken der west-, ost- und nordfriesischen Inseln liegen die Watten, feine Sande, teilweise schlickreich, mit einer komplexen Lebensgemeinschaft von Algen, Mikroorganismen und höheren Organismen. Makroskopisch zeigt der von Eisen(III)-oxiden (Rost) braun gefärbte Sand in den Oberflächenschichten eine bei Ebbe mit Sauerstoff gesättigte Zone an. Darunter ist das Watt schwarz, die anaeroben Eisen(III)- und Sulfatatmungen haben Fe(II)-Ionen und Schwefelwasserstoff entstehen lassen, die zusammen als unlösliches, schwarzes Eisen(II)sulfid ausfallen. Das Leben im Watt beruht auf Licht und durch die Flut eingetragene organische Partikel. Bewegliche Kieselalgen bilden die oberste Schicht an lichtnutzenden Organismen. Wenn es zu heiß oder zu trocken wird, können sich die oft braunen Kieselalgen in tiefere Schichten verkriechen. Bringt die Flut eine neue Abdeckung an Sandkörnern, kriechen die Kieselalgen wieder ans Licht. Cyanobakterien bilden stellenweise blau-grüne Kolonien. In größerer Sedimenttiefe wird der Schwefelwasserstoff zur Photosynthese verwendet, zuerst von roten Schwefelbakterien, darunter von den Schwachlichtspezialisten und grünen Schwefelbakterien, die eine höhere Konzentration des giftigen Schwefelwasserstoffs tolerieren. Entlang eines Tiefengradienten wird zunächst Sauerstoff

veratmet, dann Nitrat, Eisen(III)- und Mangan (IV)-salze, Schwefel und Sulfat und in großer Tiefe wird aus Kohlenstoffdioxid Methan. Wie in den anoxischen Meeren werden die aufwärts diffundierenden Reduktionsprodukte, wie Methan, Schwefelwasserstoff, Eisen(II)- und Mangan(II)-Ionen sowie Ammonium aus der Atmung und dem Abbau organischer Substanz durch Mikroorganismen reoxidiert, letztendlich mit im Wasser gelöstem Sauerstoff. Allerdings verursachen Ebbe und Flut eine Fluktuation, eine Verschiebung der Grenzschichten in den oberen Wattensedimenten. Bei Ebbe werden die oberen Sedimentschichten mit Luft gesättigt, Porenwasser mit reduzierten Verbindungen läuft aus den Flanken der Sandbänke in Priele. Manche Pfütze füllt sich mit schwefelwasserstoffhaltigem Porenwasser. Die schnelle Oxidation, chemisch oder durch Mikroorganismen, führt manchmal zu einer Wolke aus elementarem Schwefel. Bei Flut wird im wasserbedeckten Sediment der Sauerstoff schnell verbraucht. Die Diffusion von Sauerstoff in Wasser ist viel langsamer als die Sauerstoffaufnahme aus der Luft. Die Mikroorganismen in den obersten Sedimentschichten müssen sich diesen wechselnden Bedingungen anpassen. Sie wechseln von der Sauerstoffatmung auf Gärungen oder Nitratatmung oder warten auf die nächste Ebbe. Umgekehrt ist die

Abwesenheit von Sauerstoff der Beginn einer Sulfatatmung in den wassergefluteten Poren des Wattenmeers. Sieht das Wattenmeer für den Mensch auch sehr gleichförmig aus, so ergeben sich doch aus der zeitlichen Dauer des Trockenfallens und der Dynamik des Porenwasseraustausches eine Vielzahl von Lebensnischen für Mikroorganismen in den Oberflächensedimenten, die uns die Vielfalt an hunderttausenden von Bakterienarten im Wattenmeersediment verstehen lässt. Die aktive Oberfläche des Sediments wird außerdem durch biologische „Ingenieure" stark vergrößert: Wattwürmer (Abb. 5) liegen am Grunde eines U-förmigen Ganges. Die geringe Fließgeschwindigkeit am Eingangstrichter führt zusammen mit der Pumpaktivität des Wattwurms zum Sammeln von feinen Partikeln und Sandkörnchen, die im Gang als Brei nach unten gezogen und vom Wattwurm verzehrt werden. Organisches Material aus Kotpellets, Algen und Bakterien dient dem Wattwurm als Nahrung. Der ausgeschiedene Sand wird am Ausgang des Ganges als Kothaufen deponiert. Zwanzigmal im Jahr wird so der obere Zentimeter des Wattenmeers aufgefressen. Diese „Bautätigkeit" bringt feine Partikel wieder an die Oberfläche und arbeitet größere Partikel, beispielsweise Muschelschalenbruch, in eine Tiefe unterhalb des Wattwurmganges ein. In einem Experiment der Wattenmeerstation auf Sylt wurden auf einer Untersuchungsfläche alle Wattwürmer entfernt (Abb. 5a). Es kam zu einer Verschlickung des Bodens und die Effizienz des „Klärwerks der Nordsee" zum Abbau von organischem Material im Watt sank.

Abb. 5   a) Hügel des Wattwurms im Watt von Königshafen/Sylt. Mit einem kleinmaschigen Netz wurde die Ansiedlung des Wattwurms auf einer Fläche unterbunden. b) Der Gang des Wattwurms ist von Sauerstoff durchflutet: Er hat eine braune, „rostige" Wandung inmitten des anaeroben, schwarzen Sediments. c) Die Sedimentoberfläche zeigt braune Kieselalgen und Ein- und Ausgänge der Wattwurmröhren.

Höhere Lebewesen als Lebensraum

Der Wattwurm ist ein gutes Beispiel für die vielen Wissenslücken, die in der marinen Mikrobiologie noch bestehen: Ein Gemisch aus feinen Partikeln und Sand hinunterschlingend, verdaut der Wattwurm totes organisches Material, Algen und Bakterien [6]. Wie es erfolgt und welche Mikroben an der Verdauungstätigkeit des Wattwurms teilhaben, ist unbekannt. Die Mikroorganismen des Menschen und auch die Rolle der Mikroorganismen bei der Verdauung des Rindes sind bereits mit erheblichem Aufwand erforscht. Doch erst jetzt ist die marine Mikrobiologie mit großer Intensität dabei, die freilebenden Mikroorganismen, welche durch einen drei µm-Filter schlüpfen und auf einem 0,2 µm-Filter aufgefangen werden, und ihre Tätigkeiten in den Stoffkreisläufen zu beschreiben. Wir haben bereits gesehen, dass Partikel organischer Materie einen wichtigen Beitrag zur Dynamik der Ozeane liefern. Welche Mikroorganismen auf den Partikeln daran beteiligt sind und welche Mikroorganismen an und in den Meereslebewesen leben, ist uns noch weitgehend unbekannt.

Biogeografie von Mikroorganismen: Nischen und Speziesbildung

Mikroorganismen sind klein und zahlreich. Ihre Ausbreitung in geografischen Räumen durch Luftmassen und Meeresströmungen und teilweise auch durch Tiere scheint schnell zu erfolgen. Daher galt lange Zeit die Ansicht, überall gebe es im Prinzip jedes Bakterium, und nur die Umweltbedingungen selektionieren die für den Standort besonders geeignete Art. Vor wenigen Jahren zeigten partielle Genomsequenzen allerdings eine lokale Evolution von Archaeenarten auf. Stämme, die von sauren und pH-neutralen heißen Quellen im Yellowstone Nationalpark in Amerika isoliert wurden, waren enger miteinander verwandt als Stämme aus pH-neutralen heißen Quellen untereinander, die vom Yellowstone Park in Nordamerika, von Kamtschatka in Russ-

land und von Island stammen [7]. Seitdem wird die Frage nach dem Lebensraum einer Bakterienart intensiv diskutiert. Welche räumlichen Trennungen sind erforderlich, um allein durch geografische Distanz aus Populationen neue Arten entstehen zu lassen? Genetische Untersuchungen zeigten, dass in nicht-durchmischten Böden bereits in einem geringen Abstand voneinander lokale Populationen vorkommen. Bereits zehn Meter sind ausreichend, um eine andere dominante Population zu finden. Ist dieser Unterschied Zufall, durch unterschiedliche Lebensbedingungen an den Standorten ausgewählt oder das Ergebnis einer lokalen Artbildung? Die Mikrobiologie wird im kommenden Jahrzehnt durch genetische und physiologische Studien von Isolaten und an Umweltproben versuchen, die Prinzipien der Evolution von Arten bei Mikroorganismen zu verstehen. Ein Ansatz zielt auf anhaftende Arten mit einer geringeren Ausbreitung durch Transportprozesse. Erste Untersuchungen zeigten nahe verwandte Arten eines anhaftenden Bakteriums, *Rhodopirellula baltica* – die rote Perle der Ostsee, im Nordatlantik, in der Ostsee und im Mittelmeer (siehe auch die Eingangsabbildung dieses Kapitels) [8]. Weitere Untersuchungen werden zeigen, ob es sich um getrennte Lebensräume der Arten handelt, oder ob sich die Lebensräume überlappen – mit individueller Lebensweise der Arten.

Ausblick

Seit Jahrhunderten nutzen wir das Meer für den Fischfang. Dieser Eingriff in die Nahrungsketten hat in vielen Meeren zu einer Dominanz von Quallen geführt. Gleichzeitig sind die Stoffkreisläufe im Meer verändert worden. Der Anteil der Mikroorganismen an den Umsetzungen ist gestiegen, wie uns Zellzahlen und Umsatzmessungen zeigen. Und die Forschungsergebnisse der marinen Mikrobiologie im vergangenen Jahrzehnt haben uns vor Augen geführt, welche weißen Flecken es auf dieser „Land"karte noch gibt. Entdeckungen wie die sulfatreduzierende Lebensgemeinschaft auf Methan und die ammoniumoxidierenden Archaeen sind nur einige Beiträge der marinen Mikroorganismen zur Lebensfähigkeit des Systems Erde. Gerade deshalb gilt es auch in Zukunft, aufzubrechen ins Unbekannte mit den Worten: Leinen los.

Literatur

[1]   Pedros-Alios, C. (2006) Marine microbial diversity: can it be determined? *Trends in Microbiology*, **14**, 257–263.

[2]   Treusch, A.H., Vergin, K.L., Finlay, L.A., Donatz, M.G., Burton, R.M., Carlson, C.A., Giovannoni, S.J. (2009) Seasonality and vertical structure of microbial communities in an ocean gyre. *ISME Journal*, **3**, 1148–1163.

[3]   Stocker, R. (2008) Rapid chemotactic response enables marine bacteria to exploit ephemeral microscale nutrient patches. *Proceedings of the National Academy of Sciences U.S.A.*, **105**, 4209–4214.

[4]   Könneke, M., Bernhard, A.E., de la Torre, J.R., Walker, C.B., Waterbury, J.B., Stahl, D.A. (2005) Isolation of an autotrophic ammonia-oxidizing marine archaeon. *Nature*, **437**, 543–546.

[5]   Knittel, K., Boetius, A. (2009) Anaerobic oxidation of methane: progress with an unknown process. *Annual Reviews in Microbiology*, **63**, 311–34.

[6]   Veit-Köhler, G., Kuhnert, J., Volkenborn, N. (2010) Der Ingenieur im Watt und die Meiofauna. *Natur und Museum*, **140**, 120–125.

[7]   Whitaker, R.J., Grogan, D.W., Taylor, J.W. (2003) Geographic barriers isolate endemic populations of hyperthermophilic Archaea. *Science*, **301**, 976–978.

[8]   Winkelmann, N., Jaekel, U., Meyer, C., Serrano, W., Rachel, R., Rosselló-Mora, R., Harder, J. (2010) Determination of the diversity of *Rhodopirellula* isolates from european seas by multilocus sequence analysis. *Applied and Environmental Microbiology*, **76**, 776–785.

Teil III

Biodiversität verstehen

A Die Entstehung der Biodiversität

7

Vom Werden der Vielfalt:

Artbildung am Beispiel der Enziangewächse

Joachim W. Kadereit, K. Bernhard von Hagen

Die Vielfalt der Pflanzenarten ist kaum überschaubar, aber wie entstehen die vielen Arten? Schon in einer kleinen Familie der Blütenpflanzen, den Enziangewächsen, kann man viele verschiedene Mechanismen der Artentstehung kennenlernen, sei es durch Kontinentaldrift, Eiszeiten, Gebirgsentstehung, Veränderungen der Chromosomenzahl oder Anpassung an neue Bestäuber. Sogar die Auswirkung des Menschen auf Artentstehung und Aussterben kann man an den Enzianen gut beobachten.

Fast jeder hat wahrscheinlich schon einmal die prächtigen blauen Enziane der Alpen gesehen, und manchem ist vielleicht auch das rosablütige Tausendgüldenkraut aus den Salzwiesen der Nordseeküste bekannt. Dass aber die Enziangewächse (lateinisch Gentianaceae), zu denen die artenreichen Gattungen Enzian und Tausendgüldenkraut gehören, mit insgesamt 92 Gattungen und circa 1700 Arten fast weltweit verbreitet sind, ist sicher nur wenigen bekannt. Dabei haben Verwandte der uns vertrauten Kräuter sich auf faszinierende Weise spezialisiert: Enziangewächse wachsen in den Tropen als hohe Bäume, Lianen und sogar als nichtgrüne, auf Pilzen parasitierende Kräuter (zum Beispiel *Voyria*, Tafel auf der gegenüberliegenden Seite, Abb. a). Trotz dieser erstaunlichen Vielfalt umfasst die Familie der Enziangewächse nur circa 0,5% aller Blütenpflanzenarten.

Die wenigen Fossilien, die von Enziangewächsen gefunden wurden, haben es bis jetzt kaum ermöglicht, ihre Entwicklung im Laufe der Erdgeschichte nachzuzeichnen. Das hat sich heute durch die Anwendung DNA-analytischer Methoden in der stammesgeschichtlichen Forschung verbessert. DNA-Sequenzen können Verwandtschaftsverhältnisse erschließen. Die Unterschiede zwischen diesen Sequenzen werden verwendet, um mit einer (mit Fossilien zu kalibrierenden) so genannten molekularen Uhr Altersschätzungen vorzunehmen (siehe auch das Kapitel „Eine Einführung in Fragen zur biologischen Vielfalt" auf Seite 3ff.). Damit wurde gezeigt, dass die Enziangewächse vermutlich in der Zeit zwischen 64 und 37 Millionen Jahren vor heute entstanden sind. Das entspricht dem Erdzeitalter

◄ Vertreter der Enziangewächse: a) Der bleiche, blattlose Parasit *Voyria tenella*. Bild: D.W. Stevenson. b) „Insuläre Holzigkeit" – der Kanarenendemit *Ixanthus viscosus*. Bild: A. Jagel. c) Die berühmten Glocken-Enziane der Alpen: *Gentiana clusii*. Bild: K.B. von Hagen. d) Evolution durch Veränderung der Chromosomenzahl: *Centaurium erythraea*. Bild: A. Haselböck. e) Vielfalt durch Bestäuberspezialisierung: *Halenia elliptica* mit vier Nektarspornen und f) *Gentianella weberbaueri* mit roten Kolibriblüten. Bilder: K.B. von Hagen, L. Malek. g) Ein Enzianstrauch aus dem Amazonasbecken: *Potalia resinifera*. Bild: L.Y.Th. Westra. h) Arten sterben aus: *Gentiana pneumonanthe*. Bild: K.B. von Hagen.

Die Vielfalt des Lebens: Wie hoch, wie komplex, warum? 1. Auflage. Herausgegeben von Erwin Beck
© 2013 WILEY-VCH Verlag GmbH & Co. KGaA. Published 2013 by Wiley-VCH Verlag GmbH & Co. KGaA

Großgruppen	Verbreitung	Klimazone	ca. Arten
Saccifolieae	Südamerika	tropisch	20
Exaceae	Asien/Afrika	tropisch	170
Chironieae	weltweit	subtropisch/temperat	160
Gentianeae	weltweit	temperat	1000
Helieae	Amerika	tropisch	220
Potalieae	weltweit	tropisch	150

Entstehungszeit frühes Tertiär

Abb. 1   Der Stammbaum der Groß-gruppen der Enziangewächse auf der Grundlage von DNA-Sequenzen. Die geografische Verbreitung und unge-fähre Artenzahl der Gruppen werden angegeben.

des frühen Tertiärs (Paläozän/Eozän), in dem die Welt sehr viel wärmer und feuchter war als heute und beispielsweise in Mitteleuropa durchschnittliche Jahrestemperaturen von 22 °C herrschten. Die berühmte Fossilstätte Messel bei Darmstadt ist in diesem Zeitraum entstanden.

Im Stammbaum der Familie (Abb. 1) lässt sich erkennen, dass die Enziangewächse in sechs große Gruppen (die wegen ihrer weltweiten Verbreitung mit einer Ausnahme keine deutschen Namen haben) gegliedert werden können [1]. Die weite Verbreitung insbesondere der Chironieae, Gentianeae (zwei Arten dieser Gruppe in Abb. 2) und Potalieae macht es aber schwer, überzeugende Modelle zur frühen Verbreitungsgeschichte und Auffächerung dieser Gruppen und der ganzen Familie zu formulieren. Es ist wahrscheinlich, dass eine Wanderung über große Entfernungen oder Fernausbreitung durch Wind, Wasser oder Tiere zwischen den Kontinenten zu unterschiedlichen Zeiten und auf unterschiedlichen Wegen wichtig waren; und ebenso deutlich scheint zu sein, dass die Gentianaceae tropischen Ursprungs sind und gemäßigte Klimabereiche wiederholt besiedelt haben. So kann die Eroberung neuer Lebensräume in neuen Klimazonen als Motor der Aufgliederung der Enziangewächse in ihrer frühen Stammesgeschichte betrachtet werden.

Details zur Evolution der Familie in der jüngeren Erdgeschichte sind erheblich besser bekannt als ihre frühe Vergangenheit. Das wollen wir im Folgenden an Beispielen aus den Gattungen *Centaurium*, *Gentiana*, *Gentianella*, *Halenia*, *Ixanthus* und *Potalia* darstellen. Diese Beispiele werden auch dazu dienen, allgemein wichtige Triebkräfte der Evolution zu beleuchten, die zur Entstehung der Vielfalt auch anderer Organismengruppen beigetragen haben.

Inseln als evolutionäre Laboratorien – das Beispiel *Ixanthus*

Die Besiedelung von ozeanischen Inseln vulkanischen Ursprungs hat in vielen Fällen zur Entstehung neuer Vielfalt und ungewöhnlicher Formen geführt. Für die Enziangewächse belegt dies die Gattung *Ixanthus* (Tafel auf Seite 60, Abb. b): Ihre einzige Art (*I. viscosus*) wächst in den Lorbeerwäldern der westlichen Kanarischen Inseln. Phylogenetische Untersuchungen von DNA-Sequenzen haben eindeutig gezeigt, dass der engste Verwandte der kanarischen *Ixanthus* die Gattung *Blackstonia* (Bitterling) ist [2]. Die vier Arten dieser Gattung sind kleine, einjährige Pflanzen, die hauptsächlich im Mittelmeergebiet verbreitet sind, aber mit dem Durchwachsenblättrigen Bitterling (*B. perfoliata*) auch in Mitteleuropa vorkommen. Ganz im Gegensatz dazu ist *I. viscosus* eine bis zu zwei Meter hoch werdende, mehrjährige Art, die am Grunde ihrer Achse verholzt ist.

Die heutigen Lorbeerwälder auf den Kanarischen Inseln wurden vielfach als nur hier erhalten gebliebene Vegetation aus dem Tertiär interpretiert. Das Vorkommen von *I. viscosus* in diesen Wäldern und die Holzigkeit der Art hatten zu der Vorstellung geführt, dass *I. viscosus* ein Relikt aus der Vergangenheit sei. Die nun bekannten Verwandtschaftsverhältnisse erzwingen eine Revision dieser Annahme: die holzige *I. viscosus* ist aus krautigen Vorfahren entstanden und ihre Besiedelung der Kanarischen Inseln liegt möglicherweise nicht sehr lange zurück.

Ein Grund für ungewöhnliche Formen auf vulkanischen Inseln ist die Existenz vieler freier ökologischer Nischen wenigstens in den Anfangsphasen der Besiedelung. Wichtiger für das häufig auftretende Phänomen „insuläre Holzigkeit" ist aber vermutlich die Tatsache, dass sich Pflanzen im ausgeglichenen Seeklima von geografisch isolierten Inseln weder vor Winterfrost noch vor Fraßfeinden in den Boden zurückziehen müssen und deshalb dauerhaft oberirdisch bleiben können.

Der Einfluss der Eiszeiten und des Bodens – die Glockenenziane

Die großblütigen Glockenenziane (Tafel auf Seite 60 Abb. c; auch als stängellose Enziane bekannt) sind mit sieben Arten in fast allen europäischen Hochgebirgen verbreitet. Diese sieben Arten, wie viele Arten der Alpen überhaupt, sind höchstwahrscheinlich erst im Laufe des Eiszeitalters (Quartär) entstanden [3]. Die Stammbaumanalyse dieser sieben Arten hat gezeigt, dass im Stammbaum von unten nach oben aufeinanderfolgende Arten zunehmend weiter westlich verbreitet sind und kaum überlappende Verbreitungsgebiete haben. Das impliziert Aufspaltung durch Ausbreitung: Entweder hat sich ein in den Alpen und den angrenzenden Gebirgen bereits weitverbreiteter Verwandtschaftskreis von Osten nach Westen weiter aufgegliedert, oder die Gruppe ist unter Hervorbringung neuer Arten von Osten nach Westen gewandert. Außerdem zeigte die Analyse, wie der Wechsel der Bodenpräferenz zu Artbildung führte. Während fünf der sieben Arten bevorzugt auf Kalkböden wachsen,

kommen der Kiesel-Glockenenzian (*G. acaulis*) und der Südalpen-Enzian (*G. alpina*) auf Silikatboden vor. Der Übergang dieser beiden Arten vom Kalk zum Silikat hat unabhängig voneinander stattgefunden. An der Entstehung der Vielfalt der Glockenenziane waren also vor allem eine geografische und eine ökologische Trennung beteiligt.

Hybridisierung und Veränderung der Chromosomenzahl: das Beispiel *Centaurium*

Das Tausendgüldenkraut (*Centaurium*, Tafel auf Seite 60 Abb. d) und seine Verwandten aus Nordamerika (Gattung *Zeltnera*) liefern schöne Beispiele für die Evolution durch Veränderung der Chromosomenzahl. Diese nahm in *Zeltnera* und *Centaurium* einen ganz unterschiedlichen Verlauf. Die amerikanischen *Zeltnera*-Arten lassen sich auf der Grundlage von DNA-Sequenzen in eine kalifornische Gruppe mit meist 34 Chromosomen, eine texanische Gruppe mit meist 40 Chromosomen und eine mexikanische Gruppe mit meist 42 oder 44 Chromosomen gliedern. Die Evolution hat hier also durch schrittweise Veränderung der Chromosomenzahl stattgefunden, ein Phänomen, das man als Dysploidie bezeichnet. Inwieweit dieser Vorgang Ausgangspunkt der Artbildung war oder eine Begleiterscheinung, kann bislang nicht festgestellt werden. Hybriden zwischen Pflanzen mit unterschiedlicher Chromosomenzahl haben aber häufig eine geringe Fruchtbarkeit, wodurch solche Gruppen voneinander isoliert sind und sie sich somit als Arten von ihren Verwandten abgrenzen. Die Evolution von *Centaurium* zeichnet sich durch Hybridisierung und Vervielfachung des gesamten Chromosomensatzes, also durch eine Veränderung des gesamten Genoms aus – ein Phänomen, das man als Allopolyploidie bezeichnet. Unter den 27 Arten der Gattung *Centaurium* gibt es drei große Entwicklungslinien, die alle jeweils diploide (doppelter Chromosomensatz), tetraploide (vierfacher Chromosomensatz) und hexaploide (sechsfacher Chromosomensatz) Arten enthalten. Für viele dieser Gruppen konnte gezeigt werden, dass die Vervielfachung des Chromosomensatzes mit Hybridisierung, also einer Kreuzung zwischen Arten, verbunden ist. Besonders detailliert wurde das für die nur auf Mallorca vorkommende Art *Centaurium bianorum* mit 40 Chromosomen untersucht, die durch Hybridisierung von *C. maritimum* mit *C. tenuiflorum* mit jeweils 20 Chromosomen entstanden ist. Dabei sind die meist lachsfarbenen Blüten von *C. bianorum* intermediär zwischen den gelben und rosa Blüten der Elternarten. *Centaurium bianorum* enthält aber auch Formen mit gelben oder rosa Blüten, was die Entstehung von neuer Vielfalt durch Hybridisierung belegt. Betrachtet man die geografische Verbreitung von diploiden und tetraploiden *Centaurium*-Arten, so stellt man fest, dass die diploiden hauptsächlich im Mittelmeergebiet, die tetraploiden aber nördlich davon verbreitet sind [4]. Ein solches Muster, das man auch in vielen anderen Verwandtschaftskreisen findet, lässt sich damit erklären, dass zum Beispiel die Klimaschwankungen des Eiszeitalters nördlich des Mittelmeerraums viel stärkeren Einfluss hatten als im Mittelmeergebiet selbst. Das heißt, dass im Norden viel mehr klimabedingte Wanderungen stattfanden. Dies ermöglichte Kontakt und Hybridisierung zwischen ehemals geografisch getrennten Arten, die ständige Veränderung der Umwelt wiederum ermöglichte die Etablierung neuer Arten. Damit wird deutlich, dass sogar die Evolution des Chromosomensatzes mit ökologischen Faktoren zusammenhängen kann.

Zurück in die Tropen – die Beispiele *Gentianella* und *Halenia*

Die Fransenenziane (*Gentianella,* Tafel auf Seite 60, Abb. e) sind eng mit der Gattung *Halenia* (Tafel auf Seite 60, Abb. f) verwandt. Beide haben eine verblüffend ähnliche Entfaltungsgeschichte, was auf das Wirken allgemein gültiger Evolutionsprinzipien hinweist. Stammbaumanalysen mit einer molekularen Uhr zeigen, dass beide

Gattungen in Ostasien entstanden sind – heute gibt es dort jedoch nur wenige Arten [5, 6]. Über die Zwischenstationen Nordamerika und Mittelamerika, wo auch nur wenige Arten vorkommen, gelangten beide Gattungen nach Südamerika und bildeten dort sehr schnell sehr viele Arten (21 Arten in einer Million Jahren in *Halenia*, circa 170 Arten in drei Millionen Jahren in *Gentianella*).

Einen Hinweis, warum es die meisten Arten in den zuletzt besiedelten Gebieten gibt, liefert ein Vergleich mit geologischen Daten. Die sich hebenden Anden haben erst kurz vor Beginn des Eiszeitalters (Quartär) eine Höhe erreicht, in der eine von häufigen Frostereignissen geprägte alpine Zone entstehen konnte. *Gentianella* und *Halenia* konnten dort durch ihre Herkunft aus kalten Klimazonen sofort Fuß fassen, während die lokale tropische Flora offensichtlich Schwierigkeiten hatte, sich an das Klima der neuen alpinen Habitate anzupassen. Die ganz ursprünglich aus dem tropischen Tiefland stammenden Enziangewächse besiedelten also auch tropische Hochgebirge erfolgreich, aber erst nach einem viele Millionen Jahre dauernden Umweg über die gemäßigten Zonen der Nordhemisphäre. Solche schnellen Artbildungen in erdgeschichtlich jungen Gebieten, die auf Voranpassungen aus älteren Gebieten aufbauen, finden sich immer wieder im Pflanzenreich. So gelangte die *Gentianella*-Linie aus den Anden trotz der großen Entfernung auch in die noch jüngeren Gebirge Australiens und Neuseelands und brachte dort bereits circa 30 Arten hervor.

Innerhalb von Südamerika zeigen die vergleichsweise jungen *Halenia*- und *Gentianella*-Arten sehr unterschiedliche Blütenformen, -farben und -größen. Zum Beispiel gibt es in den Anden *Gentianella*-Arten mit weißen, grünen, gelben, orangen, roten, violetten und sogar gestreiften Blüten in Größen von 0,6 bis über 5 cm mit sternförmigem, röhrigem, trichter- bis glocken- oder ballonförmigem Aussehen. *Gentianella*-Blüten aus anderen Gebieten sind viel einheitlicher und meist violett, trichterförmig und von

Abb. 2 Die Vielfalt der Enziangewächse ist eindrucksvoll. a) *Gentiana urnula* ist nur eine von mehreren hundert Enzian-Arten aus dem Himalaya. Diese Art steigt bis fast 6000 Meter hoch und schützt sich durch polsterförmigen Wuchs mit ganz eng überlappenden Blättern. b) Die Blüten von *Swertia bimaculata* haben eine merkwürdige Farbgebung. Die beiden grünen Flecken sind große Nektardrüsen, die bei dieser Art ausnahmsweise ganz offen präsentiert werden. Bilder: Yong-Ming Yuan.

mittlerer Größe. Ähnliches gilt für *Halenia*, bei der die Nektarsporne (Länge, Dicke, Form) besonders der südamerikanischen Arten sehr variabel sind. Untersuchungen zu den Bestäubern gibt es in beiden Gruppen bisher nicht, aber die Vermutung liegt nahe, dass die Wechselwirkung der Pflanzen mit einer großen Vielfalt an potenziellen Bestäubern in den Anden zur Entstehung vieler neuer Arten führte.

Auch geologische Langzeitprozesse spielen eine Rolle bei der Artbildung – das Beispiel *Potalia*

Der unendliche Artenreichtum im Regenwald Südamerikas ist eines der großen Rätsel in der Evolutionsforschung, aber einige Gesetzmäßigkeiten der Herkunft und Entstehung neuer Arten in diesem Gebiet konnten an den neun Arten der Gattung *Potalia* (Tafel auf Seite 60, Abb. g) aufgezeigt werden [7]. Die im *Potalia*-Stammbaum als ursprünglich erkannten Arten kommen jeweils nur auf so genannten „Weißen Sanden" vor. Das sind kleinräumig verbreitete, alte und extrem nährstoffarme Böden, die aus Sandsedimenten des erdgeschichtlich relativ alten Hochlands von Guyana gebildet wurden. Diese Böden waren im Tertiär in weiten Teilen des heutigen Amazonasbeckens anzutreffen, in einer Zeit also, in der das Becken nach Westen zum Pazifik entwässerte. Heute werden die meisten dieser Gebiete im Tiefland von nährstoffreichen Sedimenten bedeckt, die aus den sich später hebenden Anden stammen und mit der Umkehrung der Fließrichtung des Amazonas (vor etwa sechs Millionen Jahren) nach Osten verfrachtet wurden. Die im *Potalia*-Stammbaum erst später abzweigenden Arten kommen auf diesen viel jüngeren Böden vor. Dieses Muster kommt auch in weiteren südamerikanischen Pflanzengruppen vor und deckt sich offensichtlich gut mit der geologischen Geschichte des Amazonasbeckens.

**Evolution mit dem Menschen –
die Blütezeit von *Gentianella***

Durch seine die Umwelt beeinflussenden Tätigkeiten trägt der Mensch sowohl gezielt, aber auch unabsichtlich zur Entstehung neuer Entwicklungslinien bei. In gleich mehreren europäischen Arten der Gattung *Gentianella* (und auch in anderen Pflanzenarten) gibt es frühblühende und spätblühende Rassen, deren Blütezeiten sich nicht überschneiden. Manche Botaniker glauben, dass hier gerade neu entstehende Arten vorliegen. Experimente im Gewächshaus zeigen, dass dieses Verhalten in schwedischen *Gentianella*-Arten tatsächlich genetisch fixiert ist und nur schwach durch äußere Faktoren beeinflusst wird [8]. Es kann also auf einer Wiese zwei Gruppen von Pflanzen geben, die fast gleich aussehen, aber wegen ihrer unterschiedlichen Blütezeit nicht mehr im genetischen Austausch miteinander stehen. Als Ursache dafür kommt eigentlich nur der Mensch in Frage, der durch jahrhun-

telange regelmäßige Heumahd im Juli solche Individuen förderte, die entweder ihre Fruchtbildung schon abgeschlossen hatten (frühblühend), oder die erst nach der Mahd blühen und fruchten (spätblühend). Alle Zwischenformen wurden immer wieder zerstört, so dass deren Gene immer seltener wurden. Eine Veränderung der Bewirtschaftung (zum Beispiel Weide statt Mahd) könnte dieses evolutionäre Experiment möglicherweise wieder beenden.

**Arten sterben aus – der Lungenenzian,
die Kehrseite der Diversifizierung**

Der Lungenenzian, *Gentiana pneumonanthe* (Tafel auf Seite 60, Abb. h), kommt nur auf besonders nährstoffarmen und feuchten Wiesen vor, die meist durch traditionelle Landwirtschaft geschaffen wurden, aber heute durch intensive Wirtschaftsweisen wieder verdrängt werden. Er ist in vielen Regionen Westeuropas überaus selten geworden oder bereits verschwunden und diente deswegen häufig als Versuchsobjekt in Untersuchungen über das lokale Aussterben von Pflanzenarten. Ein wichtiges Ergebnis war, dass es in kleiner werdenden Populationen sich selbst verstärkende Trends gibt, die das weitere Schrumpfen der Population bis hin zum Aussterben beschleunigen. Zum Beispiel werden Blüten in kleinen Populationen oft nicht mehr erfolgreich bestäubt, denn die Gesamtzahl der Blüten kann so gering sein, dass es sich für potenzielle Bestäuber nicht mehr lohnt, das Gebiet abzusammeln [9]. Mangelnder Samenansatz oder Inzucht durch Selbstbefruchtung tragen dann zu geringerer Fitness und zum schnelleren Schrumpfen einer ohnehin kleinen Population bei.

Ein Aussterben des Lungenenzians hat aber auch weitere evolutionäre Folgen, denn die jungen Raupen eines Schmetterlings, des kleinen Moorbläulings (*Maculinea alcon*), fressen ausschließlich von dieser Pflanze. Ohne den Lungenenzian muss der Falter aussterben. Die älteren Raupen dieser Art parasitieren in Ameisennestern und lassen sich von den Ameisen füttern. Dort werden sie oft von einer bestimmten Schlupfwespenart aufgespürt, die ihre Eier in die Raupen des kleinen Moorbläulings legt. Auch diese Schlupfwespe stirbt mit dem Verschwinden des Lungenenzians aus.

Triebkräfte der Evolution – eine Zusammenfassung

Die Triebkräfte der Evolution der Enziangewächse in unseren Beispielen waren die geografische und die ökologische Trennung (Glockenenziane), die Besiedlung von Inseln (*Ixanthus*), die Veränderung der Chromosomenzahl (*Centaurium*), die Eroberung von jungen Lebensräumen (*Halenia*, *Gentianella*, *Potalia*), das Ausnutzen von Bestäubervielfalt (*Halenia*, *Gentianella*), die Evolution mit dem Menschen (*Gentianella*) und als Kehrseite der Spezialisierung auf einen bestimmten Lebensraum das Aussterben (Lungenenzian), was ebenfalls eine Komponente der Evolution ist. Alle diese Faktoren – und es gibt noch andere, von uns hier nicht angesprochene – haben ganz ähnlich an der Entstehung von Vielfalt in anderen Pflanzenfamilien mitgewirkt. Auch die Faktoren der frühen Aufspaltung der Enziangewächse dürften nicht grundsätzlich anderer Art gewesen sein, nur liegen sie so lange zurück, dass sie für uns weniger gut zu enträtseln sind.

Literatur

[1] Struwe, L., Kadereit, J.W., Klackenberg, J., Nilsson, J.S., Thiv, M., von Hagen, K.B., Albert, V.A. (2002) Systematics, character evolution, and biogeography of Gentianaceae, including a new tribal and subtribal classification, in: *Gentianaceae – Systematics and Natural History* (eds. L. Struwe, V.A. Albert), Cambridge University Press, Cambridge, 21–309.

[2] Thiv, M., Struwe, L., Kadereit, J.W. (1999) The phylogenetic relationships and evolution of the Canarian laurel forest endemic *Ixanthus viscosus* (Aiton) Griseb. (Gentianaceae): evidence from *mat*K and ITS sequence variation, and floral morphology and anatomy. *Plant Systematics and Evolution*, **218**, 299–317.

[3] Hungerer, K.B., Kadereit, J.W. (1998) The phylogeny and biogeography of *Gentiana* L. sect. *Ciminalis* (Adans.) Dumort.: A historical interpretation of distribution ranges in the European high mountains. *Perspectives in Plant Ecology, Evolution and Systematics*, **1**, 121–135.

[4] Mansion, G., Zeltner, L., Bretagnolle, F. (2005) Phylogenetic patterns and polyploid evolution within the Mediterranean genus *Centaurium* (Gentianaceae – Chironieae). *Taxon*, **54**, 931–950.

[5] Hagen, K.B. von, Kadereit, J.W. (2001) The phylogeny of *Gentianella* (Gentianaceae) and its colonization of the southern hemisphere as revealed by nuclear and chloroplast DNA sequence variation. *Organisms Diversity & Evolution*, **1**, 61–79.

[6] Hagen, K.B. von, Kadereit, J.W. (2003) The diversification of *Halenia* (Gentianaceae): ecological opportunity versus key innovation. *Evolution*, **57**, 2507–2518.

[7] Frasier, C.L., Albert, V.A., Struwe L. (2008) Amazonian lowland, white sand areas as ancestral regions for South American biodiversity: Biogeographic patterns in *Potalia* (Angiospermae: Gentianaceae). *Organisms Diversity & Evolution*, **8**, 44–57.

[8] Lennartson, T. (1997) Seasonal differentiation – a conservative reproductive barrier in two grassland *Gentianella* (Gentianaceae) species. *Plant Systematics and Evolution*, **208**, 45–69.

[9] Oostermeijer, J.G.B., Luijten, S.H., Krenova, Z.V., Den Nijs, H.C.M. (1998) Relationships between population and habitat characteristics and reproduction of the rare *Gentiana pneumonanthe* L.. *Conservation Biology*, **12**, 1042–1053.

8

Das Beispiel von Ananas & Co.:

Entstehung und Erhaltung von Biodiversität in den (Sub)Tropen

Georg Zizka, Marco Schmidt, Daniel Caceres, Katharina Schulte

Die meisten Festlandgebiete mit besonders hoher Biodiversität befinden sich in den „Tropen" – worunter nach gängiger Definition das Gebiet zwischen den Wendekreisen des Krebses und des Steinbocks (23,5° nördlicher und südlicher Breite) zu verstehen ist. Ein wichtiger Grund dafür ist ohne Zweifel, dass das ausgeglichene, feuchtwarme Klima der Tropen keine extremen Anforderungen wie beispielsweise winterliche Frosthärte oder Dürre-Resistenz an die dort vorkommenden Arten stellt. Besonders artenreich ist der Kronenraum der tropischen Wälder und

Savannen, die – anders als Baumkronen bei uns – einer Vielzahl von Pflanzenarten einen Lebensraum bieten. Zu diesen Pflanzen zählen auch Bromelien, Mitglieder einer Pflanzenfamilie, die bei uns vor allem durch die Ananasfrucht bekannt ist.

◀ *Guzmania sanguinea* aus dem Tieflandregenwald West-Panamas. Diese Art zeigt den so genannten „Zisternenhabitus": Die roten Blätter der Blattrosette stehen so dicht zusammen, dass sich im zentralen Hohlraum Wasser ansammelt und nicht abfließt. Die Aufnahme des „außen" gespeicherten Wassers bewerkstelligt die Pflanze durch umgewandelte Haare, die Saugschuppen, die in großer Zahl auf der Blattoberfläche sitzen. Dieses System funktioniert hervorragend in feuchten Tief- und Berglandwäldern, wo die Epiphyten nur kurze Trockenphasen überdauern müssen. Die Speicherung gelingt natürlich nur, wenn die Zisterne senkrecht steht. Die Wasserkörper der Zisternenbromelien stellen Kleinstlebensräume dar, in und an denen viele Tier- und einige Pflanzenarten leben. Insgesamt wurden mehrere hundert Tierarten an solchen Bromelien nachgewiesen, neben vielen Wirbellosen auch spezialisierte Frösche. Die Wasserkörper können auch der *Anopheles*-Mücke zur Vermehrung dienen, die die Malaria überträgt. Anfang des 20. Jahrhunderts war diese „Bromelien-Malaria" in manchen Regionen ein Problem.

Obwohl die Tropen wegen ihrer hohen Artenzahlen der globale Brennpunkt der Biodiversitätsforschung sind, wissen wir über die dort lebenden Arten wenig. Insgesamt kommen von den rund 250.000 bekannten Blütenpflanzenarten die meisten in den Tropen und Subtropen vor. Man nimmt an, dass auch der größte Teil der vermuteten 50.000 noch unbekannten Arten dort zu entdecken ist.

Auch innerhalb der Tropen gibt es erhebliche Unterschiede in der Artenvielfalt, was vermutlich an unterschiedlichen Klimaverläufen in der Erdgeschichte liegt: Besonders artenreich sind die mittel- und südamerikanischen sowie die südostasiatischen Tropen, wesentlich artenärmer die afrikanischen. Wir wollen hier eine Pflanzenfamilie vorstellen, die ausschließlich in Amerika verbreitet ist (nur eine Art, *Pitcairnia feliciana,* kommt in Westafrika vor) und die mit ihren rund 3000 Arten wesentlichen Anteil am Artenreichtum in den tropisch-subtropischen Lebensräumen hat. Ihre Vertreter leben sowohl auf dem Boden (terrestrisch) als auch in den Astgabeln und Kronen von Bäumen (epiphytisch). Es

Die Vielfalt des Lebens: Wie hoch, wie komplex, warum? 1. Auflage. Herausgegeben von Erwin Beck
© 2013 WILEY-VCH Verlag GmbH & Co. KGaA. Published 2013 by Wiley-VCH Verlag GmbH & Co. KGaA

Abb. 1 Die Ananas ist eine im Boden wurzelnde (terrestrische) Bromelien-Art. Sie bildet je Pflanze einen kompakten Sammelfruchtstand, der aus Blüten, Tragblättern und Blütenstandsachse verwachsen ist und die Ananasfrucht darstellt. Bemerkenswert und ungewöhnlich ist der „Schopf" grüner Blätter, die dadurch entstehen, dass die Achse des Blütenstandes weiterwächst. Aus dem Blattschopf ebenso wie aus Seitentrieben unterhalb des Fruchtstandes können neue Pflanzen heranwachsen. Die Mutterpflanze stirbt nach der Blüten- und Fruchtbildung ab.

Abb. 2 *Tillandsia landbeckii* in der nordchilenischen Atacama-Wüste, einer der extremsten Wüsten der Erde. Diese Bromelie liegt auf dem Wüstensand (man kann den „Bromelienteppich" vom Boden abheben) und bewerkstelligt Wasser- und Nährstoffaufnahme mit Hilfe von umgewandelten Haaren, den Saugschuppen, die die gesamte Oberfläche der Pflanze bedecken. Es regnet hier fast nie, nur von der Küste landeinwärts treibende Nebelschwaden bringen regelmäßig Feuchtigkeit.

Abb. 3 *Puya berteroniana* (im Vordergrund) wächst im mediterranen Klima Mittelchiles zusammen mit Kakteen (hier im Nationalpark bei La Serena). Die blühenden Pflanzen im Vordergrund sind etwa drei Meter hoch, die mit großen, gebogenen Stacheln am Blattrand bewehrten, fleischigen Rosetten-Blätter sind stark sukkulent (wasserspeichernd).

sind die Ananasgewächse oder Bromelien (Bromeliaceae), die vom Süden der USA bis nach Mittel-Chile und -Argentinien verbreitet sind. Bekanntester Vertreter der Familie ist die Ananas (*Ananas comosus*), die eine Nutzpflanze von weltwirtschaftlicher Bedeutung ist (Abb. 1).

Welche allgemeinen Einsichten verspricht die Untersuchung von Diversität und Evolution der Bromelien? Neuere Ergebnisse deuten darauf hin, dass ausgehend von terrestrischen Vorfahren, die wohl in feuchten tropischen Habitaten im Norden Südamerikas lebten, die Evolution dieser Familie in verschiedenen Lebensräumen sehr erfolgreich verlaufen ist. Wir finden heute Bromelien in großer Artenzahl in teilweise extremen Trockengebieten (Abb. 2, 3), offenen Wäldern (Abb. 4), Savannenvegetation (Abb. 5) bis hin zu den feuchten Wäldern des Tieflandes

(Abb. 6 und 7) und den Hochlagen der Anden. Welche evolutionären Errungenschaften haben diese Pflanzenfamilie befähigt, so verschiedene Lebensräume erfolgreich zu besiedeln? Wichtige Schlüsselmerkmale für den Erfolg der Bromelien waren besondere Formen der Wasserspeicherung (Sukkulenz, Zisternenwuchs, Abb. 4, 6), umgewandelte Haare zur Wasser- und Nährstoffaufnahme (Abb. 5), aber auch besondere Anpassungen des Stoffwechsels. In den meisten Fällen ist unklar, wie die Evolution von Merkmalen mit der Ausbreitung, Ökologie und Artbildung zusammenhängt. Diese Prozesse und Mechanismen können heute mit Hilfe molekularer Marker beziehungsweise molekularer Uhren zeitlich verfolgt werden (vgl. hierzu den Infokasten im Kapitel „Eine Einführung in Fragen zur biologischen Vielfalt" auf Seite 8). Damit hat

Abb. 4 *Bromelia humilis* ist eine charakteristische, erdbewohnende Bromelie des karibischen Trockenwaldes, der durch viele laubwerfende Gehölze und an Trockenheit angepasste Arten charakterisiert ist. Die Pflanzen bilden mehrere Quadratmeter große Bestände und besitzen sukkulente Blätter.

Abb. 5 *Tillandsia pruinosa* ist dicht mit Saugschuppen bedeckt. Diese umgewandelten, schuppenförmigen Haare sind einzigartig im Pflanzenreich. Sie saugen Feuchtigkeit wie Löschpapier auf und ermöglichen es der Pflanze, Wasser und gelöste Nährstoffe durch die Blattoberfläche aufzunehmen. Die Wurzeln dienen nur noch als Halteorgan in Astgabeln oder auf der rauen Borke des Stamms, nicht mehr zur Wasser- und Stoffaufnahme.

Abb. 6 *Guzmania musaica*, eine weitere Zisternenbromelie, die bei uns als Zimmerpflanze kultiviert wird. Sie zeigt den Wuchs vieler Bromelien: Die Sprossachse ist gestaucht, die Blätter stehen in einer dichten Rosette. Zur Blütezeit bildet die Achse einen gestielten Blütenstand, der aus der Rosette herausragt. Nach der Blüte stirbt der Spross ab, für die Vermehrung sorgen Samen und Seitentriebe, die so genannten „Kindel". Die Blüten und benachbarte Blätter sind meist leuchtend gefärbt, um die Bestäuber – in der Regel Vögel, seltener Insekten oder Fledermäuse – anzulocken.

Abb. 7 Der Blick in eine Baumkrone im Tieflandregenwald in West-Panama zeigt auf einem Stützbaum eine beeindruckende Artenvielfalt an Bromelien. Es sind Arten der Gattungen *Tillandsia*, *Werauhia*, *Guzmania*, *Vriesea* und *Catopsis* zu erkennen, die blühende Art im Zentrum ist *Mezobromelia pleiosticha*. Hinzu kommen zahlreiche Arten von Orchideen, Farnen, Aronstabgewächsen und anderen Familien. Diese Besiedelung auf einem einzigen Baum verdeutlicht den hohen Anteil der Epiphyten an der Artenvielfalt.

sich in den vergangenen Jahren ein völlig neues Tor zum Verständnis der Entstehung der Biodiversität auf diesem Planeten geöffnet: Wir können nun Veränderungen des Systems Erde (Klimawandel, CO_2-Gehalt der Atmosphäre, Geomorphologie) mit der Evolution der Organismen zeitlich in Beziehung setzen und daraus Wechselwirkungen ableiten. Diese Erforschung der Vergangenheit ist unverzichtbar, um zukünftige Entwicklungen besser vorhersagen und die Folgen beurteilen zu können, beispielsweise wie die

zu erwartenden Klimaveränderungen voraussichtlich auf unsere Biosphäre und die Artenvielfalt wirken werden. Ein weiterer Aspekt kommt bei den Bromelien noch hinzu: Die Familie ist nach den Orchideen und zusammen mit den Farnpflanzen und Aronstabgewächsen eine der artenreichsten Gruppen von Blütenpflanzen im Kronenraum tropischer Wälder. Die Vielfalt der epiphytischen Bromelien ist jedoch weitgehend an den Arten-und Strukturreichtum des Waldes gebunden, dessen Kronendach ja den Lebensraum dieser Pflanzen bildet.

Im Folgenden wollen wir nicht nur die Diversität und Evolution der Bromelien, sondern auch die Bandbreite der verschiedenen aktuellen Methoden zu ihrer Erforschung schildern.

Verstehen durch Erfassen, Dokumentieren und Benennen

Wie bei allen tropischen Pflanzengruppen haben wir auch von den Bromelien eine viel schlechtere Kenntnis der Artenvielfalt als von Pflanzengruppen in unseren Breiten. Während wir beispielsweise für Deutschland recht genau die Anzahl der in einem Gebiet vorkommenden Arten, ihre Verbreitung und ihre ökologischen Ansprüche kennen, fehlen solche Daten von den meisten Tropenpflanzen. Hier liegt die fundamentale Aufgabe der Biodiversitätsforschung: Pflanzen am Standort sammeln, untersuchen, beschreiben, benennen und in wissenschaftlichen Sammlungen, botanischen Gärten oder Herbarien dokumentieren. Einzelne, ausgewählte Herbar-Belege (durch Pressen und Trocknen praktisch unbeschränkt haltbar gemachte Pflanzen) dienen dabei als Grundlage für die Beschreibung und Benennung einer Art. Diese so genannten Typusbelege (Abb. 8) werden in einem international anerkannten Herbarium deponiert, charakterisieren einen wissenschaftlichen Namen und stehen der Forschung dauerhaft zur Verfügung.

Neben diesen unersetzlichen Sammlungsstücken sind für die Erforschung einer Pflanzengruppe viele weitere wissenschaftliche Sammlungsobjekte und -daten wichtig: Sie liefern Informationen zum Fundort und häufig auch zur Ökologie, an ihnen lassen sich Merkmale und ihre Variabilität – beispielsweise die Größe der Blüten – genau untersuchen. Idealerweise kommen auch Untersuchungen der lebenden Pflanzen am Standort hinzu, dies ist jedoch aus zeitlichen und finanziellen Gründen nur für wenige Arten realisierbar. Durch die internationale Vernetzung der großen Herbarien werden die

Abb. 8 Typusbeleg der brasilianischen Bromelie *Orthophytum glabrum* aus dem Herbarium des Naturhistorischen Museums Wien (W), anhand dessen die Art 1896 beschrieben wurde. Der wissenschaftliche Name der Art ist für immer an diesen Beleg geknüpft. Verschiedene Wissenschaftler (hier sind es drei) haben den Beleg untersucht und die daraus gezogenen Konsequenzen für den wissenschaftlichen Namen und die Art auf weißen Aufklebern vermerkt.

Sammlungsbelege den Forschern in aller Welt auf einfache Weise zugänglich gemacht (durch Versendung, vielfach auch durch digitale Kopien im Internet). Häufig suchen Forscher auch die einzelnen Herbarien auf, um umfangreiches Material vor Ort zu bearbeiten. Ein ganz wichtiges Ergebnis solcher Bearbeitungen ist zunächst die Liste der in einem Gebiet vorkommenden Arten. Aus den gesammelten Fundortdaten lassen sich die Verbreitungsgebiete abschätzen. Von wenigen Ausnahmen abgesehen beruhen die

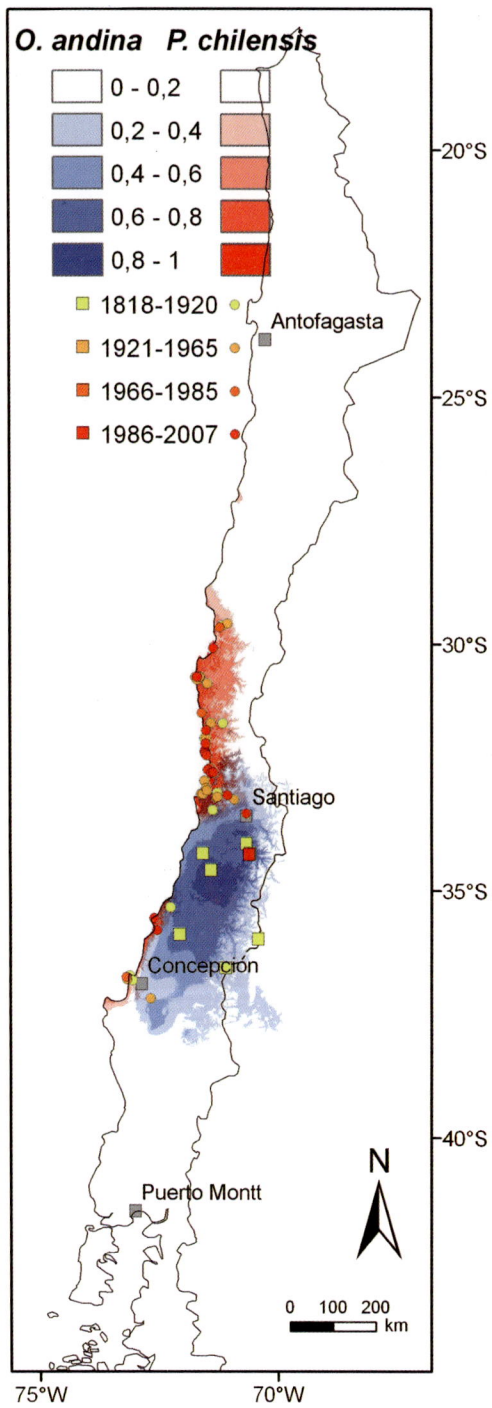

Angaben zur Verbreitung von tropischen Arten auf der Auswertung der Sammlungsbelege, gegebenenfalls ergänzt durch Beobachtungsdaten an den Standorten. Letztere lassen sich zu einem späteren Zeitpunkt nicht beliebig wiederholen; sie stehen deshalb für eine kritische Prüfung nicht mehr zur Verfügung und sind daher von geringerem wissenschaftlichem Wert. Die Sammlungsbelege erlauben durch die Datierung der Aufsammlung auch zeitliche Rekonstruktionen, die für die Bewertung des Gefährdungsstatus einer Art wichtig sind: Wann wurden Exemplare gefunden, liegen Aufsammlungen evtl. schon lange zurück und ist die Art vielleicht heute aus dem Gebiet verschwunden (Abb. 9 und 10)?

Die modernen Methoden der DNA-Untersuchung begründen ein weiteres, neues Interesse an wissenschaftlichen Sammlungen. Rasch getrocknete Sammlungsbelege liefern noch nach vielen Jahrzehnten DNA, die molekularsystematisch untersucht werden kann (siehe unten). Noch besser geeignet für molekulare Untersuchungen ist aber Lebendmaterial oder solches, dass mit speziellen Methoden konserviert wurde. Von den Organismen, deren DNA untersucht wird, sollen immer auch Sammlungsbelege angelegt werden, um spätere Überprüfungen zu ermöglichen. Die wissenschaftlichen Sammlungen besitzen also breite Bedeutung als Archive – und zwar nicht nur für die Biodiversitätsforschung, sondern für die ganze Biologie.

Abb. 9 Die Karten fassen unsere derzeitige Kenntnis über die Verbreitung von zwei chilenischen Bromelien zusammen. Dargestellt sind die Fundpunkte der Arten *Puya chilensis* und *Ochagavia andina*. Während *Puya chilensis* offensichtlich weit verbreitet ist und regelmäßig in der Vergangenheit gesammelt wurde, ist *Ochagavia andina* ein Endemit mit eng begrenztem Verbreitungsgebiet. Die Art galt als ausgestorben, konnte aber 2006 nach über hundert Jahren zum ersten Mal wiedergefunden werden [2]. Durch die Verschneidung mit Umweltdaten kann auch eine Hypothese zum möglichen Verbreitungsgebiet erstellt werden (die Farbsignatur gibt die Wahrscheinlichkeit des Vorkommens der Art an).

Abb. 10 Blick in das Herbarium Senckenbergianum Frankfurt (FR), eine botanische Sammlung mit rund 1,2 Millionen Herbarbelegen. Alle wissenschaftlichen Belege tragen Informationen zu Sammler, Fundort und Sammeldatum.

Evolution und wichtige Faktoren

Die Bromelien sind aufgrund ihrer Vielseitigkeit im Hinblick auf Wuchs, Stoffaufnahme und Stoffwechsel nicht nur als Epiphyten, sondern auch in anderen Lebensräumen erfolgreich. Früher war man auf die sehr variablen morphologisch-anatomischen Merkmale sowie die Verbreitungsgebiete zur Rekonstruktion der Evolution und Bewertung der Verwandtschaft angewiesen. Mit den Möglichkeiten der DNA-Sequenzierung hat sich die Situation grundlegend geändert, es stehen nun nahezu unbegrenzte Datenmengen zur Erforschung der Stammesgeschichte zur Verfügung.

Für die Familie der Bromeliaceae stellen sich im Hinblick auf ihre heute existierende Vielfalt folgende Fragen von allgemeiner Bedeutung:

- Welches sind die natürlichen Verwandtschaftsbeziehungen innerhalb der Familie?
- Welche Mechanismen spielen eine Rolle bei der Entstehung von nah verwandten Arten?
- Welche evolutiven „Errungenschaften" sind die Grundlage für die erfolgreiche Besiedlung von Trockengebieten ebenso wie von den Kronen tropischer Bäume?
- Wie ist die heutige Verteilung der Artenvielfalt zu erklären?

Die Identifizierung natürlicher Verwandtschaftskreise innerhalb der Bromelien hat über Jahrhunderte Schwierigkeiten bereitet. Dies zeigt sich zum Beispiel daran, dass die Abgrenzung vieler Gattungen (beispielsweise *Aechmea*) immer noch im Fluss ist. Die üblicherweise verwendeten Merkmale des äußeren und inneren Baues (Morphologie und Anatomie) haben sich inzwischen in einigen Fällen wegen ihrer großen Variabilität als wenig aussagekräftig bei der Beurteilung von Verwandtschaft erwiesen. Die molekularsystematischen Methoden haben im Falle der Bromelien gezeigt, dass statt bisher drei Unterfamilien nun acht unterschieden werden müssen ([3], Abb. 11). Dabei wurden die beiden Unterfamilien Tillandsioideae und Bromelioideae frühzeitig als Verwandtschaftskreise erkannt, die stammesgeschichtliche Heterogenität der Pitcairnioideae allerdings erst in den letzten Jahren nachgewiesen.

Die evolutive Entwicklung wichtiger Merkmale haben wir innerhalb der Unterfamilie Bromelioideae mit Hilfe von DNA-Sequenzdaten rekonstruieren können. Wir stützen uns dabei auf die Untersuchung heute lebender Arten und rekonstruieren die stammesgeschichtlichen Zusammenhänge auf der Basis von verschiedenen Annahmen. Auch die Rekonstruktion selbst ist daher eine Hypothese. Im Falle der Unterfamilie Bromelioideae finden wir verschiedene Ausprägungen wichtiger Merkmale, zum Beispiel sowohl terrestrisch als auch epiphytisch wachsende

a)

b)

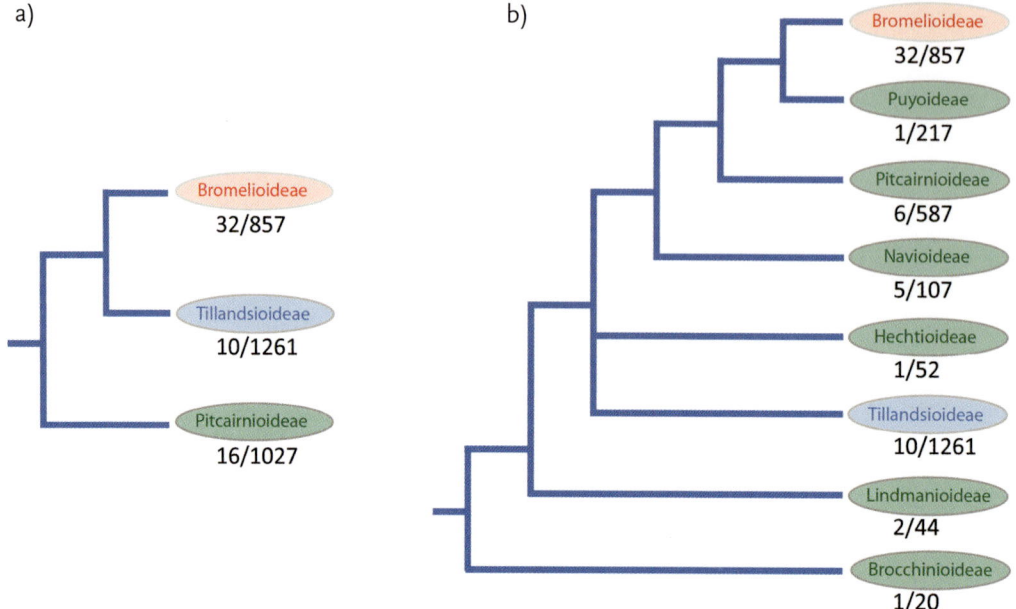

Abb. 11 Verwandtschaftskreise innerhalb der Bromelien einst und jetzt. a) Früher wurden drei Unterfamilien unterschieden. b) Bromelioideae und Tillandsioideae konnten als natürliche Verwandtschaftskreise bestätigt werden, die Pitcairnioideae umfassen jedoch sechs unterschiedlich nah miteinander verwandte Gruppen, die heute als eigene Unterfamilien aufgefasst werden (grün). Man datiert die Entstehung der Bromeliaceae auf über 69 Millionen Jahre vor heute, die Aufspaltung junger Gruppen hat sich aber erst in den vergangenen zehn Millionen Jahren vollzogen ([3], eigene Daten). Die Zahlen geben die Anzahl der Gattungen und Arten je Gruppe an.

Arten, solche mit und ohne Zisternenhabitus (Abb. 6) und auch Arten mit besonderen physiologischen Anpassungen (Crassulacean Acid Metabolism, CAM) und ohne solche (C3-Photosynthese, Grundtypus der Photosynthese). Beim Stoffwechselweg CAM wird CO_2 in der Nacht aufgenommen, vorübergehend gebunden und in der Vakuole gespeichert. Bei Tag wird das CO_2 in der Zelle wieder freigesetzt und auf dem „normalen" Weg der photosynthetischen Assimilation zu Kohlenhydraten verarbeitet. Dadurch können die Spaltöffnungen tagsüber geschlossen bleiben und der Wasserverlust durch Verdunstung wird stark verringert. Mit mathematischen Verfahren kann nun – ausgehend von den untersuchten heutigen Arten – die Entwicklung der Merkmale und die Ausprägung bei den hypothetischen Vorfahren (das sind die „tiefer" liegenden Knoten im Stammbaum) ermittelt werden (Abb. 12). In unserem Fall der Bromelioideae zeigt sich, dass in ursprünglichen Vertretern terrestrischer Wuchs vorherrscht, Zisternenhabitus und CAM aber fehlen. In der sehr artenreichen, jüngeren Kerngruppe der Bromelioideae finden wir jedoch fast ausschließlich CAM und Zisternenhabitus sowie epiphytischen Wuchs. Die große genetische Ähnlichkeit dieser Arten legt den Schluss nahe, dass eine sehr junge Entwicklung zahlreicher Arten stattgefunden hat, höchstwahrscheinlich in Verbindung mit dem Erwerb der geschilderten Merkmale. Bemerkenswert ist, dass diese Gruppe (Kern-Bromelioideae) zum überwiegenden Teil im Küstenregenwald Brasiliens (Mata Atlantica) verbreitet ist. Die molekulare Stammbaumforschung liefert eine Hypothese, wie es zur heutigen Verbrei-

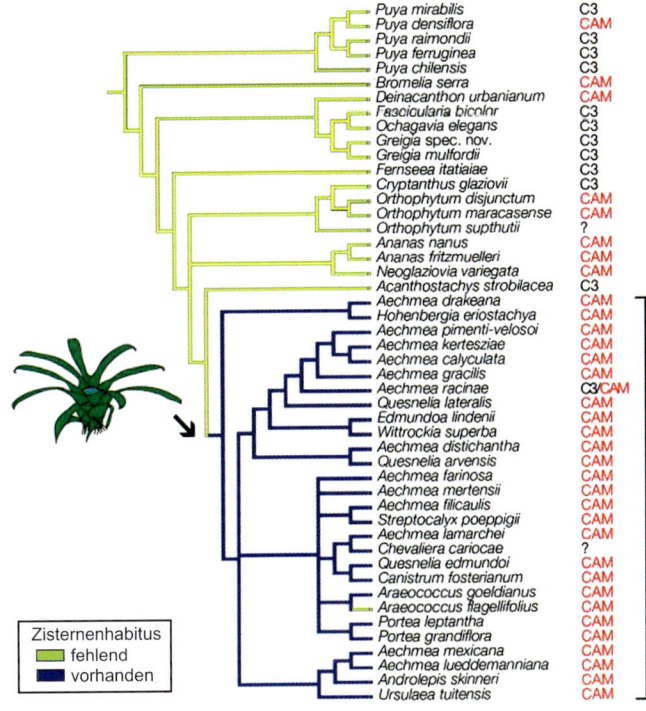

Puya mirabilis	C3
Puya densiflora	CAM
Puya raimondii	C3
Puya ferruginea	C3
Puya chilensis	C3
Bromelia serra	CAM
Deinacanthon urbanianum	CAM
Fascicularia bicolor	C3
Ochagavia elegans	C3
Greigia spec. nov.	C3
Greigia mulfordii	C3
Fernseea itatiaiae	C3
Cryptanthus glaziovii	C3
Orthophytum disjunctum	CAM
Orthophytum maracasense	CAM
Orthophytum supthutii	?
Ananas nanus	CAM
Ananas fritzmuelleri	CAM
Neoglaziovia variegata	CAM
Acanthostachys strobilacea	C3
Aechmea drakeana	CAM
Hohenbergia eriostachya	CAM
Aechmea pimenti-velosoi	CAM
Aechmea kerteszieae	CAM
Aechmea calyculata	CAM
Aechmea gracilis	CAM
Aechmea racinae	C3/CAM
Quesnelia lateralis	CAM
Edmundoa lindenii	CAM
Wittrockia superba	CAM
Aechmea distichantha	CAM
Quesnelia arvensis	CAM
Aechmea farinosa	CAM
Aechmea mertensii	CAM
Aechmea filicaulis	CAM
Streptocalyx poeppigii	CAM
Aechmea lamarchei	CAM
Chevaliera cariocae	?
Quesnelia edmundoi	CAM
Canistrum fosterianum	CAM
Araeococcus goeldianus	CAM
Araeococcus flagellifolius	CAM
Portea leptantha	CAM
Portea grandiflora	CAM
Aechmea mexicana	CAM
Aechmea lueddemanniana	CAM
Androlepis skinneri	CAM
Ursulaea tuitensis	CAM

Kern-Bromelioideae

Zisternenhabitus
- ▇ fehlend
- ▇ vorhanden

Abb. 12 Stammbaum der Unterfamilie Bromelioideae auf der Basis molekularer Daten. Das Vorkommen der Merkmale Zisternenhabitus ja/nein bzw. C3/CAM ist dargestellt, ebenso wie die Rekonstruktion des ersten Merkmals bei den mutmaßlichen Vorfahren.

tung gekommen sein könnte: Sie weist auf das nördliche Südamerika, insbesondere die Region der Tafelberge, als Entstehungsregion der Bromelien hin. Wie haben die Vorfahren nun den brasilianischen Küstenregenwald erreicht? Die Verbreitung einiger Gattungen im Andenbereich sowie im subtropischen Südamerika (wie zum Beispiel *Puya* und *Greigia*) legt eine Ausbreitung entlang der Anden und von dort eine nach Osten in den Küstenregenwald nahe. Die reiche Artbildung im Küstenregenwald läuft parallel zum Erwerb der oben beschriebenen Merkmale [4, 5].

Zur Beantwortung der Frage, wie sich die Aufspaltung der Arten vollzogen haben könnte, liefern wieder molekulare Untersuchungen besonders wichtige Hinweise. Chilenische Arten der Gattung *Puya* unterscheiden sich recht gut aufgrund äußerer Merkmale (Wuchs, Form des Blütenstandes, Blütenfarbe, Beschuppung der Blätter), die molekularen Untersuchungen zeigen jedoch, dass die Artgrenzen noch fließend

sind und ein Austausch von Genen zwischen den Gruppen stattfindet [6]. Nicht nur bei *Puya*, sondern auch bei anderen Verwandtschaftskreisen hat sich nun herausgestellt, dass Pollenmerkmale und auch die Blütenfarbe für manche Verwandtschaftskreise charakteristisch sind. Dies könnte auf eine bisher unterschätzte Bedeutung der Bestäuber bei der Artbildung hindeuten. Weitere Ergebnisse zeigen auch, dass physiologische Spezialisierungen wie der CAM eine wichtige Rolle bei der Besetzung verschiedener ökologischer Nischen durch nah verwandte Arten spielen. Bei *Puya* zeichnet sich beispielsweise bei nah verwandten, ähnlichen Arten, die auch in Teilen ihres Verbreitungsgebietes zusammen vorkommen, eine unterschiedlich starke Spezialisierung im Stoffwechsel (CAM) ab. In der vor allem im Bereich der bolivianischen Anden beheimateten Gattung *Fosterella* hat sicher die geografische Isolation einzelner Populationen innerhalb des Gebirges eine Rolle gespielt und zu zahlreichen Endemiten geführt, also zu Arten mit eng begrenztem Verbreitungsgebiet [7].

Beitrag zur Erhaltung von Biodiversität

Welche Bedeutung haben die geschilderten Methoden, Sammlungen und Ergebnisse für die Praxis, beispielsweise im Natur- und Artenschutz? Die wissenschaftliche Benennung ist die Grundlage jeder eindeutigen Mitteilung über Pflanzen (und Tiere). Inventare (Artenlisten und Florenwerke) liefern zusammen mit den Informationen über die Verbreitung die einzigen verlässlichen Daten zur Diversität sowie zum Vorkommen von Arten und sind damit die wichtigste Grundlage für Bewertungen und Maßnahmen im Natur- und Artenschutz. Eine häufig verwendete Strategie zur Beurteilung der Gefährdung von Arten ist die Zuweisung von Gefährdungskategorien der International Union of the Conservation of Nature [8]. Diese Kategorien können aber nur sinnvoll auf der Basis der oben geschilderten Daten vergeben werden.

Immer wichtiger wird die Verknüpfung von Verbreitungsinformationen und Umweltdaten (Modellierung). Man nutzt dazu bekannte, nachgewiesene Vorkommen einer Art und ermittelt die Umweltdaten für diese Standorte. Dazu verwendet man in der Regel im Internet verfügbare Informationen, beispielsweise zum Klima. Aus der Verknüpfung von Verbreitungs- und Umweltdaten ergibt sich so die ökologische Charakterisierung einer Art (beispielsweise Vorkommen in Gebieten mit 300–500 mm Jahresnieder-

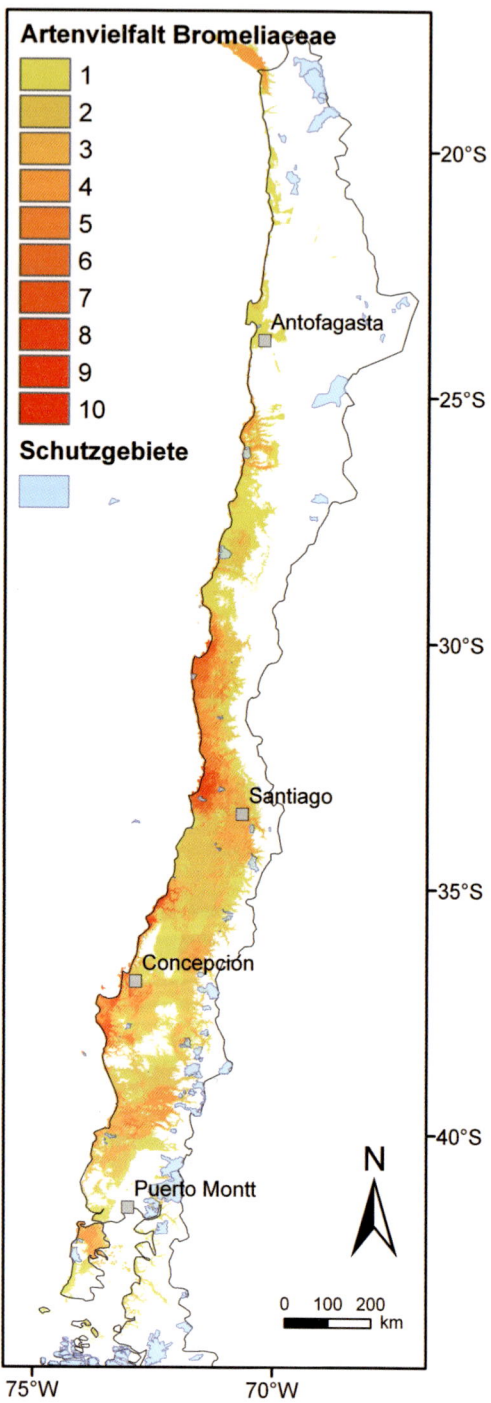

Abb. 13 Darstellung der Artendiversität von Bromelien in Chile auf der Basis von Aufsammlungen und modellierten Verbreitungsarealen. Die Lage bestehender Schutzgebiete ist ebenfalls eingezeichnet. Regionen höchster Bromeliendiversität überschneiden sich mit den schon lange landwirtschaftlich genutzten und durch den Menschen tiefgreifend veränderten Teilen Chiles [2]. Dies stellt eine Bedrohung für die Habitate der Bromelien und ihre Diversität dar. Bild: Mit freundlicher Genehmigung von Springer Science+Business Media B.V., © 2009.

schlag, um nur einen der genutzten Umweltfaktoren herauszugreifen). Nun kann man wiederum alle Gebiete errechnen, in denen entsprechende Umweltbedingungen herrschen, in denen die Art also theoretisch wachsen könnte. Die so errechneten potenziellen Verbreitungsgebiete von Arten liefern ein vollständigeres – allerdings theoretisches – Bild des Vorkommens von Arten und die Synthese dieser potenziellen Areale führt zu Karten der Artendiversität. Führt man diese Informationen zusammen und verknüpft sie mit den Arealen bestehender und geplanter Reservate, so wird eine verbesserte Bewertung der Schutzgebiete und ihrer Funktionen – auch in der Zukunft – möglich (Abb. 13). Für die meisten tropischen Regionen reicht die Datengrundlage allerdings noch nicht aus, besonders auch deshalb, weil die Daten (Bestimmung, Fundort, Sammeldatum) des größten Teils der Sammlungsobjekte nicht oder nur mit großem Aufwand verfügbar sind. Digitalisierung und Zugänglichkeit von Sammlungsdaten sind daher zwei aktuelle wichtige Anliegen der Biodiversitätsforschung.

Um noch einmal auf die Bromelien zurückzukommen: Analysen zur Diversität und Verbreitung von Bromelien liefern weit mehr als „nur" Informationen zu einer mittelgroßen Pflanzenfamilie. Aufgrund des Artenreichtums und der Bindung vieler Arten an den epiphytischen Lebensraum (sub)tropischer Wälder können sie als Indikator für die gesamte Epiphytendiversität und die Unversehrtheit von Wald-Lebensräumen im tropischen und subtropischen Mittel- und Südamerika herangezogen werden. Epiphyten machen rund 10% der gesamten Artenvielfalt an Blütenpflanzen aus, in tropischen Regenwäldern können es sogar bis zu 50% der lokalen Flora sein [9, 10].

Danksagung

Wir bedanken uns beim Palmengarten der Stadt Frankfurt am Main, dem Naturhistorischen Museum Wien (W) und Dr. Julio Schneider.

Literatur

[1] Mutke, J., Barthlott, W. (2005) Patterns of vascular plant diversity at continental to global scales. *Biologiske Skrifter*, **55**, 521–531.

[2] Zizka, G., Schmidt, M., Schulte, K., Novoa, P., Pinto, R., König, K. (2009) Chilean Bromeliaceae: diversity, distribution and evaluation of conservation status. *Biodiversity & Conservation*, **18**, 2449–2471.

[3] Givnish, T.J., Millam, K.C., Berry, P.E., Sytsma, K.J. (2007) Phylogeny, adaptive radiation, and historical biogeography of Bromeliaceae inferred from *ndh*F sequence data. *Aliso*, **23**, 3–26.

[4] Schulte, K., Barfuss, M.H.J., Zizka, G. (2009) Phylogeny of Bromelioideae (Bromeliaceae) inferred from nuclear and plastid DNA loci reveals the evolution of the tank habit within the subfamily. *Molecular Phylogenetics & Evolution*, **51**, 327–339.

[5] Schulte, K., Horres, R., Zizka, G. (2005) Molecular phylogeny of Bromelioideae and its implications on biogeography and the evolution of CAM in the family (Poales, Bromeliaceae). *Senckenbergiana Biologica*, **85**, 113–125.

[6] Schulte, K., Silvestro, D., Kiehlmann, E., Vesely, S., Novoa, P., Zizka, G. (2010) Detection of recent hybridization between sympatric Chilean *Puya* species (Bromeliaceae) using AFLP markers and reconstruction of complex relationships. *Molecular Phylogenetics and Evolution*, **57**, 1105–1119.

[7] Rex, M., Schulte, K., Zizka, G., Peters, J., Vasquez, R., Ibisch, P.L., Weising, K. (2009) Phylogenetic analysis of *Fosterella* L.B. Sm. (Pitcairnioideae, Bromeliaceae) based on four chloroplast DNA regions. *Molecular Phylogenetics and Evolution*, **51**, 472–485.

[8] IUCN (2009) Red List categories and criteria. URL: http://www.eoearth.org/article/IUCN_Red_List_Categories_and_Criteria, Zugriff 29.3.2011.

[9] Benzing, D.H. (1990) Vascular epiphytes. *General Biology and related Biota*, Cambridge University Press, Cambridge.

[10] Zotz, G., Bogusch, W., Hietz, P., Ketteler, N. (2010) Growth of epiphytic bromeliads in a changing world: The effects of CO_2, water and nutrient supply. *Acta Oecologica*, **36**, 659–665.

9

Wie entstehen Arten?

Tropische Sonnenstrahlfische als Modellsystem

Fabian Herder, Jobst Pfaender

Die Frage nach den Mechanismen, die zur Entstehung von Artenvielfalt führen können, hat Generationen von Biologen beschäftigt, ohne jedoch abschließend beantwortet zu sein. Inzwischen ist deutlich geworden, dass verschiedene Prozesse zur Entstehung neuer Arten führen können, und dass diese Prozesse teilweise erst in Ansätzen verstanden werden. Insbesondere die Artbildung ohne geografische Isolation („sympatrische Artbildung") ist ein Prozess, der in der Natur bislang nur sehr selten nachgewiesen werden konnte. Die alten und stabilen Seen Indonesiens bieten als „natürliches Laboratorium" hervorragende Bedingungen, um Artbildungsmechanismen auf kleinem Raum – einschließlich der sympatrischen Artbildung – zu studieren. Untersuchungsobjekte sind die vielgestaltigen Sonnenstrahlfische aus der Familie der Telmatherinidae.

Für die Erforschung von Mechanismen, die mit der Aufspaltung von Arten (Radiation) in Zusammenhang gebracht werden können, sucht man nach Modellsystemen von überschaubarer Größe und Komplexität. Besonders interessant sind räumlich begrenzte Radiationen in abgeschlossenen Lebensräumen wie ozeanischen Inseln oder isolierten Süßwasserseen auf dem Festland, wo mehrere Arten aus einer oder einigen wenigen Stammarten hervorgegangen sind. Bekannte Beispiele solcher Inselradiationen sind beispielsweise die Darwinfinken der Galapagosinseln, die Fruchtfliegen Hawaiis oder die Buntbarsche der großen Seen Ostafrikas, aber auch Pflanzen wie die hawaiianischen Silberschwerter oder die Palmen auf der Lord-Howe-Insel [1]. In all diesen Radiationen finden sich deutliche Hinweise auf eine Anpassung an die spezifischen Ökosysteme, besonders an unterschiedliche Nahrungsressourcen. In Tierradiationen zeigt sich dies etwa in verschiedenen Maul- beziehungsweise Schnabelformen oder auch anhand verschiedenartiger Verhaltensmuster. Für Radiationen, die durch alternative Anpassungen an die Umwelt zu erklären sind, wird der Begriff der „adaptiven Radiation" verwendet.

Die Maliliseen Sulawesis

Die erdgeschichtlich alten Maliliseen im zentralen Hochland der Tropeninsel Sulawesi in Indonesien (Abb. 1) beherbergen eine Fülle verschie-

 Auf der indonesischen Insel Sulawesi existiert ein einzigartiges Seensystem, das von großer Bedeutung für die Erforschung von Artbildungsprozessen ist. Die dort lebenden Sonnenstrahlfische – hier im Bild Männchen (gelb) und Weibchen (silbrig) der Art *Telmatherina sarasinorum* – scheinen sich sympatrisch, also ohne ökologische oder geografische Barrieren, in eine Vielzahl von Arten aufgespalten zu haben. Dieser Prozess dauert weiterhin an und ermöglicht es den Wissenschaftlern, bei der Entstehung neuer Arten sozusagen „live" dabei zu sein.

Die Vielfalt des Lebens: Wie hoch, wie komplex, warum? 1. Auflage. Herausgegeben von Erwin Beck.
© 2013 WILEY-VCH Verlag GmbH & Co. KGaA. Published 2013 by Wiley-VCH Verlag GmbH & Co. KGaA.

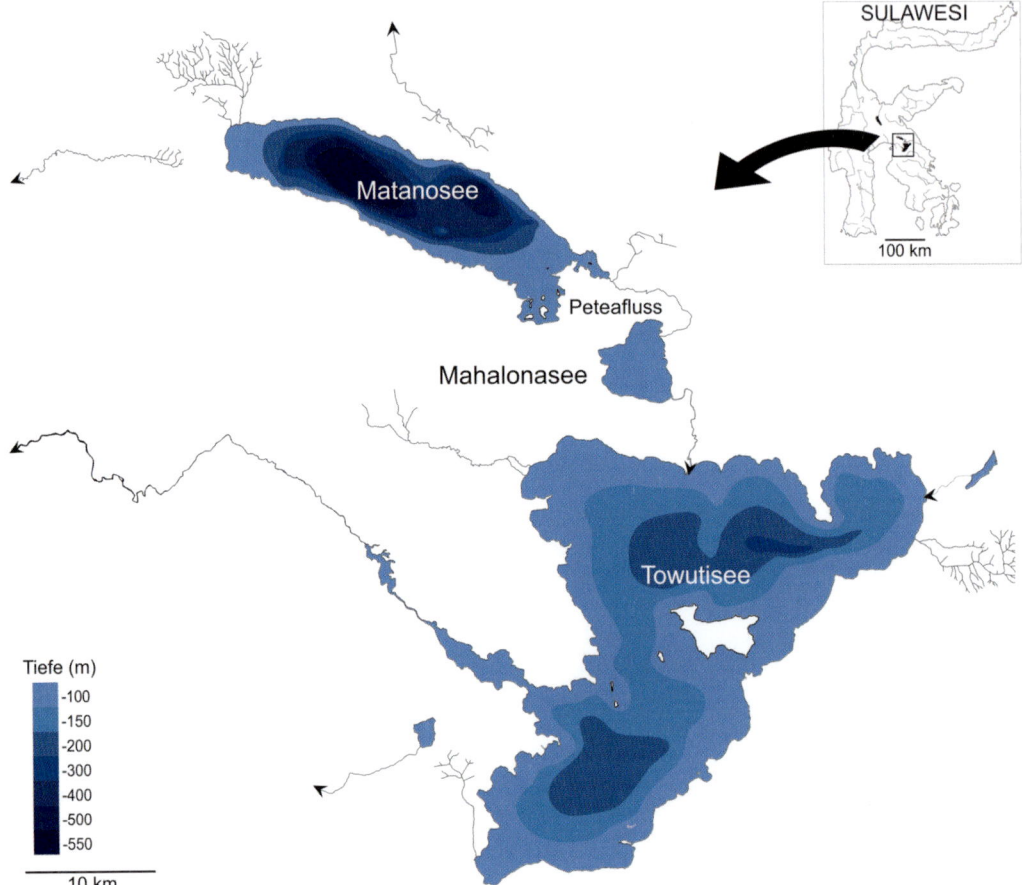

Abb. 1 Das Maliliseen-System im zentralen Hochland von Sulawesi (Indonesien), Karte: © T. von Rintelen, verändert.

dener Radiationsbeispiele, von denen einige sicherlich, andere höchstwahrscheinlich adaptiv sind [zusammengefasst in 2 und 3]. Da Sulawesi östlich der so genannten Wallace-Linie liegt, der biogeografischen Trennlinie zwischen asiatischer und australischer Fauna, befinden sich auf der Insel keine primär das Süßwasser bewohnenden Fischfamilien der asiatischen Faunenregion. Die rezenten Arten entstammen marinen Linien oder solchen, deren Vorfahren der australischen Fauna zuzuordnen sind. In den Maliliseen findet sich neben Grundeln (Gobiidae), Halschnäblern (Hemiramphidae) und Reiskärpflingen (Adrianichthyidae) die Gruppe der endemischen Sonnenstrahlfische (Telmatherinidae), die aus überwiegend kleinen Arten mit buntem männlichem Balzkleid und einer auffälligen Formenvielfalt besteht. Dabei ist der Name „Sonnenstrahlfisch" auf die verlängerten Flossenstrahlen der Rücken- und der Analflosse zurückzuführen, die im aufgespannten Zustand der Flossen wie Sonnenstrahlen wirken.

Sonnenstrahlfische besiedeln alle drei der größeren Seen des Maliliseen-Systems (Abb. 1). Der etwa 32 Kilometer lange und bis zu sechs Kilometer breite Matanosee ist der höchstgelegene und mit 590 Meter auch tiefste der Seen. Sein klares und bis zu 30 °C warmes Wasser fließt über den extrem steilen, kurzen Peteafluss in den Mahalonasee, einen kleinen und flachen Wasserkörper. Dieser wiederum entwässert in dcn größten der Maliliseen, den Towutisee (Abb. 1).

Schon aufgrund äußerlicher Merkmale lassen sich die Sonnenstrahlfische der unteren beiden Seen Mahalona und Towuti klar von denen des Matanosees unterscheiden (Abb. 2). Die meisten der in den unteren Seen endemischen Arten der Sonnenstrahlfische gehören taxonomisch zwei eigenen Gattungen an, die sich in Körperform, Größe und verschiedenen weiteren Merkmalen unterscheiden.

Neben den seenbewohnenden gibt es auch fluss- beziehungsweise bachbewohnende Sonnenstrahlfische, die die permanent Wasser führenden Fließgewässer des Einzugsgebiets der Seen besiedeln. Die Verbreitungsmuster lassen darauf schließen, dass der extrem steile Peteafluss eine deutliche Barriere für die Verbreitung von Fischen im Maliliseen-System darstellt. Somit stellt sich die Frage, wie vielfältige Artengemeinschaften innerhalb großer Wasserkörper entstehen können.

Die Sonnenstrahlfische des Matanosees

Im Matanosee gibt es zwei Gruppen von Sonnenstrahlfischen der Gattung *Telmatherina*, die wegen der Form der männlichen Rücken- beziehungsweise Afterflosse als „Rundflosser" und „Spitzflosser" bezeichnet werden (Abb. 2). Die Beschreibung der meisten der rund zehn in diesem See vorkommenden Arten geht auf Kottelat [4] zurück, der auch auf eines der interessantesten Phänomene dieser Radiation hingewiesen hat: Innerhalb einer Art können die Männchen von Sonnenstrahlfischen unterschiedliche Balzfärbungen aufweisen (Abb. 2). Typisch ist eine auffallende gelbe oder weißblaue Färbung der Flossen und Körper, während Weibchen eine einheitliche silbrige bis bronzene Grundfärbung sowie kurze, durchscheinende Flossen zeigen.

Sonnenstrahlfische des Matanosees

„Rundflosser"

„Spitzflosser"

Auswahl der Sonnenstrahlfische des Mahalona- und Towutisees

1cm

Abb. 2   Beispiele von endemischen Sonnenstrahlfischen des Matano-, Mahalona- und Towutisees. Für den Matanosee sind die verschiedenen Männchenfärbungen einiger Arten dargestellt.

Die morphologisch unterscheidbaren Arten innerhalb der Gruppen der Spitz- und der Rundflosser zeigen klare körperliche Anzeichen für Anpassung an unterschiedliche Nahrungsnischen. Hierzu zählen beispielsweise Unterschiede in der Stellung und Größe des Maules und der Lippen sowie in Körperhöhe und -größe. Das Fehlen klarer Verbreitungsgrenzen innerhalb des Matanosees, Hinweise auf alternative ökologische Nischen sowie verschiedenartige Männchenfärbungen innerhalb dieser lokal endemischen Gruppe von Fischen lassen vermuten, dass die *Telmatherina*-Arten des Matanosees

„sympatrisch", also ohne geografische Trennung der Populationen entstanden sind. Regelmäßig werden neben morphologisch eindeutigen auch Exemplare gefangen, die eine Merkmalskombination verschiedener Arten aufweisen. Diese Beobachtung lässt vermuten, dass wir es im Matanosee mit einem phylogenetisch sehr jungen Artenschwarm zu tun haben, an dem sich die Mechanismen der natürlichen Radiation besonders gut studieren lassen.

Adaptive Radiation

Um zu erfahren, ob der Artenschwarm der Sonnenstrahlfische des Matanosees wirklich dort entstanden ist, kann man die genetische Verwandtschaft der Fische untersuchen. Dafür verwendet man zum Beispiel einen Teil des Erbguts der ausschließlich mütterlich vererbten Mitochondrien oder eine Auswahl von Markern des Kerngenoms (Amplified Fragment Length Polymorphisms – AFLPs). Die Untersuchungen zeigten, dass die Rundflosser eine geschlossene, klar abgegrenzte Abstammungsgemeinschaft bilden, während die morphologisch diverseren Spitzflosser eine wesentlich komplexere Gruppe darstellen: Sie scheinen mit Spitzflosser-Populationen der umgebenden Flüsse zu hybridisieren [5]. Spitz- und Rundflosser lassen sich jedoch auf eine gemeinsame Linie zurückführen. Somit liegt der Schluss nahe, dass es sich bei den Vertretern des Matanosees um eine „echte" Seenradiation handelt. Eine Folgestudie entlang des Peteaflusses – der einzigen Verbindung des Matanosees zu den tiefer gelegenen Seen und Flüssen des Seensystems – wies einen massiven Genfluss zwischen Spitzflossern des Matanosees und den Sonnenstrahlfischen des Peteaflusses zum Zeitpunkt der Untersuchung nach [6].

Welche Mechanismen könnten nun der Entstehung der genetischen und morphologischen Vielfalt der Sonnenstrahlfische des Matanosees zu Grunde liegen? Als „adaptive Radiation" bezeichnet man Fälle, in denen einzelne Tier- oder Pflanzenarten einen neuen, zunächst konkur-renzarmen Lebensraum wie eine Insel besiedeln und sich dort in Anpassung an unterschiedliche ökologische Nischen differenzieren. Artbildung durch ökologische („natürliche") Selektion wird hier als maßgeblicher Mechanismus angenommen: Anwachsende Konkurrenz zwischen geringfügig verschiedenen Individuen beschert jenen Exemplaren einen erhöhten Fortpflanzungserfolg, die eine begrenzte Ressource etwas besser nutzen können als ihre nahen Verwandten. Falls sich nun bevorzugt Tiere miteinander paaren, die ähnliche Spezialisierungen aufweisen, könnten im Lauf der Zeit reproduktiv zunächst geringfügig, dann aber immer stärker isolierte Arten entstehen. Tiere aus „Mischverpaarungen" hätten dementsprechend weniger gute Chancen, erfolgreich Nahrungsquellen zu erschließen.

In der Tat gibt es im Matanosee sowohl innerhalb der Spitz- als auch der Rundflosser deutliche Spezialisierungen auf unterschiedliche Nahrungsquellen. Neben Insekten-, Fisch- und Zooplankton-Spezialisten gibt es auch ungewöhnliche Nahrungsspezialisten wie Garnelen- oder Fischeifresser. Bei letzterer handelt es sich um eine Spitzflosserart, deren Vertreter den Laichpaaren der häufigsten Rundflosserart folgen und so in bemerkenswertem Umfang frisch gelegte Fischeier erbeuten. Im direkten Vergleich lässt sich sowohl innerhalb der Spitz- als auch der Rundflosser anhand einer Vielzahl körperlicher Merkmale eine Anpassung an die umrissenen Nahrungsspezialisierungen nachvollziehen [7–9]. Auffällig sind besonders Anpassungen der Körperform sowie des Kieferapparates, die es den spezialisierten Arten erlauben, besonders effizient zum Beispiel Ruderfußkrebschen aus der Wassersäule aufzusaugen, junge Fische zu erbeuten oder aber auf die Wasseroberfläche fallende Insekten aufzunehmen.

Fasst man die umrissenen Muster zusammen, so ergibt sich das Bild einer ökologisch hochgradig eingenischten Gemeinschaft aus zwei stammesgeschichtlich älteren Linien, die sich innerhalb des Matanosees weiterentwickelt und jeweils eigene, spezialisierte Arten hervorgebracht

Abb. 3 Die typischen Unterwasserhabitate des Matanosees bestehen aus Sand-, Geröll- und Felsabschnitten. Möglicherweise sind die verschiedenen Lichtbedingungen in diesen Lebensräumen eine Ursache für ein interessantes Merkmal der Sonnenstrahlfische: Männchen ein und derselben Art können ganz unterschiedlich gefärbt sein.

haben. Da die Nahrungsspezialisierungen zumindest in einigen Fällen klar mit der Nutzung entsprechender Habitate (Abb. 3) verknüpft sind, genetische wie morphologische Daten auf schnelle Artaufspaltung schließen lassen und deutliche Hinweise auf den ökologischen „Nutzen" der entstandenen Merkmale vorliegen, handelt es sich mit aller Wahrscheinlichkeit um einen klaren Fall adaptiver Radiation – der Entstehung biologischer Vielfalt durch ökologische Selektion. Es gibt gute Hinweise darauf, dass dieser Prozess anhält und dass hier einer der eher seltenen Fälle vorliegt, in denen sich evolutive Prozesse innerhalb eines Artenschwarmes gleichsam „live" studieren lassen.

Artbildung in Sympatrie?

Artbildung ohne geografische Isolation, die im direkten Kontakt der entstehenden Arten vonstatten geht (sympatrische Speziation), hat wie kaum ein anderes Thema in der Biologie jahrzehntelang für heftige Debatten gesorgt. Mit Hilfe von molekulargenetischen Fallstudien und basierend auf theoretischen Arbeiten hat sich in den vergangenen Jahren eine pragmatischere und stärker an Daten orientierte Sichtweise

durchgesetzt [10]. Trotzdem herrscht nach wie vor ein Mangel an Fallstudien und geeigneten Modellsystemen: Um Phasen geografischer Isolation während der Artaufspaltung sicher ausschließen zu können, muss ein Untersuchungssystem einer Reihe von Anforderungen genügen. Die Rundflosser des Matanosees scheinen die wesentlichen Kriterien für einen möglichen Fall sympatrischer Artbildung zu erfüllen: Drei morphologisch gut abgrenzbare Arten bilden eine strikt auf diesen einen seit langer Zeit stabilen und extrem tiefen See beschränkte, geschlossene Abstammungsgemeinschaft, sie kommen im ganzen See zusammen vor und zeigen keine Hinweise auf Separation durch Habitatbarrieren.

Nähere Untersuchungen der Populationsstruktur zeigen, dass alle drei morphologisch unterscheidbaren Arten der Rundflosser signifikante genetische Differenzierungsmuster aufweisen [9]. Gleichzeitig wird jedoch deutlich, dass diese Differenzierung nicht mit absoluter Unterbrechung des Genflusses einhergeht: Es gibt deutliche Hinweise darauf, dass Hybridisierung stattfindet, wenn auch wesentlich seltener, als nach dem statistischen Zufall zu erwarten wäre. Besonders aufschlussreich ist in diesem Zusammenhang das Kerngenom: Nur 1,4 bis

4,2% der untersuchten Marker zeigen klare Anzeichen für artspezifische Differenzierung. Dies spricht im Umkehrschluss dafür, dass Selektion spezifisch wirkt: Weite Bereiche des Genoms scheinen selektionsneutral zu sein, während nur einige vergleichsweise kleine Regionen klare Unterschiede zwischen den morphologisch abgegrenzten Arten zeigen.

Allerdings lassen sich aus diesen Befunden noch keine Hinweise auf die Mechanismen der sympatrischen Artbildung bei den Rundflossern ableiten. Hier hilft ein Blick auf die Ökologie weiter. Standardisierte Feldbeobachtungen unter Wasser entlang markierter Strecken ergaben über mehrere Beobachtungsmonate hinweg ein deutliches Bild der ökologischen Einnischung und der Paarwahl. Mit Abstand am häufigsten kommt die kleinste der drei Rundflosserarten *Telmatherina antoniae* „small" vor. Der Name bezieht sich auf die Körpergröße balzaktiver Tiere, die deutlich unter derjenigen der obendrein wesentlich hochrückigeren *T. antoniae* „large" liegt. Am Ufer fallen *T. antoniae* „small" in verschiedenen Tiefen vor allem durch ihre permanente Balz auf, sowie durch ihr plötzliches Verschwinden am Nachmittag. Letzteres erklärt sich dadurch, dass die Tiere außerhalb der Laichphase Freiwasserbewohner sind, die nur zur Balz und Eiablage den Uferbereich aufsuchen; nach der Balz ziehen sie sich in das offene Wasser des Sees zurück. Dies steht im Kontrast zu den größeren und hochrückigeren *T. antoniae* „large" sowie der dritten Rundflosserart *T. prognatha*, deren Individuen größer und schlanker sind und durch vorspringende Kiefer auffallen. Diese beiden größeren Arten sind vornehmlich Uferbewohner. Analysiert man die Nutzung der vielfältigen Habitate im klaren Wasser des Matanosees durch die drei Rundflosser, zeigt sich in Übereinstimmung mit Nahrungsanalysen und der Funktion des Kieferapparates [8] eine deutliche ökologische Einnischung, jedoch keine Mikroallopatrie (geografische Trennung auf kleinstem Level): Alle drei Arten befinden sich immer wieder an der selben Stelle, oft im selben Netz, zeigen jedoch innerhalb des heterogenen Lebensraums „See" unterschiedliche ökologische Einnischungen.

Interessant ist die Zusammensetzung der Laichpaare: Unter mehr als 5000 beobachteten Paarungen befand sich keine einzige mit Partnern unterschiedlicher Rundflosserarten, was bestätigend zur populationsgenetischen Analyse zeigt, dass es sich hier um eine signifikante – wenn auch nicht zwangsläufig absolute – reproduktive Isolation handelt. Zusammenfassend zeigt sich das Bild dreier engst verwandter Arten mit jeweils klarer Anpassung an Umwelt und Nahrungsressourcen, die sich höchstwahrscheinlich in einem frühen Stadium ökologischer Artaufspaltung befinden. Da die populationsgenetischen Muster eindeutig nicht mit geografischen Distanzen innerhalb des Sees erklärt werden können, stellt sympatrische Artbildung in Folge ökologischer Anpassung das wahrscheinlichste Erklärungsmodell dar.

Welche Rolle spielt die Farbe?

Wie eingangs erwähnt, ist die auffällige, in manchen Arten di- oder polychromatische Balzfärbung männlicher Sonnenstrahlfische ein besonderes auffälliges Merkmal dieser Radiation (Abb. 2). Während es jedoch aus anderen Fischradiationen Hinweise darauf gibt, dass sich männliche Farbvarianten parallel manifestieren und über die dazu passenden weiblichen Präferenzmuster zur Entstehung verschieden gefärbter Arten führen können, spiegeln sich männliche Farbmorphen bei den Sonnenstrahlfischen nicht in der Populationsstruktur wider [9, 11]. Was aber kann dieses auffällige Phänomen erklären?

Eine mögliche Erklärung liefert der Kontrast verschieden gefärbter männlicher Fische vor verschiedenen Hintergründen im Habitat oder unter unterschiedlichen Lichtbedingungen (Abb. 3). In der Tat weisen gelb gefärbte männliche Spitzflosser der Art *Telmatherina sarasinorum* einen besonders starken, auffälligen Kontrast unter den schattigen Bedingungen bewaldeter Steilufer auf, einem der dominanten Lebensräume des Matanosees. Im Gegenzug stechen ihre blau-weiß gefärbten Geschlechtsgenossen besonders unter sonnigen Bedingungen an flachen Strän-den ins Auge; in beiden Fällen ließen sich daraus in Freilandbeobachtungen entsprechend erhöhte Paarungschancen ableiten [12]. Es ist also denk-bar, dass die Heterogenität der Umwelt und ih-rer Lichtbedingungen einen solchen Farbpoly-morphismus manifestieren kann. Grenzen die-ses Erklärungsmodells scheinen sich jedoch dort aufzutun, wo entsprechende Lichtbedingungen nicht in diesem Maße augenfällig, aber gleich-wohl verschiedene Männchenmorphen anzutref-fen sind, wie es zum Beispiel teilweise in Flüssen und Bächen des Seensystems der Fall ist. Hier gibt es eindeutig weiteren Forschungsbedarf.

Fasst man die hier kurz umrissenen Erkennt-nisse zu Artbildung und Radiation der Sonnen-strahlfische zusammen, ergibt sich das Bild ei-nes Modellsystems, das außergewöhnlich gut für vertiefende Studien der Mechanismen und Sze-narien der Entstehung von Biodiversität geeignet ist. Basierend auf dem derzeitigen Kenntnis-stand können weitere Studien nun auf einzelne aktuelle Fragestellungen fokussieren, wie die Untersuchung selektiver Regimes im Matano-see, den Genfluss zwischen verschieden einge-nischten Nahrungsspezialisten oder den Konse-quenzen unterschiedlicher Färbungsmuster für den Paarungserfolg der Männchen. Es wird so-mit immer deutlicher, dass die vor einigen Jah-ren für die Maliliseen entstandene Bezeichnung „Wallace's Dreamponds" („Wallace's Traum-seen"), in Anlehnung an den Forschungsreisen-den und Mitbegründer der Evolutionstheorie, si-cherlich keine zu hoch gegriffenen Erwartungen weckt.

Literatur

[1] Coyne, J.A., Orr, H.A. (2004) *Speciation*. Sinauer Associates, Sunderland, MA.

[2] Vaillant, J.J., Haffner, G.D., Cristecu, M.E. (2011) The Ancient Lakes of Indonesia: Towards Integrat-ed Research on Speciation. *Integrative and Compar-ative Biology*, **51**, 634–643.

[3] von Rintelen, T., von Rintelen, K., Glaubrecht, M., Schubart, C.D., Herder, F. (2011) Aquatic biodiver-sity hotspots in Wallacea – the species flocks in the ancient lakes of Sulawesi, Indonesia, in: *Biotic evo-lution and environmental change in southeast Asia* (eds. D.J. Gower, K.G. Johnson, J.E. Richardson, B.R. Rosen, L. Ruber, S.T. Williams), Cambridge University Press, Cambridge.

[4] Kottelat, M. (1991) Sailfin silversides (Pisces: Tel-matherinidae) of Lake Matano, Sulawesi, Indone-sia, with descriptions of six new species. *Ichthyolo-gical Explorations of Freshwaters*, **1**, 321–344.

[5] Herder, F., Nolte, A., Pfaender, J., Schwarzer, J., Hadiaty, R.K., Schliewen, U. (2006) Adaptive radia-tion and hybridization in Wallace's Dreamponds: evidence from sailfin silversides in the Malili Lakes of Sulawesi. *Proceedings of the Royal Society*, **275**, 2178–2195.

[6] Schwarzer, J., Herder, F., Misof, B., Hadiaty, R.K., Schliewen, U.K. (2008) Gene flow at the margin of Lake Matano's adaptive sailfin silverside radiation: Telmatherinidae of River Petea in Sulawesi. *Hydro-biologia*, **615**, 201–213.

[7] Pfaender, J., Schliewen, U.K., Herder, F. (2010) Phenotypic traits meet patterns of resource use in the radiation of "sharpfin" sailfin silverside fish in Lake Matano. *Evolutionary Ecology*, **24**, 957–974.

[8] Pfaender, J., Miesen, F.W., Hadiaty, R.K., Herder, F. (2011) Adaptive speciation and sexual dimor-phism contribute to diversity in form and function in the adaptive radiation of Lake Matano's sym-patric roundfin sailfin silversides. *Journal of Evolu-tionary Biology*, **24**, 2329–2345.

[9] Herder, F., Pfaender, J., Schliewen, U.K. (2008) Adaptive sympatric speciation of polychromatic "roundfin" sailfin silverside fish in Lake Matano (Sulawesi). *Evolution*, **62**, 2178–2195.

[10] Jiggins, C.D. (2006) Sympatric Speciation: Why the Controversy? *Current Biology*, **16**, R333–R334.

[11] Walter, R.P., Haffner, G.D., Heath, D.D. (2009) Dispersal and population genetic structure of *Tel-matherina antoniae*, an endemic freshwater Sailfin silverside from Sulawesi, Indonesia. *Journal of Evo-lutionary Biology*, **22**, 314–323.

[12] Gray, S.M., Dill, L.M., Tantu, F.Y., Loew, E.R., Herder, F., McKinnon, J.S. (2008) Environment contingent sexual selection in a colour polymorphic fish. *Proceedings of the Royal Society*, **275**, 1785–1791.

10

Entstehung, Artenvielfalt und Gefährdung:

Korallenriffe im kalten Wasser des Nordatlantiks

André Freiwald, Lydia Beuck, Max Wisshak

Steinkorallenriffe galten bis vor wenigen Jahren als eine Domäne der lichtdurchfluteten tropischen Flachwassermeere. Umso erstaunlicher waren Berichte von mehreren Kilometer langen und bis zu 30 Meter hohen Korallenriffen auf dem überfluteten Festlandsockel vor Norwegen in 200 bis 400 Meter Wassertiefe. Tief, kalt und dunkel ist der Lebensraum dieser so genannten Kaltwasserkorallen.

Korallen bilden eine hochdiverse Gruppe von Tieren, die am Meeresboden verankert sind und mit Hilfe von mit Nesselzellen bewehrten Tentakeln Planktonorganismen aus dem vorbeiströmenden Wasser fangen. Die imposantesten von Korallen erzeugten Strukturen sind die subtropisch-tropischen Korallenriffe, die vorwiegend aus den kalkigen Skelettgerüsten der Steinkorallen (Scleractinia) aufgebaut sind. Das größte Korallenriff der Erde ist das 2300 Kilometer lange Große Barriere Riff an der Nordostküste Australiens. Dieser Riffkomplex und alle anderen

◀ Der Scheinwerfer eines Tauchroboters erhellt eine typische Lebensgemeinschaft in einem Kaltwasserkorallenriff. Die rote Tiefseekrabbe links (hier: *Chaceon maritae*) zählt zu den großen Fleisch- und Aasfressern und lebt zwischen den Kolonien von Steinkorallen. Die filigran gebauten Springkrebse (rechts: *Eumunida bella*) bevorzugen erhöhte Substrate zum Fang kleiner Planktonorganismen. Bild: Tomas Lundälv, Sven Lovén Centre, Göteburg Universität.

Korallenriffe in den niederen Breiten gelten als Zentren der Artenvielfalt und sind daher besonders schützenswerte Lebensräume.

Der Lebensraum der Kaltwasserkorallen ist gänzlich anders als der ihrer tropischen Verwandten, die flache, warme und helle Habitate brauchen. Heute wissen wir, dass der weite Norwegenschelf das gegenwärtige Verbreitungszentrum der Kaltwasserkorallenriffe ist. Mehr als 6000 Riffe sind mittlerweile vor Norwegen kartiert, aber es handelt sich um ein weltweit verbreitetes Phänomen (Abb. 1). Die Geschichte der Kaltwasserkorallen ist – geologisch betrachtet – sehr jung und eng mit der nacheiszeitlichen Entwicklung des Klimas gekoppelt. Vor 13.000 Jahren waren die meisten der heutigen Riffe auf dem Schelf noch von den riesigen Gletschern der letzten Eiszeit bedeckt. Klimaerwärmungen führten zu einem starken Abschmelzen der Gletscher bis zum skandinavischen Festland vor etwa 10.000 Jahren. Im Zuge der nordatlantischen Ausläufer des warmen Golfstroms besiedelten die ersten Kaltwasserkorallen geeignete Hartsubstrate am Meeresboden und die Riffe entstanden. Kaltwasserriffe finden wir heute bevorzugt an den Kontinentalrändern am Übergang von den überfluteten Festlandssockeln zu den Tiefseeböden bei Wassertemperaturen von 4 bis 13 °C. In Gebieten, die nicht von den Gletschern der Eiszeiten erreicht wurden, etwa an

Die Vielfalt des Lebens: Wie hoch, wie komplex, warum? 1. Auflage. Herausgegeben von Erwin Beck

Abb. 1   Verbreitungskarte der Warmwasserkorallenriffe (rote Punkte) und der Kaltwasserkorallen (gelbe Punkte).
Bild: J. Titschack, MARUM, Universität Bremen. UNEP WCMC data base.

den Rändern der Porcupine- und Rockall-Bank vor Irland, stapeln sich seit 2,7 Millionen Jahren fossile Korallenpakete am Kontinentalhang auf und bilden heute bis zu 350 Meter hohe Hügel. Über 1400 dieser spektakulären Korallenhügel sind in 600 bis 1000 Meter Wassertiefe allein in den Gewässern der irischen Außenwirtschaftszone bekannt. Vermutlich ist ein wesentlicher Anteil der Kaltwasserkorallenriffe noch unentdeckt, denn erst seit circa 20 Jahren bringen technologische Fortschritte die Erforschung nachhaltig voran. Die großflächige Kartierung des Meeresbodens macht es heute möglich, detaillierte Riffkarten zu erstellen. Ein weiterer Meilenstein ist der mittlerweile standardmäßige Einsatz von Tauchbooten und kabelgeführten Tauchrobotern, die mit Greifarmen, Sensoren und Kameras gezielt und zerstörungsarm die Riffe visuell dokumentieren und Proben entnehmen können (Abb. 2).

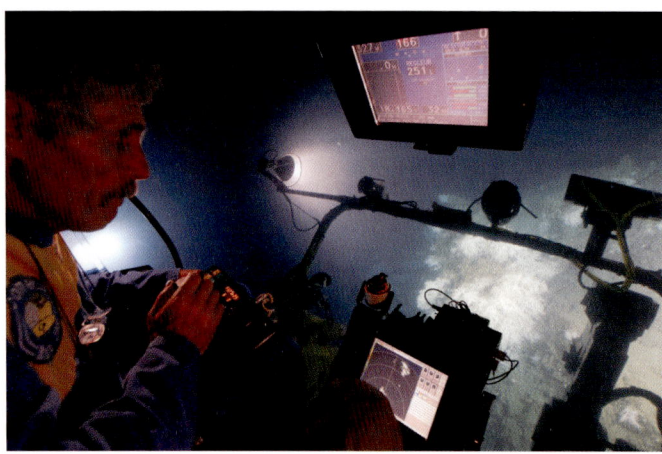

Abb. 2   Der Pilot des Tauchbootes Remora 2000 (COMEX) nähert sich vorsichtig Kaltwasserkorallen an der Steilwand des Lacaze-Duthiers-Canyons im Golf von Lyon in 327 Meter Wassertiefe.

Kalt- und Warmwasserkorallen: Gemeinsamkeiten und Unterschiede

Die Begriffspaarung Kalt- und Warmwasserkorallen ist deskriptiv und trennt keine systematischen Einheiten unter den Korallen. Vereinfacht ausgedrückt, leben Warmwasserkorallen in einem Temperaturfenster von 20–30 °C, was dem Temperaturspektrum der subtropisch-tropischen Flachwasserzonen entspricht. Korallen, die bei niedrigeren Temperaturen existieren, bezeichnet man als Kaltwasserkorallen. In den Tropen finden wir diese niedrigeren Temperaturen in größeren Wassertiefen, außerhalb der Tropen ist die gesamte Wassersäule kälter als 20 °C. Die im Fokus dieses Artikels stehenden Steinkorallen (Scleractinia) lassen sich auch ökologisch klassifizieren. Es gibt Steinkorallen, die eine Symbiose mit pflanzlichen Einzellern (Dinoflagellaten) bilden und als zooxanthellat bezeichnet werden. Da Pflanzen Licht zur Photosynthese benötigen, gibt es zooxanthellate Korallen ausschließlich unter den Warmwasserkorallen und diese sind somit an flache, lichtdurchflutete Zonen des Meeres gebunden. Korallen ohne Photosymbionten werden als azooxanthellat bezeichnet. Zu diesen zählen sämtliche Kaltwasserkorallen, aber es gibt auch einige azooxanthellate Korallen in den tropischen Warmwasserriffen. Nach heutiger Kenntnis stehen 777 Arten zooxanthellater Steinkorallen 711 Arten azooxanthellater Korallen gegenüber, von denen 622 Arten als Kaltwasserkorallen bezeichnet werden können [1]. Interessant wird der Vergleich zwischen Warm- und Kaltwasserkorallen, wenn wir ihr Riffbildungs- oder Konstruktionspotenzial betrachten. Korallen erzeugen durch ihren Wuchs eine dreidimensionale Struktur am Meeresboden. Diese Struktur wächst mit der Zeit auf ihrem Schutt in die Höhe und schafft sich einen eigenen Lebensraum. Riffbildung findet sich vor allem bei den koloniebildenden Steinkorallen; Einzel- oder Solitärkorallen tragen dagegen mengenmäßig kaum zur Riffbildung bei. Von den 777 zooxanthellaten Warmwasserkorallen sind 767 koloniebildend, von den 622 azooxanthellaten Kaltwasserkorallen sind weltweit lediglich 17 zur Riffgerüstbildung befähigt. Entlang der europäischen Kontinentalränder treten im Allgemeinen zwei Kaltwasserkorallenarten als Riffbauer auf: *Lophelia pertusa* und *Madrepora oculata* (Abb. 3).

Lophelia pertusa: Von der Kolonie zum Riff

Diese Steinkoralle ist der wichtigste Riffbildner im gesamten Atlantik, im Mittelmeer sowie im Golf von Mexiko. Kleinere Vorkommen gibt es auch im Indischen und Pazifischen Ozean.

Abb. 3 Die wichtigsten koloniebildenden Kaltwasserkorallen in den europäischen Meeren: Die robustere *Lophelia pertusa* mit rötlich gefärbtem (zentraler Hintergrund) und durchscheinendem Gewebe. Die fragileren und deutlich gezackteren Korallen sind *Madrepora oculata*. Bild: MARUM, Universität Bremen. Die Detailaufnahme zeigt einen Polypen von *Lophelia pertusa*. Maßstab: 1 cm.

Lophelia pertusa bildet buschartig verzweigte Kolonien, die unter optimalen Bedingungen mehrere Meter hoch und breit sein können. Der jährliche Skelettlängenzuwachs eines Polypen variiert je nach Standortbedingungen zwischen 5 und 25 mm. Die einzelnen Polypen sind jeweils in einem Kelch angesiedelt und ihr Weichteilgewebe ist entweder weiß oder durchscheinend rötlich bis gelblich gefärbt. Das Polypengewebe in intakten Kolonien überzieht die Skelettareale zwischen den individuellen Kelchen und ist befähigt, schleimartigen „Mukus" abzuscheiden. Dieser übt eine schützende Funktion für die Koralle aus, indem er eine Besiedlung durch Konkurrenten verhindert und aus der Wassersäule herantransportierten Detritus von den Polypen fernhält. Kleine Planktonkrebse zählen zu der bevorzugten Nahrung von *Lophelia pertusa*.

Madrepora oculata ähnelt in der Wuchsform *Lophelia pertusa*. Ihre Kolonieäste sind jedoch wesentlich dünner entwickelt, so dass diese Art aufgrund ihrer Fragilität keine großen eigenständigen Riffgerüste aufbauen kann. *Madrepora oculata* ist ebenfalls weltweit verbreitet und dominiert Korallenhabitate im westlichen Atlantik sowie in einigen Bereichen des Mittelmeeres (Abb. 3).

Neben günstigen Umweltbedingungen und einem ausreichenden Nährstoffangebot ist eine Grundvoraussetzung zur Entstehung eines Kaltwasserkorallenhabitats das Vorkommen von Larven sowie ein geeigneter Untergrund, auf dem die im Plankton driftenden Larven sich absetzen und zu einer Koralle auswachsen können. Über das Larvenstadium, Driftdauer und Häufigkeit ist wenig bekannt. Besiedlungsexperimente in der Tiefsee lassen jedoch den Schluss zu, dass sich in einem Gebiet nur sehr unregelmäßig neue Kolonien bilden – und wenn es dann geschieht, nicht selten in großen Mengen. Die jugendlichen Kolonien der Kaltwasserkorallen bilden zunächst einen lockeren Korallenrasen. Auffallend ist das Bestreben der einzelnen, mit Tentakeln bewehrten Korallenpolypen, rasch in die Wassersäule hineinzuwachsen, um das Nahrungsangebot des vorbeiströmenden Bodenwas-

sers besser nutzen zu können. Unter optimalen Bedingungen teilt sich mindestens einmal pro Jahr eine neue Polypengeneration von der elterlichen ab. Auf diese Weise entsteht die buschartige Kolonie, die je nach Strömungsbedingungen zu fächerartigen bis blumenkohlförmigen Formen heranwachsen kann. Nach der Knospung reduziert sich die Skelettbildungsrate der jeweils älteren Polypengeneration deutlich und nur die jüngste Generation weist die genannten Zuwachsraten von bis zu 25 mm pro Jahr auf. Das hat zur Folge, dass die gesamte, zunehmend ausladende Kolonie aus einem Basiskelch hervorgeht und besonders bei fächerartigen Wuchsformen immer weniger stabil wird. Störfaktoren, die ein Umfallen einer *Lophelia*-Kolonie oder ein partielles Abbrechen ihrer Äste bewirken, sind in der Tiefe mannigfaltig. Hohe Strömungsgeschwindigkeiten, Kollisionen mit großen bodenjagenden Fischen und ein weiterer Prozess – Bioerosion – zählen dazu. Bioerosion beschreibt den chemisch-korrosiven oder mechanischen Abbau von Hartsubstraten, wie beispielsweise den Korallenskeletten, durch andere Organismen.

Aus dem anfänglichen lockeren Korallenrasen entsteht durch den Aufwuchs im Laufe der Zeit – nach etwa zehn bis zwanzig Jahren – ein Korallendickicht, wobei zunächst isolierte Kolonien mit ihren Nachbarn zusammenwachsen und eine dichte Wand gegen die vorherrschende Strömung am Meeresboden bilden. Die Korallenpolypen wachsen am intensivsten gegen die Strömung, um als festsitzende Planktonfänger möglichst effizient Nahrung aufnehmen zu können. Während des Dickichtstadiums beginnen entscheidende Veränderungen in der Kolonie, die eine Fülle von Mikrohabitaten entstehen lassen und so für die hohe Biodiversität in *Lophelia*-Kolonien verantwortlich sind.

Zunächst bilden sich eine lebende und eine abgestorbene Korallenzone heraus. In der lebenden Zone lässt die Selbstverteidigung der Polypen und ihr schützender Mukusfilm nur eine Besiedlung durch wenige, spezialisierte Parasi-

Abb. 4 Artenvielfalt und biologische Interaktionen in Kaltwasserriffen. a) Die großen Kolonien der Oktokoralle *Acanthogorgia armata* bilden mit ihren wirtspezifischen Springkrebsen (*Gastrophycus* cf. *formosus*) eine häufig anzutreffende Lebensgemeinschaft. b) Seeigel (*Gracilechinus elegans*) beim Abweiden einer *Lophelia*-Koralle. c) Eine Nacktschnecke beweidet die Polypen einer Oktokoralle. d) Zu den effektiven Räubern in den Korallen zählen auch große Schnecken. e) Eine Gruppe von Feilenmuscheln (*Acesta excavata*). Das linke Exemplar ist von der parasitären Foraminifere (*Hyrrokkin sarcophaga*) befallen. f) Eine kleine *Madrepora*-Kolonie hängt an der pergamentartigen Wohnröhre des räuberischen Wurmes *Eunice norvegica*. g) Ein Blaumäulchen (*Helicolenus dactylopterus*) ruht auf einer *Madrepora*-Kolonie. h) Eine Anemone (*Actinoscypha* sp.) beim Beutefang. Bilder: a) und h) MARUM, Universität Bremen; b–g) T. Lundälv, Sven Lovén Centre, Universität Göteborg.

ten und Räuber zu. Nach ungefähr 15 bis 20 Polypengenerationen sterben die ältesten Polypen ab und das Kalkskelett ist ungeschützt und somit anfällig für Hartsubstratbesiedler wie die Bioerodierer. Diese bohren sich in das Kalkskelett hinein und setzen, wie im Falle von bioerodierenden Pilzen, organische Stoffe des Korallenskeletts um und nutzen dieses als Schutzhabitat. Von einigen Besiedlern, zum Beispiel Bohrwürmern und Bohrschwämmen, ist darüber hinaus bekannt, dass sie von der erhöhten Lage und den somit verbesserten Nährstoffbedingungen in der Wassersäule profitieren. Das ungeschützte Korallenskelett wird nun auch an der Oberfläche intensiv von anderen festsitzenden Organismen (Krustenschwämmen, Oktokorallen (Abb. 4a), Moostierchen, Armfüßern, Seepocken etc.) besiedelt.

Das Korallendickicht beeinflusst die Hydrodynamik des anströmenden und mit Partikeln beladenen, bodennahen Wassers nachhaltig, weil die Strömungsgeschwindigkeit stark vermindert wird, wodurch feine Schwebteilchen (beispielsweise kalkige einzellige Planktonorganismen, Tonmineralien) innerhalb des Dickichts zu Boden sinken. Vereinfacht ausgedrückt, sind Kaltwasserriffe aktive Sedimentfänger, was die sehr hohen Sedimentationsraten in diesen Riffen erklärt, die zwischen zwei und vier Metern in 1000 Jahren betragen können. Zum Vergleich: Außerhalb der Korallenhabitate beträgt die Sedimentakkumulation nur wenige Zentimeter in 1000 Jahren. Als weitere Folge des Einfangens importierter feinkörniger Sedimentpartikel entsteht ein eigenes Mikrohabitat, welches nunmehr ebenfalls für eine entsprechende Fauna zur Verfügung steht.

Weiterhin tragen die Korallen und ihre Begleitorganismen selbst nachhaltig zur Schuttakkumulation bei. Abgebrochene Korallenkelche, Muschelschalen, Schneckengehäuse und viele weitere Hartteile sorgen für die Bildung grober Schuttfächer an den Rändern der großen Dickichte, die mit zunehmendem Höhenwachstum sukzessive in ein reifes Riffstadium übergehen.

Dieser kurze Abriss der Riffentstehung zeigt das enorme Riffbildungspotenzial von nur einer einzigen Korallenart – *Lophelia pertusa* (und untergeordnet: *Madrepora oculata*) – im komplexen Zusammenspiel biologischer, hydrodynamischer und sedimentologischer Prozesse. Auf diese Weise konnten auf dem Norwegenschelf innerhalb weniger 1000 Jahre bis zu 35 Kilometer lange und bis zu 30 Meter hohe *Lophelia*-Riffe entstehen, wie beispielsweise das Røst-Riff, eines der bislang größten bekannten Kaltwasserkorallenriffe. Im folgenden Abschnitt wird die Lebensgemeinschaft dieser Riffe beleuchtet.

Wie viele Arten leben im *Lophelia*-Riff?

Diese Frage lässt sich, zumindest was die Anzahl der Arten im System *Lophelia*-Riff angeht, vermutlich niemals erschöpfend beantworten. Seit der ersten belegten Erwähnung von Korallen in europäischen Meeren im Jahre 1755 durch den Bischof von Bergen (Norwegen) und der kurz darauf erfolgten wissenschaftlichen Artbeschreibung von *Lophelia pertusa* (zunächst unter dem Namen *Madrepora pertusa*) durch Carl von Linné in seinem fundamentalen Werk *Systema Naturae* im Jahre 1758, fristete die Erforschung dieses faszinierenden Ökosystems ein Schattendasein im Vergleich zur Erforschung tropischer Korallenriffe. Bis weit in das 20. Jahrhundert hinein wurden zur Beprobung der tiefen Kaltwasserriffe schwere so genannte Dredgen eingesetzt. Dredgen bestehen aus einem festen Metallrahmen, an dem ein Sammelnetz angehängt ist. Bei einem Forschungseinsatz wird eine Dredge an einem Stahldraht befestigt, zum Meeresboden abgelassen und über das Zielgebiet geschleppt. In einem *Lophelia*-Riff führte ein Dredgeeinsatz zwar stets zu reicher Beute, sorgte aber auch für große Zerstörungen im Lebensraum. Zudem blieben bei dieser Art unselektiver Beprobung die genauen Lagebeziehungen der eingesammelten Proben unklar, ebenso wie die biotischen Interaktionen der Organismen. Die Forscher erhielten jedoch einen guten Überblick über die Lebensgemeinschaften der Kaltwasserriffe. Eine erste durchgeführte Zusammenstellung von bekannten Arten aus *Lophelia*-Habitaten weltweit erbrachte eine Gesamtzahl von 895 wirbellosen Tieren und Fischen [2]. Bereits vier Jahre später stieg diese Zahl auf 1300 Arten an. Ein Grund dafür liegt im Einsatz hochspezialisierter, zerstörungsarmer Beprobungstechniken, etwa durch Tauchroboter, mit denen – unterstützt durch Unterwasserkameras – gezielt Proben aus dem Riff entnommen werden können. In der seit dem Jahr 2000 intensivierten Erforschung von Kaltwasserriffen etablierte sich ein Netzwerk von Spezialisten für viele Organismengruppen. Die in den entsprechenden Publikationen identifizierten oder neu beschrieben Arten werden derzeit in einer Datenbank erfasst. Bis August 2012 wurden weltweit 4035 Arten aus *Lophelia*-Habitaten beschrieben, darunter sind 183 neu entdeckte Arten, von denen die Mehrzahl nach dem Jahr 2000 entdeckt wurde. Das zeigt, wie effizient moderne Beprobungstechnologien sind. Es darf aber auch nicht verhehlt werden, dass es zukünftig immer schwieriger wird, Experten für einige Organismengruppen zu finden. So ist es nicht verwunderlich, dass der Bearbeitungsstand über die Artenvergesellschaftung von geografischer Region zu Region stark variiert, was den direkten Vergleich sehr erschwert. Die nachfolgend genannten Zahlen über publizierte Arten aus den verschiedenen Regionen spiegeln daher lediglich die Bearbeitungsintensität, nicht jedoch einen Trend wider. Norwegen und Schweden weisen die längste Geschichte in der *Lophelia*-Forschung auf und liegen mit 1353 (= 33,6%) beschriebenen Arten aus Korallenhabitaten eindeutig an der Spitze. Dem folgt mit 1168 Arten (= 29%) die so genannte Belgica Mound Provinz, die am Kontinentalhang vor Südwestirland liegt. Diese Region wurde durch EU-Projekte seit dem Jahr 2000 zu einem Schwerpunkt der Forschung und repräsentiert die faunistischen Untersuchungen an nur drei Korallenhügeln (= Mounds). Der Zensus für das westliche und zentrale Mittelmeer nimmt mit 622 Arten (= 16,2%) den dritten Platz ein. Auch hier wurde der Löwenanteil des Erkenntnisgewinns erst nach dem Jahr 2000 erbracht.

Die Betrachtung der artenreichsten Tiergruppen in den *Lophelia*-Habitaten ergibt folgendes Bild: Der artenreichste Tierstamm mit 776 Arten sind die Weichtiere (Mollusca), wobei der größte Anteil auf die Schnecken (Gastropoda) und Muscheln (Bivalvia) mit 482 beziehungsweise 219 Arten entfällt. Gliedertiere (Arthropoda) sind mit 681 Arten vertreten, darunter 414 höhere Krebse (Malacostraca) und 147 Ruderfußkrebse (Copepoda). Schwämme (Porifera) und Nesseltiere sind mit jeweils 425 Arten ebenfalls sehr divers. Haie und Knochenfische folgen mit insgesamt 369 Arten.

Biologische Interaktionen in einem *Lophelia*-Riff

Die mittlerweile zahlreich vorliegenden Unterwasserdokumentationen von Tauchbooten und Tauchrobotern lassen eine Vielzahl von zuvor wenig bekannten biologischen Wechselwirkungen erkennen, von denen einige hier Erwähnung finden sollen. Unter einer biologischen Wechsel-

wirkung verstehen wir, vereinfacht ausgedrückt, eine wechselseitige Beziehung zwischen zwei oder mehreren Organismen. Typische Beispiele hierfür sind Symbiosen, Räuber-Beute-Beziehungen und Parasitismus.

Ein Beispiel ist die Symbiose zwischen *Lophelia* oder *Madrepora* mit dem Wurm *Eunice norvegica* aus der Gruppe der Vielborster (Polychaeta, Abb. 4f). *Eunice* wird im ausgewachsenen Zustand über 25 cm lang und verfügt über stark bewehrte Mundwerkzeuge, was seine räuberische Lebensweise unterstreicht. Der Wurm lebt in einer pergamentartigen Wohnröhre, die er entlang der Achsen einer Korallenkolonie verankert. Dabei stimuliert der Wurm die Koralle derart, dass die verletzliche Wohnröhre durch das kalkabscheidende Korallengewebe umwachsen und letztlich massiv eingekalkt wird. Der auf diese Weise gut geschützte Lebensraum des Wurmes trägt im Gegenzug nachhaltig zur Festigung der fragilen Korallenkolonie bei. Zudem scheint *Eunice* die Wirtskorallen aktiv gegen Fressfeinde zu verteidigen. Es liegen Beobachtungen vor, die zeigen, dass *Eunice* abgebrochene Koloniefragmente an einen Platz transportieren kann, der günstige Lebensbedingungen für Wurm und Koralle bietet. Somit spielt *Eunice* eine bislang kaum beachtete Rolle in der Konzentration von Korallen an bestimmten Plätzen am Meeresboden und begünstigt die Voraussetzungen, die im Laufe der Zeit zur Entstehung eines Riffes führen können.

Zwischenartliche Beziehungen, die einen der Partner schädigen, werden parasitisch genannt. *Lophelia*- und *Madrepora*-Polypen werden nicht selten von parasitären Einzellern aus der Gruppe der Foraminiferen befallen. Foraminiferen kann man sich vereinfacht als Amöben mit einem kalkigen Gehäuse vorstellen. Sie leben entweder am Meeresboden an Hartsubstraten angeheftet, im Weichboden eingegraben oder in der Wassersäule driftend. Ihre Gehäuse sind in der Regel kleiner als ein Sandkorn. Mit bis zu 6 mm Gehäusegröße ist der Korallenparasit *Hyrrokkin sarcophaga* also geradezu ein Riese unter den Foraminiferen. Der Gattungsname *Hyrrokkin* bezeichnet eine riesenhafte Figur aus der altnordischen Sagenwelt und die Artbezeichnung *sarcophaga* bedeutet fleischfressend. *Hyrrokkin*-Foraminiferen befallen die äußeren Polypenkelche lebender Korallen oftmals in großen Massen. Sie ätzen mit Hilfe spezieller Enzyme Kanäle in die kalkige Kelchwand ihres Wirtes, die vermutlich zur Verankerung dienen, und ernähren sich von dem Korallengewebe. Auch die in den Riffen häufig anzutreffenden großen Feilenmuscheln (*Acesta excavata*) sind bevorzugte Wirte der parasitären Foraminiferen (Abb. 4e). Auf diesem Substrat ätzen sie einen großen Kanal durch die Muschelschale, um sich vom innenliegenden Muschelfleisch zu ernähren [3].

Die lebenden Korallen dienen zahlreichen weiteren Räubern als Nahrung. Zu den häufigsten Weidegängern in den Riffen zählen eine Reihe von Seeigeln und Seesternen sowie hochspezialisierte Schnecken.

Ökologische Funktion von *Lophelia*-Riffen

Kaltwasserkorallenriffe sind vorwiegend an Orten entlang des europäischen Kontinentalhanges anzutreffen, wo Nahrung in besonders hohen Konzentrationen aus dem produktiven Oberflächenwasser in die Tiefe transportiert wird. So ist es auch nicht verwunderlich, dass die Lebensgemeinschaft der kalten Riffe im oberen Tiefseestockwerk von Filtrierern und Suspensionsfressern dominiert wird – von Organismen, deren Nahrungsbedarf durch herantransportierte Partikel und gelöste Stoffe gedeckt wird. Einer Untersuchung zufolge sind 92% der Biomasse von Rifforganismen den Filtrierern und Suspensionsfressern zuzuordnen [4]. In den tropischen Warmwasserriffen dominieren dagegen Detritusfresser, welche die im Riffssystem produzierten Produkte effektiv umsetzen. Da die Nährstoffkonzentrationen in den tropischen Wassermassen generell viel geringer sind als in den Meeren der hohen Breiten, spielen Filtrierer und

Suspensionsfresser hier eine vergleichsweise untergeordnete Rolle.

Der außergewöhnlich hohe Anteil an Filtrierern in Kaltwasserriffen deutet bereits an, dass die entsprechend hohe Entnahme von Nahrungspartikeln und gelösten organischen Stoffen aus der Wassersäule einen deutlichen Effekt auf die biochemische Zusammensetzung des Meerwassers ausüben muss. Entsprechende mehrjährige Experimente zum Stofffluss in Kaltwasserriffen belegen diesen Effekt tatsächlich. Kaltwasserriffe agieren als biologische Staubsauger, indem die Filtrierergemeinschaften der durchströmenden Wassermasse große Mengen an festen und gelösten organischen Kohlenstoffverbindungen – darunter CO_2 – entziehen und innerhalb des Riffsystems akkumulieren, wo sie einer Vielzahl von Organismen als Nahrungsgrundlage dienen.

Diese jüngsten Forschungen haben die Bedeutung der *Lophelia*-Koralle als Ökosystemingenieur nachhaltig untermauert. Ohne *Lophelia* käme es nicht zu den enormen Biomasseanreicherungen, Sedimentakkumulationen und letztlich nicht zur Entwicklung eines Biodiversitätshotspots in den kalten und dunklen Tiefen der Ozeane. Der steuernde Einfluss der Kaltwasserriffe auf wichtige Stoffwechselprozesse sowie der hohe kulturell-ästhetische Wert eines artenreichen Ökosystems unterstreicht ihre Schutzbedürftigkeit durch verantwortungsvolles, nachhaltiges Handeln des Menschen in der Tiefsee.

Menschliche Einflüsse auf Kaltwasserriffe

Glaubt man, dass die Lebensräume in einigen Hundert Metern Wassertiefe lediglich für Meeresforscher interessant sind, unterliegt man einem Irrtum. Kaltwasserriffe stehen schon lange im Fokus kommerzieller Interessen [5]. Der beschriebene Artenreichtum in diesen tiefen Riffen enthält eine Vielzahl von vermarktbaren Speisefischen. Die technologische Entwicklung der vergangenen Jahrzehnte beschränkte sich nicht auf die wissenschaftliche Erkundungsfähigkeit der

Abb. 5   a) Ein verloren gegangenes Fischereifanggeschirr in einem Kaltwasserriff wird von einer Trägerkrabbe (*Paromola cuvieri*) untersucht. b) Eine Plastiktüte bedeckt eine *Lophelia*-Kolonie. Bilder: MARUM, Universität Bremen.

Tiefsee, sondern auch auf die Effizienz von Fischfangmethoden in großen Wassertiefen (Abb. 5). Der Einsatz riesiger Bodenschleppnetze, die von industriellen Hochseetrawlern zum Einsatz gebracht werden, führte zu massiven Schädigungen in den Kaltwasserriffen bis hin zu ihrer vollständigen Zerstörung in einigen Gebieten. In einem intensiven Dialog finden Wissenschaftler bei politischen Entscheidungsträgern zunehmend Gehör, wenn sie auf die negativen Folgen einer wenig nachhaltigen Fischerei in den tiefen Riffen hinweisen. Konkrete positive Ergebnisse sind die Einrichtung von Schleppnetzverbotszonen in vielen entdeckten Riffgebieten sowie die Einrichtung von Schutzzonen durch entsprechende Verordnungen der Europäischen Kommission und nationaler Regierungen.

Kaltwasserriffe liegen nicht selten in Gebieten, in denen Erdöl und Erdgas lagert. Auch hier hat sich mittlerweile ein konstruktiver Dialog zwischen der Industrie und den Meeresforschern etabliert, wie er vor wenigen Jahren noch nicht möglich gewesen ist. Doch es bleiben eine Reihe potenzieller Bedrohungen für die tiefen Korallenriffe bestehen, die eng mit den globalen Herausforderungen eines sich durch Überbevölkerung und Industrialisierung verändernden Planeten verbunden sind.

Plastikmüll in den tiefen Riffen

Die Erforschung der Auswirkungen von toxischen, durch den Menschen eingebrachten Stoffen in den Kaltwasserriffen steht noch in ihren Anfängen. Die Auswirkungen sichtbarer Abfallprodukte sind in manchen Riffgebieten bereits dramatisch fortgeschritten. Ins Meer verbrachte Plastiktüten bleiben an den Korallenstöcken hängen und ersticken diese. Darüber hinaus erhöhen die verhakten Plastiktüten den Strömungswiderstand der Korallen, so dass diese abbrechen und absterben. Am Ausgang der Straße von Otranto, südlich von Apulien im Ionischen Meer, bündelt ein Tiefenstrom den Plastikmüll zahlreicher Anrainerstaaten und treibt diesen kontinuierlich auf eines der größten Kaltwasserriffe des Mittelmeeres zu [6]. In 600 bis 800 m Wassertiefe zeugen zahllose mit Plastiktüten verhängte, abgestorbene Korallenstöcke von diesem Phänomen (Abb. 5). Von der Warenkasse im Supermarkt bis in die Tiefsee ist es in manchen Küstenzonen nur ein kurzer Weg.

Ozeanversauerung – eine Bedrohung für die Kaltwasserkorallenriffe?

Seit Beginn der industriellen Revolution hat die Menschheit durch die Verbrennung fossiler

Energieträger große Mengen des Treibhausgases Kohlenstoffdioxid in die Erdatmosphäre gebracht. Der enorme und kritisch rapide Anstieg des CO_2-Gehaltes in der Atmosphäre trägt nicht nur zur gegenwärtigen Klimaerwärmung bei, sondern führt über Gleichgewichtsprozesse auch zu einer „Versauerung" der Weltmeere, denn Kohlenstoffdioxid verbindet sich mit Wasser zu Kohlensäure, was gebietsweise zu einer Untersättigung des Meerwassers hinsichtlich Kalziumkarbonat (Kalk) führt. Dies hat zum Teil noch unabsehbare Folgen für die marine Lebewelt und insbesondere für Organismen mit Kalkskeletten – denn je saurer das Meerwasser, desto mehr Energie kostet es die Tiere, ein Kalkskelett aufzubauen und vor Auflösung zu schützen. Dieser Zusammenhang ist durch eine Vielzahl von Experimenten nachgewiesen worden, die gezeigt haben, dass auch Korallen zu den Opfern der aktuellen Entwicklung gehören. Niedrige Temperaturen und hohe Drücke (große Meerestiefen) begünstigen die Lösung von Kalk, was die Vermutung nahegelegt hat, dass insbesondere die Kaltwasserkorallen zu den unmittelbar bedrohten Organismengruppen gehören [7]. Jüngste Langzeitexperimente mit *Lophelia pertusa* führten dagegen zu dem überraschenden und vorsichtig ermutigenden Ergebnis, dass diese Koralle die Fähigkeit besitzt, sich selbst an mit Karbonat untersättigtes Meerwasser zu adaptieren [8]. Dies wird gestützt durch die Beobachtung, dass auch andere Kaltwasserkorallenarten in Wassertiefen von etlichen Kilometern unter deutlich mit Karbonat untersättigten Bedingungen gedeihen [9]. Welche Faktoren diese Kaltwasserkorallen zu dieser Adaption befähigt und welche Implikationen das für die Zukunft der Kaltwasserkorallenökosysteme mit sich bringt, sind spannende Fragestellungen gegenwärtiger Forschung.

Literatur

[1] Roberts, J.M., Wheeler, A., Freiwald, A., Cairns, S. (2009) *Cold-Water Corals: The Biology and Geology of Deep-Sea Coral Habitats*, Cambridge University Press, Cambridge.

[2] Rogers, A.D. (1999) The biology of *Lophelia pertusa* (Linnaeus 1758) and other deep-water reef-forming corals and impacts from human activities. *International Review of Hydrobiology*, **84**, 315–406.

[3] Beuck, L., Lopez Correa, M., Freiwald, A. (2008) Biogeographical distribution of *Hyrrokkin* (Rosalinidae, Foraminifera) and its host-specific morphological and textural trace variability, in: *Current Developments in Bioerosion* (eds. M. Wisshak, L. Tapanila). Heidelberg, Springer, 329–360.

[4] van Oevelen, D., Duineveld, G., Lavaleye, M., Mienis, F., Soetaert, K., Heip, C.H.R. (2009) The cold-water coral community as a hot spot for carbon cycling on continental margins: a food-web analysis from Rockall Bank (northeast Atlantic). *Limnology and Oceanography*, **54**, 1829–1844.

[5] Freiwald, A., Fossa, J.H., Grehan, A., Koslow, T., Roberts, J.M. (2004). *UNEP-WCMC Biodiversity Series*, **22**, 1–85.

[6] Freiwald, A., Beuck, L., Ruggeberg, A., Taviani, M., Hebbeln, D. (2009) The white coral community in the central Mediterranean Sea revealed by ROV surveys. *Oceanography*, **22**, 58–74.

[7] Guinotte, J.M., Orr, J., Cairns, S., Freiwald, A., Morgan, L., George, R. (2006) Will human-induced changes in seawater chemistry alter the distribution of deep-sea scleractinian corals? *Frontiers in Ecology and the Environment*, **4**, 141–146.

[8] Form, A., Riebesell, U. (2011) Acclimation to ocean acidification during long-term CO_2 exposure in the cold-water coral *Lophelia pertusa*. *Global Change Biology*, **18**, 843–853.

[9] Thresher, R.E., Tilbrook, B., Fallon, S., Wilson, N.C., Adkins, J. (2011) Effects of chronic low carbonate saturation levels on the distribution, growth and skeletal chemistry of deep-sea corals and other seamount megabenthos. *Marine Ecology Progress Series*, **442**, 87–99.

Teil III

Biodiversität verstehen

B Die Funktion der biologischen Vielfalt

11

Experimente zur Funktion der biologischen Vielfalt:

Künstliche Systeme als Modell

Wolfgang W. Weisser

Um zu verstehen, welche Folgen eine Veränderung der Biodiversität haben wird, sind Experimente notwendig, die die Biodiversität manipulieren und die Auswirkungen auf Ökosystemebene untersuchen. In Jena wurde im Jahr 2002 ein solches Experiment etabliert, das bisher die weltweit meisten Daten zum Einfluss von Pflanzenvielfalt auf verschiedene Ökosystemvariablen erhoben hat. Etwa 40% aller untersuchten Variablen hängen signifikant von der Pflanzenartenzahl ab. Biodiversität spielt also eine wichtige Rolle für viele auch für den Menschen bedeutsame Prozesse. Noch offen ist, welche Mechanismen für diese Zusammenhänge verantwortlich sind – und welche quantitativen Zusammenhänge es zwischen Biodiversität und Ökosystemdienstleistungen gibt.

Global sind Landnutzungsänderungen, Klimawandel und der Verlust von biologischer Vielfalt diejenigen Umweltthemen, die sehr intensiv diskutiert werden. Diese drei Prozesse sind in vielfältiger Weise miteinander verknüpft. So ist zum Beispiel der Wandel der Landnutzung der Hauptgrund für den globalen Verlust von Biodiversität [1]. Der vorhergesagte Klimawandel wird diesen Trend voraussichtlich verstärken, ist aber selbst von Änderungen der Landnutzung und den Änderungen in der Biodiversität (zum Beispiel [2]) abhängig.

In Bezug auf den Verlust an biologischer Vielfalt wurde es Ende der 1980er Jahre zunehmend deutlich, dass immer mehr Pflanzen- und Tierarten von unserer Erde verschwinden, und dass der Mensch der Hauptverursacher dieses Aussterbens ist. Während jedoch der Verlust an Arten immer deutlicher wurde, wuchs die Erkenntnis, dass die Wissenschaft nicht in der Lage ist, die Konsequenzen dieses Artenverlustes für die betroffenen Ökosysteme vorherzusagen [3]. Dabei stand die Frage nach der Rolle von Artenvielfalt für das „Funktionieren" von ökologischen Systemen im Vordergrund: Laufen biogeochemische Prozesse anders ab, wenn die Anzahl der Arten in einem Ökosystem abnimmt? Ist der Ausfluss von Stoffen aus einem Ökosystem von der Biodiversität des Systems abhängig? Spielt die Artenvielfalt von Pflanzen, Tieren und Mikroorganismen eine Rolle für den Streuabbau, die Produktivität, die Bestäubung und den Samenansatz von Pflanzen?

◄ Ein gewaltiges Schachbrett zur Erforschung der Zusammenhänge zwischen Pflanzendiversität und Ökosystemprozessen: das seit dem Jahr 2002 laufende Jena-Experiment (www.the-jena-experiment.de). Basierend auf einem Artenpool von 60 typischen mitteleuropäischen Wiesenpflanzen wurden 90 große (20 × 20 Meter) und 380 kleine (3,5 × 3,5 Meter) Versuchsparzellen angelegt, die sich in Artenzahl und -zusammensetzung unterscheiden. Sechs Gärtner und bis zu 100 studentische Hilfskräfte versorgen die Versuchsfläche. Bild: Jena-Experiment.

Die Beantwortung der Frage nach den so genannten „funktionellen" Konsequenzen von Biodiversität erfordert dabei eine Zusammenarbeit zwischen der klassischen Ökosystemforschung, in der die Stoffflüsse in ein Ökosystem hinein und aus einem Ökosystem heraus gemessen werden, und der Ökologie, die die Struktur von Lebensgemeinschaften und die Wechselwirkungen zwischen den Arten untersucht. Während in der klassischen Ökosystemforschung Biodiversität bisher meist keine Rolle gespielt hatte, wurden im Gegenzug die Stoffflüsse von Populationsökologen nicht untersucht. Die funktionelle Biodiversitätsforschung führte nun zwei bis dahin getrennte Forschungszweige zusammen. Sie spiegelt zudem eine Umkehr der Betrachtungsweise der Biodiversität innerhalb der Ökologie wider: Bis zur Debatte über die Konsequenzen des Biodiversitätsverlusts zielte das Interesse der Ökologen in der Biodiversitätsforschung darauf, das Ausmaß von biologischer Vielfalt in einem Gebiet zu erklären. Es wurden also Faktoren ermittelt, die eine bestimmte Biodiversität bedingen. Diese so genannten „Treiber" der Biodiversität, wie etwa die abiotischen Umweltbedingungen (Temperatur, Feuchte, pH-Wert) oder auch die Bewirtschaftung, werden gerade auch in Deutschland eingehend untersucht. Biodiversität ist in diesen klassischen Betrachtungen die abhängige Variable und typische Fragen sind: „Warum ist die Diversität in den Tropen höher als in den gemäßigten Breiten?" oder „Welche Bewirtschaftungsweise führt zu artenreichen, welche zu artenarmen Wiesengemeinschaften?" Im Gegensatz dazu betrachtet die funktionelle Biodiversitätsforschung die Biodiversität als eine unabhängige Variable, die selbst andere Variablen im Ökosystem beeinflusst [4]. Mit anderen Worten: Energieflüsse und Stoffumsätze in einem Ökosystem werden zum größten Teil von seinen Organismen bewerkstelligt und können daher nicht separat betrachtet werden.

Ökosystemfunktionen und Ökosystemdienstleistungen

Die funktionellen Aspekte der Biodiversität sind bedeutend, da sie Prozesse betreffen, die auch für den Menschen relevant sind, wie etwa Produktivität, Wasserqualität oder Erosionskontrolle, also die „Serviceleistungen der Natur" oder auch „Ökosystemdienstleistungen" [1]. Grundlage der „Serviceleistungen" sind die so genannten Ökosystemfunktionen. Der Terminus „Ökosystemfunktion" wird dabei recht breit definiert. Ganz allgemein könnte man als Ökosystemfunktion jede Variable bezeichnen, die in einem Ökosystem gemessen wird und deren Wert in verschiedenen Systemen verglichen werden kann. Die Produktivität oder auch der Anteil der Pflanzen, die in einem bestimmten Jahr bestäubt werden, wären in diesem Sinne Funktionen, nicht aber zum Beispiel die Häufigkeit einer bestimmten Art wie etwa der Feldmaus, da diese ja nicht in allen ökologischen Systemen vorkommt. Da der Ausdruck „Funktion" nach dieser Definition auch auf Variablen angewendet wird, bei denen unklar ist, ob sie tatsächlich etwas zum „Funktionieren" des Ökosystems beitragen, wird in letzter Zeit genereller von „Ökosystemvariablen" gesprochen. Im engeren Sinne werden als Funktion die biogeochemischen Kreisläufe im Ökosystem betrachtet: der Wasserkreislauf und die Nährstoffkreisläufe, insbesondere der Stickstoff- und der Phosphorkreislauf. Dazu kommen noch die Kohlenstoffspeicherung, die im Hinblick auf den Klimawandel sehr wichtig ist, sowie die Energieumsetzung. Andere Autoren unterscheiden zwischen den „Ökosystemfunktionen" und den „biotischen Funktionen" von Arten. Eine biotische Funktion von Schwebfliegen wäre beispielsweise die Bestäubung von Pflanzen.

Das Millennium Ecosystem Assessment (MA) hat die verschiedenen Ökosystemdienstleistungen wie folgt kategorisiert [1]:

Bereitstellende Dienstleistungen bezeichnen die Produkte aus Ökosystemen, die vom Menschen direkt oder als Rohstoffe genutzt werden, wie etwa Nahrungsmittel, Trinkwasser, Holz, Fasern oder auch genetische Ressourcen.

Regulierende Dienstleistungen bezeichnen die Vorteile für den Menschen, die sich daraus ergeben, dass aufgrund der Stoff- und Energieflüsse in einem Ökosystem Extremereignisse abgepuffert und Stoffe umgebaut werden. Hier werden in erster Linie die Luft- und Wasserqualität, Erosion, Überflutungen oder auch die Ausbreitung von Krankheiten sowie die Abfallbeseitigung genannt.

Kulturelle Dienstleistungen betreffen die nichtmateriellen Vorteile für den Menschen, wie zum Beispiel die Erholung, das ästhetische Vergnügen oder die spirituelle Erfüllung.

Unterstützende Dienstleistungen wie etwa die Bodenbildung oder der Nährstoffkreislauf bilden die Grundlage für die Existenz eines Ökosystems und damit der anderen Ökosystemdienstleistungen.

Diese Kategorisierung hat sich inzwischen weltweit durchgesetzt und dient zunehmend als Grundlage nationaler und internationaler Strategien zum Schutz der biologischen Vielfalt. Auch sollen die Ökosystemdienstleistungen dazu genutzt werden, als Grundlage für zukünftige politische Entscheidungen den ökonomischen Wert von Biodiversität zu ermitteln [5]. Die Kategorien sind jedoch nicht so eindeutig, wie die genannte Klassifikation zunächst nahelegt und dies macht ihre unmittelbare Verwendung für ökonomische Ansätze schwierig. So sind zum Beispiel im MA Nährstoffkreisläufe eine unterstützende, die Regulation des Wasserflusses eine regulierende und die Erholung eine kulturelle Dienstleistung. Wenn ein Feuchtgebiet trockengelegt werden soll und die Entscheidungsträger eine Kosten-Nutzen-Analyse durchführen möchten, in die die drei betroffenen Dienstleistungen eingehen sollen, dann ergibt sich das Problem der mehrfachen Bilanzierung: Sowohl die Nährstoffkreisläufe als auch die Regulation des Wasserflusses

beeinflussen die gleiche Ökosystemdienstleistung, nämlich die Trinkwasserbereitstellung. Auch die kulturelle Dienstleistung der Erholung (in diesem Feuchtgebiet) hängt von der Bereitstellung des Wassers ab [6]. Aus diesem Grund muss die Kategorisierung der ökosystemaren Dienstleistungen weiterentwickelt und für ökonomische und politische Entscheidungen nutzbar gemacht werden, wie auch im MA betont wird.

Für die funktionelle Biodiversitätsforschung ist dabei insbesondere der Zusammenhang zwischen biologischer Vielfalt, Ökosystemfunktion und Ökosystemdienstleistung relevant. Wie beeinflusst eine Änderung der Biodiversität die betrachteten Ökosystemvariablen und welche Auswirkungen hat dies für bestimmte Ökosystemdienstleistungen?

Gradientenanalyse oder Biodiversitätsexperimente?

Prinzipiell gibt es zwei mögliche Ansätze zur Untersuchung des Einflusses von Biodiversität auf Ökosystemvariablen:

(1) Beobachtungen entlang natürlicher Gradienten,

(2) Experimente, in denen Biodiversität als unabhängige Variable direkt manipuliert wird.

Der erste Ansatz hat eine Reihe von Vorteilen: Die untersuchten Lebensgemeinschaften sind etabliert und keine künstlichen Organismengesellschaften, von denen man annehmen muss, dass sie sich im weiteren Verlauf stark verändern werden. Der Nachteil eines Gradientenansatzes ist, dass die Biodiversität in den untersuchten Habitaten von den Standortbedingungen und der Landnutzung beeinflusst wird und sich somit etwaige Unterschiede in Ökosystemeigenschaften nicht einfach auf Unterschiede in der Biodiversität zurückführen lassen. So kann nicht einfach eine artenreiche mit einer artenarmen Wiese im Hinblick auf zum Beispiel die Kohlenstoffspeicherung verglichen werden, um die Bedeutung des Pflanzenartenreichtums zu verstehen: Der Artenreichtum unserer einheimischen

Wiesen hängt stark von den Bodeneigenschaften und der Bewirtschaftungsart ab. Fänden sich also Unterschiede in den Mengen an Kohlenstoff, die in pflanzenartenreichen und pflanzenartenarmen Wiesen gespeichert werden, dann könnte dies am unterschiedlichen Pflanzenartenreichtum liegen, aber auch an unterschiedlichen Standorteigenschaften oder der unterschiedlichen Bewirtschaftung. Eine Gradientenanalyse macht es also schwierig, kausale Beziehungen eindeutig festzustellen. Hinzu kommt, dass es viele potenzielle Gradienten gibt (pH-Wert, Höhe, Landnutzungsintensität), was die Auswahl der Untersuchungsflächen schwierig macht. Eine besondere Schwierigkeit ist die Erstellung eines Studiendesigns. So kommen bestimmte, funktionell wichtige Pflanzenarten in natürlichen Beständen nicht in allen möglichen Kombinationen oder gar als Monokultur vor. Ein Transekt ist nützlich bei großen Gradienten. Für die Biodiversitätsforschung, die auch extreme Situationen untersuchen möchte (beispielsweise eine Vegetation mit nur einer Pflanzenart), sind die Möglichkeiten für beobachtende Studien jedoch oft recht eingeschränkt.

Der zweite Ansatz sind Biodiversitätsexperimente, in denen die Artenvielfalt als unabhängige, das heißt vorgegebene Variable manipuliert wird. Hier wird auf einen großen Pool von Arten zurückgegriffen und die Gemeinschaften werden künstlich zusammengestellt. Biodiversitätsexperimente erlauben also eine Entkoppelung von Standortfaktoren, Landnutzung und naturgegebener biologischer Vielfalt. Da die Artengemeinschaften künstlich zusammengestellt werden, können auch spezielle Fragen untersucht werden, wie beispielsweise die Bedeutung der so genannten *funktionellen Diversität* im Vergleich zu der reinen Artenzahl. Als funktionelle Diversität wird dabei die Vielfalt der in der Gemeinschaft vorhandenen Merkmale bezeichnet. Sind beispielsweise alle Pflanzenarten in einer Lebensgemeinschaft gleich groß und haben eine ähnliche Wuchsform und ein ähnliches Wurzelsystem, ist die funktionelle Diversität dieser Ge-

meinschaft kleiner, als wenn sich alle Pflanzen stark in ihrer Wuchsform unterscheiden. Man geht davon aus, dass die Unterschiedlichkeit in Merkmalen eine Bedeutung beispielsweise für die Nährstoffaufnahme hat. Wenn einige Pflanzen tiefer wurzeln als andere, dann können Nährstoffe im Boden vollständiger aufgenommen werden und das Resultat kann eine höhere Produktivität, das heißt Biomasseerzeugung (zum Beispiel Heu) des Systems sein.

Biodiversitätsexperimente haben aber auch eine Reihe von Nachteilen. So sind die angesäten Pflanzengemeinschaften relativ „jung", der Artenpool ist eingeschränkt und nicht alle möglichen Kombinationen von Arten können getestet werden. Trotzdem sind Biodiversitätsexperimente ein unverzichtbarer Baustein einer funktionellen Biodiversitätsforschung.

Varianten dieser beiden Ansätze sind geplante Vergleiche, bei denen der Diversitätsgradient von vornherein festgelegt wird, sowie Manipulationen natürlicher Gemeinschaften. Geplante Vergleiche wurden bisher trotz vielversprechender Ergebnisse selten genutzt. Ein Beispiel für einen solchen geplanten Vergleich ist der Versuchsansatz des Projekts DIVA-Jena im Rahmen des vom Bundesministerium für Bildung und Forschung geförderten BIOLOG-Programms. Dafür wurden im Thüringer Schiefergebirge und im (bayerischen) Frankenwald Wiesen ausgewählt, die sich in der Pflanzenartenzahl unterschieden, aber identisch als Heuwiese bewirtschaftet wurden und ähnliche Böden aufwiesen. Auf diesen Flächen wurde erfolgreich die Rolle der pflanzlichen Vielfalt für die Produktivität, der Einfluss pflanzenfressender Insekten auf die Pflanzengemeinschaft und der Reproduktionserfolg von Heuschrecken untersucht [7].

Die Manipulation natürlicher Gemeinschaften, zum Beispiel durch eine Einsaat von zusätzlichen Arten, ist ebenfalls ein interessanter Ansatz. Ein solches Einsaatexperiment wurde ebenfalls im Projekt DIVA-Jena durchgeführt und zeigte, dass die bestehende Biodiversität der Wiesen erhöht werden kann, dies aber von der Produktivität und Biodiversität der bestehenden Pflanzengemeinschaften abhängt [7].

Die Entwicklung der Biodiversitätsexperimente

Das erste große Biodiversitätsexperiment ist gleichzeitig das am längsten während und dauert immer noch an: David Tilman und Kollegen von der Universität Minnesota legten es 1994 in Cedar Creek (Minnesota, USA) an. Aus 16 Arten der lokal natürlich vorkommenden Präriepflanzen wurden Pflanzengemeinschaften aus 1, 2, 4, 8 oder 16 Pflanzenarten zusammengestellt und angesät. Jede Diversitätsstufe wurde circa 35mal repliziert. Das Experiment war das erste, das im Freiland den Einfluss der Pflanzenartenvielfalt auf Variablen wie etwa die Produktivität der Graslandpflanzengesellschaft zeigte [8].

Anfang der 1990er Jahre wurde auch im so genannten „Ecotron" am Standort Silwood Park des Imperial College London ein Biodiversitätsexperiment durchgeführt, in dem die Komplexität einer ganzen Lebensgemeinschaft manipuliert wurde (Abb. 1). In 14 Klimakammern, die Gaswechselmessungen ermöglichten, wurden drei unterschiedlich komplexe Lebensgemeinschaften zusammengestellt, die sich in der Artenzahl von Pflanzen, Pflanzenfressern, Räubern und Zersetzern unterschieden. Insgesamt fünf Ökosystemvariablen wurden gemessen. Das Experiment zeigte, dass die komplexeren Systeme produktiver waren und auch mehr Kohlenstoffdioxid aus der Luft fixierten [9]. Bei anderen Variablen waren die Effekte der Vielfalt nicht so klar. Da die Anzahl der Wiederholungen in diesem Experiment notgedrungen gering war, waren viele der beobachteten Tendenzen statistisch gesehen nicht sehr eindeutig.

In Europa nahm die funktionelle Biodiversitätsforschung ihren Aufschwung mit dem durch die Europäische Union finanzierten BIODEPTH Experiment (Biodiversity and Ecological Processes in Terrestrial Herbaceous Ecosystems: experimental manipulations of plant communities), das von 1996–1998 an acht Standorten in sieben

Abb. 1 Das Ecotron am Imperial College in Silwood Park, Ascot, UK. Bild: Imperial College.

europäischen Ländern durchgeführt und von John Lawton vom Imperial College, Ernst-Detlef Schulze aus Bayreuth und Bernhard Schmid von der Universität Zürich koordiniert wurde (Abb. 2). Die geografische Spanne reichte in West-Ost-Richtung von Großbritannien über Deutschland nach Griechenland und in Nord-Süd-Richtung von Schweden bis Portugal. An jedem Standort wurde ein Biodiversitätsexperiment ähnlich dem von Cedar Creek durchgeführt, mit einem Grasland als Modellsystem, mit landestypischen Arten und in einer Spannbreite von einer bis 16, 18 oder an manchen Standorten sogar 32 Arten. Das Hauptergebnis dieses Experiments war die Zunahme der oberirdischen Produktivität mit zunehmender Pflanzenartenzahl, unabhängig vom lokalen Artenpool [10].

Die drei oben genannten Experimente waren Wegbereiter einer ganzen Reihe von weiteren,

Abb. 2 Eine schneebedeckte Versuchsparzelle des BIODEPTH-Experiments in Bayreuth. Wie bei allen Graslandexperimenten ruhten die Messungen nach Ende der Wachstumsperiode der Pflanzen und begannen wieder im zeitigen Frühjahr. Bild: Michael Scherer-Lorenzen.

meist deutlich kleiner angelegten Experimenten. Gleichzeitig waren sie Auslöser einer heftigen wissenschaftlichen Debatte über die Ergebnisse. Kritiker wie die Pflanzenökologen J. Philip Grime aus England und Michael A. Huston aus den USA sowie der neuseeländische Bodenökologe David Wardle bemängelten, dass grundsätzliche Schwachstellen im Design der Experimente eindeutige Schlussfolgerungen über die Rolle der biologischen Vielfalt für die beobachteten Effekte verhindern. So ließ sich nach Meinung der Kritiker nicht ausschließen, das etwa der Haupteffekt einer höheren Produktivität in

den artenreicheren Mischungen dadurch zustande kam, das bestimmte produktive Pflanzenarten häufiger in den artenreicheren Mischungen vertreten waren.

Diese wissenschaftliche Auseinandersetzung war eine der treibenden Kräfte für die Anlage des „Jena-Experimentes", einer von der Deutschen Forschungsgemeinschaft geförderten Forschergruppe, die 2002 die Arbeit aufnahm. Bernhard Schmid und Ernst-Detlef Schulze, die Hauptinitiatoren des Experimentes, organisierten im Vorfeld eine Reihe von Workshops, in denen die offenen wissenschaftlichen Fragen wie auch Fragen der Statistik ausführlich diskutiert wurden. Das Ergebnis dieser Vorarbeiten war ein experimenteller Ansatz, der heute weltweit anerkannt wird.

Auch das Jena-Experiment nutzt ein Grasland, in diesem Fall eine artenreiche Frischwiese (Dauco-Arrhenateretum) als Modell-Ökosystem (Abb. 3). Aus insgesamt 60 Pflanzenarten wurden Pflanzengemeinschaften bestehend aus 1, 2, 4, 8, 16 und 60 Arten angesät, die als Grundlage für vergleichende Messungen von Ökosystemvariablen genutzt werden können.

Das Hauptexperiment wurde auf 20 Meter × 20 Meter großen Versuchsparzellen angelegt, um eine langfristige Nutzbarkeit der Parzellen zu gewährleisten. Die Pflanzenarten wurden den funktionellen Gruppen „Gräser", „Hülsenfrüchtler (Leguminosen)", „kleine Kräuter" und „große Kräuter" zugeordnet. Neben der Anzahl der Arten wurden auch die Anzahl (1 bis 4) und die Identität der in den Pflanzengemeinschaften vorhandenen funktionellen Gruppen systematisch variiert. Dies ermöglicht es, den Einfluss von Artenzahl per se (bei gleich bleibender Anzahl von funktionellen Gruppen) sowie den Einfluss von funktioneller Diversität (bei gleich bleibender Artenzahl) unabhängig voneinander zu testen. Zudem ist es möglich, die Bedeutung bestimmter funktioneller Gruppen für bestimmte Funktionen zu testen. Alle Pflanzenarten wurden zudem auch noch als Monokultur angelegt, um Vergleiche mit gemischten Parzellen zu ermöglichen.

Abb. 3 Die technische Mitarbeiterin Sylvia Creutzburg bei der Vorbereitung eines Experimentes zum Einfluss der Pflanzenvielfalt auf die Wechselwirkungen zwischen Pflanzen, Blattläusen und ihren Räubern. Die Versuchsparzelle wird dominiert von der Blüte der blaublühenden Acker-Witwenblume (*Knautia arvensis*). Bild: Jena Experiment.

Ergebnisse der Biodiversitätsexperimente

Die ersten Biodiversitätsexperimente konzentrierten sich auf einfach zu messende Variablen wie etwa die Produktion oberirdischer Biomasse oder die Konzentration von Stickstoffverbindungen (beispielsweise Nitrat) im Bodensickerwasser. Letztendlich muss das Ziel der Untersuchungen jedoch sein, die Bedeutung von Artenvielfalt für die in einem Ökosystem ablaufenden Prozesse sehr viel genauer zu verstehen. Ziel des Jena-Experimentes ist, den Einfluss von Biodiversität auf die verschiedenen Komponenten der unterschiedlichen Nährstoffkreisläufe differenziert zu betrachten. Wie in anderen Experimenten auch zeigte sich im Jena-Experiment, dass eine zunehmende Artenzahl wichtige Prozesse wie die Produktivität von Grasländern positiv beeinflusst. In den einzelnen Parzellen wurden zwischen 2002 und 2011 mehrere tausend Variablen gemessen (Abb. 4). Dies ermöglicht eine Betrachtung der Auswirkungen der Biodiversität auf verschiedene Prozesse über einen längeren Zeitraum. Ein wesentliches Ergebnis der Untersuchungen ist, dass Organismen und Prozesse im Boden zeitverzögert und meist weniger stark auf die Änderungen der Pflanzenartenvielfalt reagierten als oberirdisch gemessene Variablen [11]. So gab es zum Beispiel in den ersten Jahren des Experimentes keinen Einfluss der Pflanzenartenzahl auf die Wurzelbiomasse oder die Atmungsaktivität der Bodenmikroben; erst nach einigen Jahren nahmen sowohl Wurzelbiomasse als auch Atmung mit steigender Diversität zu. Auch umgekehrte Effekte gibt es: der Nitratgehalt im Bodensickerwasser nahm in den ersten Jahren mit zunehmender Pflanzenartenzahl ab. Gleiches wurde auch in anderen Experimenten festgestellt und oft als Hinweis auf einen positiven Effekt von Artenvielfalt auf die Trinkwasserqualität interpretiert. Der Effekt verschwand jedoch im Jena-Experiment nach einigen Jahren, stattdessen nahm die Anreicherung von Stickstoff im Boden zu. Diese Ergebnisse zeigen, dass es notwendig ist, Biodiversitätsexperimente langfristig anzulegen, um sicherzustellen, dass die zunächst beobachteten Zusammenhänge keine vorübergehenden Phänomene sind.

Werden die im Jena-Experiment gemessenen Variablen ausgewertet, so zeigt sich, dass je nach Variablensatz etwa 40% bis die Hälfte der getesteten Ökosystemvariablen signifikant von der Pflanzenartenzahl beeinflusst werden. Dieses Ergebnis bedeutet zweierlei: Zum einen zeigt es,

Abb. 4 Um zu testen, ob der Artenreichtum einer Pflanzengemeinschaft die Aufnahme von Ressourcen beeinflusst, werden im Jena-Experiment Experimente mit stabilen Isotopen wie etwa dem schweren Stickstoff ^{15}N durchgeführt. Das Bild zeigt eine Studentin bei der Markierung der Injektionspunkte auf dem Jenaer Versuchsfeld. Bild: Annette Gockele.

dass – wie ursprünglich vermutet – die Biodiversität selbst eine wichtige Rolle für eine Vielzahl von Variablen auf der Ökosystemebene spielt. Zusammen mit den Befunden anderer Studien zum Beispiel aus Waldökosystemen legt dieses Ergebnis aus dem Jena-Experiment nahe, einen Schlussstrich unter die Frage zu ziehen, ob Artenvielfalt eine funktionelle Bedeutung im Ökosystem hat. Die zweite wichtige Erkenntnis ist, dass Biodiversität nicht alle Ökosystemvariablen beeinflusst. Die Frage nach der funktionellen Bedeutung der Biodiversität muss also neu gestellt werden: Es geht nicht länger darum zu zeigen, ob Biodiversität Ökosystemvariablen beeinflusst, sondern darum, zu verstehen, warum manche Variablen von der Biodiversität beeinflusst werden und andere nicht.

Ausblick

Das Jena-Experiment und andere Biodiversitätsexperimente haben die funktionelle Bedeutung von Biodiversität für viele Ökosystemvariablen aufgedeckt. Bedeutet dies nun, dass „mehr" Biodiversität zu „mehr" Ökosystemdienstleistungen führt? Die Antwort ist, dass dies von der betrachteten Ökosystemdienstleistung abhängt. Wenn das Ausmaß einer bestimmten Ökosystem-

dienstleistung positiv mit einer Ökosystemvariablen korreliert ist, deren Werte wiederum positiv mit einer steigenden Biodiversität zusammenhängen, dann bedeutet mehr Biodiversität auch mehr Ökosystemdienstleistung. Wenn aber der Zusammenhang zwischen Biodiversität und Ökosystemvariablen nicht gegeben ist, dann bedeutet mehr Biodiversität eben nicht notwendigerweise mehr Ökosystemdienstleistung. Biodiversitätsexperimente haben somit gezeigt, dass die biologische Vielfalt das Potenzial hat, die vom Menschen genutzten Ökosystemdienstleistungen positiv zu beeinflussen, aber nicht, dass dies immer so sein muss. Um den Zusammenhang zwischen Biodiversität und Ökosystemdienstleistungen besser zu verstehen, ist es daher notwendig, zunächst genauer zu prüfen, welche Ökosystemvariablen einer bestimmten Ökosystemdienstleistung zugrunde liegen. Danach kann dann der Zusammenhang zwischen Biodiversität und Ökosystemdienstleistung genauer untersucht werden.

Wenn in der aktuellen Diskussion um Strategien zur Vermeidung oder wenigstens Verringerung des immer noch anhaltenden Biodiversitätsverlustes Ökosystemdienstleistung mit Biodiversität gleichgesetzt wird, um Methoden für die (finanzielle) Inwertsetzung von Biodiversität zu entwickeln, dann verkennt dies die tatsächlichen Zusammenhänge. Die Forschung, die quantitative Aussagen zum Zusammenhang zwischen Ökosystemdienstleistung und Biodiversität machen soll, ist leider immer noch am Anfang. Auch für diese angewandte Forschung werden Experimente unverzichtbar sein, um kausale Zusammenhänge aufdecken zu können. Solche Experimente werden sicher in größerem Maßstab (bis zur Landschaftsebene) als bisher durchgeführt werden müssen, um realistische Ergebnisse zu liefern. Biodiversitätsexperimente haben also eine große Zukunft.

Literatur

[1] MA (Millennium Ecosystem Assessment) (2005) *Ecosystems and Human Well-Being: Synthesis*, Island Press, Washington, D.C.

[2] IPCC (Intergovermental Panel on Climate Change) (2002) Technical Paper V, *Climate change and biodiversity* (eds. H. Gitay, A. Suarez, R.T. Watson, D.J. Dokken), IPCC, Geneva.

[3] Schulze, E.D., Mooney, H.A. (eds.) (1993) *Biodiversity and ecosystem function*. Springer, Heidelberg,

[4] Schmid, B. (2003) Funktionelle Bedeutung der Artenvielfalt: Biodiversität. *Biologie in unserer Zeit*, **33**, 356–365.

[5] Perrings, C., Naeem, S., Ahrestani, F., Bunker, D.E., Burkill, P., Canziani, G., Elmqvist, T., Fuhrman, J., Jaksic, F., Kawabata, Z. et al. (2011) Ecosystem services and target-setting for the conservation and sustainable use of biodiversity. *Frontiers in Ecology*, **9**, 512–520.

[6] Fisher, B., Turner, R.K., Morling, P. (2009) Defining and classifying ecosystem services for decision making. *Ecological Economics*, **68**, 643–653.

[7] Weisser, W.W. (2010) Was sind Ökosystemfunktionen und ökosystemare Dienstleistungen? in: *Fokus Biodiversität – Wie Biodiversität in der Kulturlandschaft erhalten und nachhaltig genutzt werden kann* (Hrsg. S. Hotes, V. Wolters), Oekom-Verlag, München, 155–162.

[8] Tilman, D., Knops, J., Wedin, D., Reich, P., Ritchie, M., Siemann, E. (1997) The influence of functional diversity and composition on ecosystem processes. *Science*, **277**, 1300–1302.

[9] Naeem, S., Thompson, L.J., Lawler, J.H., Lawton, J.H., Woodfin, R.M. (1994) Declining biodiversity can alter the performance of ecosystems. *Nature*, **368**, 734–737.

[10] Hector, A., Schmid, B., Beierkuhnlein, C., Caldeira, M.C. Diemer, M, Dimitrakopoulos, P. G., Finn, J.A., Freitas, H., Giller, P.S., Good, J. et al. (1999) Plant diversity and productivity experiments in European grasslands. *Science*, **286**, 1123–1127.

[11] Scherber, C., Eisenhauer, N., Weisser, W.W., Schmid, B., Voigt, W., Fischer, M., Schulze, E.-D., Roscher, C., Weigelt, A., Allan, E. et al. (2010) Bottom-up effects of plant diversity on multitrophic interactions in a biodiversity experiment. *Nature*, **468**, 553–556.

12

Biodiversität und Stabilität:

Neue Erkenntnisse zu einem ökologischen Paradigma

Helmut Hillebrand, Anja Fitter

„Es ist anziehend beim Anblick einer dicht bewachsenen Uferstrecke, bedeckt mit blühenden Pflanzen vielerlei Art, mit singenden Vögeln in den Büschen, mit schwärmenden Insekten in der Luft, mit kriechenden Würmern im feuchten Boden, sich zu denken, dass alle diese [...] durch Gesetze hervorgebracht sind, welche noch fort und fort um uns wirken."
Charles Darwin, „The origin of species", 1859

Darwin und zahllose Wissenschaftler nach ihm richteten den Blick darauf, welche Gesetzmäßigkeiten dem Entstehen der Arten zugrunde liegen. Heute sehen wir uns mit einem Massenaussterben von Arten konfrontiert, dessen Verursacher erstmals in der Erdgeschichte der Mensch ist. Damit stehen wir vor neuen Fragen: Was führt zum Verschwinden von Spezies? Welche Konsequenzen wird das Artensterben haben? Geht mit einem Verlust der Artenvielfalt auch eine verminderte Stabilität der Ökosysteme einher? Kurzum: Welche Bedeutung hat Artenvielfalt für unser (Über)leben (Abb. 1)?

„Stabilis" ist Lateinisch für „fest", „feststehend", „standhaft" und im allgemeinen Sprachgebrauch

◀ Die einzigen negativen Gedanken beim Anblick bunter Blumenwiesen sind die an Insektenstiche und Sonnenbrand. Leider ist diese mitteleuropäische Idylle in Gefahr. Hängen die Lebensräume und ihre Zukunft von der Artenvielfalt ab? Bild: Monika Feiling.

wird Stabilität folgerichtig mit Unveränderlichkeit gleichgesetzt. Die aktuellen Ergebnisse der ökologischen Forschung zeigen aber, dass Stabilität in Wirklichkeit auf hoher Dynamik basiert. Ökosysteme sind ständigen Umwälzungen unterworfen, sowohl durch interne Schwankungen in den lebenden Gemeinschaften als auch durch starke Einflüsse von außen. Dennoch verändern sich diese Gemeinschaften oft nur in einem engen Rahmen, da komplexe ökologische Systeme ein dynamisches Gleichgewicht ausbilden können. Stabilität bedeutet in diesem Fall also nicht Unveränderlichkeit, sondern dauernden Wandel.

Im Folgenden werden diese Zusammenhänge näher beleuchtet. Der globale Wandel lenkt unseren Fokus außerdem auf die Rolle von Störungen und Stabilität. Nicht zuletzt stellen wir eine neue Forschungsrichtung vor, die zeigt, welchen stabilitätsbestimmenden Einfluss die Verbindung zwischen Habitaten (Lebensräumen) hat.

Ist Stabilität immer „gut"?

Stabilität garantiert die Nutzbarkeit der Ökosysteme im Sinne unserer Bedürfnisse, aus wirtschaftlicher Sicht ist ein stabiler Ertrag wünschenswert. Ein logischer Schluss wäre also auch die positive Bewertung von Diversität-Stabilitäts-Zusammenhängen in Lebensgemeinschaften.

Abb. 1 Welchen Beitrag leisten verschiedene Arten zur Stabilität eines Ökosystems? Salzwiesen sind Lebensgemeinschaften in einem hochdynamischen, marin-terrestrischen Lebensraum. Die Organismen sind an wiederkehrende Überflutungen und den hohen Salzgehalt des Meerwassers angepasst. Ausschnitt einer Salzwiesenvegetation auf der Insel Spiekeroog mit Gänsefingerkraut (*Potentilla anserina*), Strand-Milchkraut (*Glaux maritima*) und Laugenblume (*Cotula coronopifolia*). Welche Rolle die Arten im Stoffkreislauf spielen und wie sich ihre Anwesenheit auf die Stabilität einer Salzwiese auswirkt, ist Gegenstand der Diversitäts-Stabilitätsdebatte. Bild: Monika Feiling.

Ökologen allerdings sehen das differenzierter: Stabile Zustände können auf Tier- und Pflanzenarten sowohl positive als auch negative Auswirkungen haben.

Bäume etwa oder Elefanten, also langlebige Vertreter der Pflanzen- und Tierwelt, pflanzen sich erst in fortgeschrittenem Alter fort und profitieren sehr von stabilen Umgebungsbedingungen. Solche Organismen können nur langsam auf Umweltveränderungen reagieren. Eine notwendige Anpassung beispielsweise von Stoffwechselprozessen oder Verhaltensmustern ist direkt abhängig von der Generationszeit (der Zeit also, die eine Population benötigt, um ihren Bestand zu verdoppeln).

Rascher heranwachsende Arten dagegen sind an instabile Umweltbedingungen besser angepasst. Während die Generationszeit von Elefanten 25 Jahre beträgt, verdoppelt sich eine Bakterienpopulation im Halbstundentakt und die von Mäusen innerhalb weniger Wochen. Durch eine solche Fließbandproduktion können Einbrüche in Populationen ausgeglichen werden und die Anpassung an neue Verhältnisse ist schneller möglich.

Damit rasch und langsam wachsende Organismen gleichermaßen in einem Ökosystem überle-

ben können, spielen wiederkehrende Umweltveränderungen eine wichtige Rolle. Stagnierende Bedingungen bedeuten einen Konkurrenzvorteil für die Langsamen, da sie bei guten Bedingungen Ressourcen in einem höheren Maß nutzen. Nur wenn die Umgebungsbedingungen für sie nicht optimal sind, die Population also gegen störende Veränderungen „ankämpfen" muss, können im gleichen Habitat auch Organismen mit kürzeren Generationszeiten überleben. Wiederkehrende Umweltveränderungen – Störungen also – sind somit eine wichtige Voraussetzung für das Zusammenleben verschiedener Arten.

Diese Erkenntnis hat auch Naturschützer zum Umdenken bewegt: Im Yellowstone-Nationalpark bekämpft man Waldbrände schon lange nicht mehr vollständig. Die Parkverwaltung kontrolliert sie nur noch unter Sicherheitsaspekten im Sinne der Touristen und Anwohner. Man hat erkannt, dass das Ökosystem hier offensichtlich von solch massiven Störungen profitiert. Die Küstenkiefer *Pinus contorta* bildet im Yellowstone-Park 80% des Baumbestandes und ein Teil hat sich an die wiederkehrenden Brände angepasst: Einige *Pinus*-Zapfen sind durch Harz derart fest verschlossen, dass sie sich nur bei sehr hohen Temperaturen öffnen: Erst nach einem

Waldbrand werden die Samen freigesetzt. Von der auf einen Brand folgenden Erholungsphase profitieren Gräser und Sträucher. Auch die australische Vegetation wird in vielen Gebieten immer wieder von Bränden beeinflusst, die durch unregelmäßige Niederschläge und lange Dürrezeiten hervorgerufen werden. Die betroffenen Pflanzen haben vielfältige Überlebensstrategien entwickelt: Einige Arten produzieren extrem große Samenmengen, von denen ein ausreichender Anteil selbst nach längerer Überdauerung im Boden nach einem Brand auskeimt. Andere Arten haben Fruchtstände entwickelt, die, ebenso wie die oben beschriebenen *Pinus*-Zapfen, erst durch extreme Hitze geöffnet werden. Die Wurzelknollen vieler Eukalyptuspflanzen treiben nach einem Feuer wieder aus, weil sie auch Speicherorgane sind, die für eine erste Wachstumsphase notwendige Nährstoffe bereithalten.

Wie bereits erwähnt wurde, ist „Stabilität" aber weit mehr als eine Zustandsbeschreibung etwa von Umweltbedingungen. Eine differenzierte Betrachtung ist notwendig, um zu verstehen, welchen Paradigmenwechsel die Debatte über Diversität-Stabilitätszusammenhänge in den vergangenen Jahren durchgemacht hat. Wir stellen diese erweiterte Betrachtungsweise in den folgenden Abschnitten dar. Es ist klar geworden, dass Stabilität und Diversität sich gegenseitig beeinflussen, denn die stabilisierende Wirkung der Artenvielfalt kann sich nur unter instabilen Bedingungen entfalten (siehe „Unter welchen Bedingungen kann Artenvielfalt ein Ökosystem stabilisieren?"). Außerdem wurde deutlich, dass Stabilität auf dem Niveau der Artenzusammensetzung (strukturelle Stabilität) immer auch mit der Stabilität auf dem Niveau des Ökosystems (wichtige Prozesse wie Aufbau und Abbau der Biomasse) einhergeht (siehe „Die Erforschung von Stabilität geht weit über das Erfassen von Arten hinaus"). Ein weitgehend offenes Forschungsfeld ist die Bedeutung von Austauschprozessen zwischen Habitaten – also von Refugien im Raum – für die stabilisierenden Effekte der Diversität (siehe „Die räumliche Versiche-

rung: Ein neuer Aspekt der ökologischen Forschung").

Unter welchen Bedingungen kann Artenvielfalt ein Ökosystem stabilisieren?

Eine einfache, aber sehr wichtige Erkenntnis der aktuellen Forschung zu Biodiversität und Stabilität ist, dass mehr Arten nur dann stabilisierend wirken, wenn auch die Umweltbedingungen räumlich und zeitlich variieren, da nur dann mehr Arten zu einer Funktion im Ökosystem beitragen.

Man stelle sich Leichtathleten, Fußballer und Handballer vor, alle auf einer Tartanbahn im Freien. Leichtathleten sind auf Umgebung und Untergrund hervorragend eingestellt. Fußballer spielen gewöhnlich auch im Freien, sind allerdings auf einer Kunstbahn wenig leistungsfähig. Und Handballer wiederum profitieren von der Beschaffenheit des Untergrundes, das Spiel unter freiem Himmel allerdings wird für sie problematisch sein. Die Leistungsfähigkeit der Sportler ist also nur in der jeweils gewohnten Umgebung hoch. Auf der Tartanbahn würde eine größere Zahl von Sport-Disziplinen nicht zur Stabilisierung der Leistung beitragen. Sollte sich das sportliche Geschehen aber zwischen der Bahn, dem Fußballrasen und der Handballhalle verlagern, würde nur ein gemischtes Team stabile Leistungen erbringen.

Es hängt also von der Variationsbreite der Umgebungsbedingungen ab, ob sich Diversität auf die Stabilität überhaupt auswirken kann. Wechselnde, fluktuierende Umweltbedingungen können durch wiederkehrende Muster (Tiden, Jahreszeiten) oder durch zufällige Ereignisse (Störungen wie Feuer oder Überschwemmungen) zustande kommen. In so einem Umfeld kann Diversität auf zweierlei Weise stabilitätsbestimmend wirken: Ökologen nennen hier die Begriffe *Kompensation* und *Interaktion* (Abb. 2).

Für die *Kompensation* können die Arten völlig unabhängig voneinander agieren, sie müssen

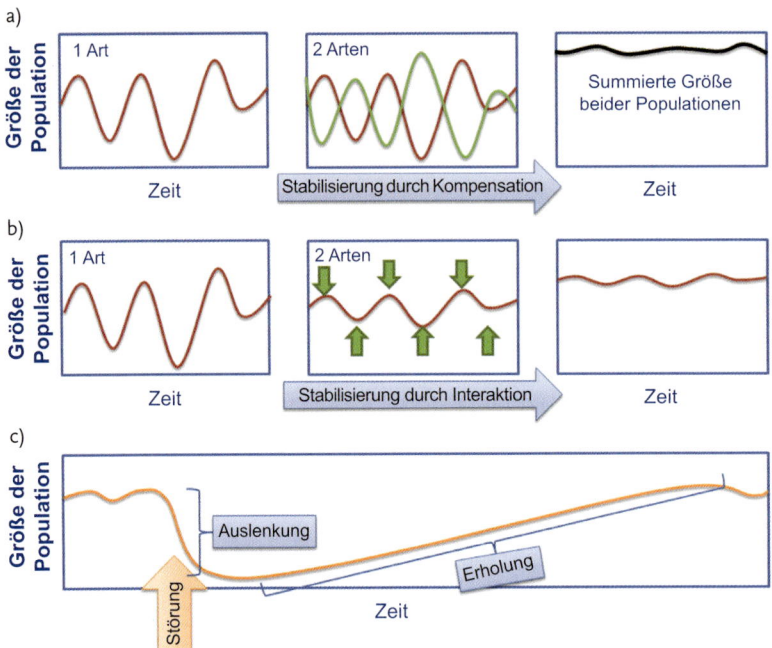

Abb. 2 Verschiedene Definitionen und Mechanismen der Stabilität.

a) Die Population einer Art kann im Laufe der Zeit Fluktuationen aufweisen. Die Anwesenheit einer zweiten Art kann zu einer Stabilisierung führen: Ihre Population nimmt dann zu, wenn die erste Art abnimmt (Kompensation). Dadurch ist die Fluktuation der Gemeinschaft abgedämpft, obwohl die Arten nicht miteinander interagieren. b) Eine Stabilisierung kann auch eintreten, wenn die Fluktuation einer Art (rot) durch Wechselwirkungen mit einer weiteren Art (als grüne Pfeile symbolisiert) ge-

dämpft wird. So können zum Beispiel positive Wechselwirkungen auftreten, die die Arten weniger stark fluktuieren lassen. c) Die Reaktion auf eine Störung ist ein weiterer wichtiger Stabilitätsaspekt. Nach einem Störungsereignis lassen sich zwei Facetten unterscheiden: Die Resistenz ist die Fähigkeit einer Gemeinschaft, einer Störung zu widerstehen (also eine geringe Auslenkung zu zeigen). Die Resilienz ist die Erholungsfähigkeit eines Systems (auch Elastizität genannt) nach der Störung, beschreibt also, wie schnell oder wie umfassend eine Gemeinschaft wieder den Ursprungszustand erreicht.

nur unterschiedlich (nicht synchron) auf die Umweltbedingungen reagieren. Kompensation in natürlichen Gemeinschaften bedeutet, dass sich eine Art stärker vermehrt und eine Rolle im Ökosystem erfüllt, wenn die Population einer anderen einbricht. Im übertragenen Sinne könnten also Handballer im Zweifel fußballerische Leistungen übernehmen, wenn der Fußballer ausfällt. Die Wahrscheinlichkeit, dass so eine Kompensation stattfindet, erhöht sich, wenn mehr Arten vorhanden sind, da dann höchstwahrscheinlich eine Art mit nicht-synchroner Reaktion vorhanden ist. Je mehr unabhängige Arten

in einem Habitat leben, desto weniger Einfluss haben fluktuierende Umweltveränderungen auf die Leistung der Gesamtgemeinschaft.

Die Ökologie benutzt zwei ökonomische Termini zur Beschreibung dieses Sachverhaltes: Die *Versicherungshypothese* und den *Portfolio-Effekt*. Die Versicherungshypothese, die von Shigeo Yachi und Michel Loreau [1] geprägt wurde, beschreibt die Vielfalt von Arten als eine Versicherung gegenüber Veränderungen, mehr Arten erhöhen die Möglichkeit zur Antwort auf eine Fluktuation. Der Portfolio-Effekt, der von Kathryn Cottingham beschrieben wurde [2], zieht ei-

Abb. 3 Interaktionen bestimmen, inwieweit sich Diversität auf die Stabilität in terrestrischen und marinen Ökosystemen auswirkt. Unsere Abbildung zeigt Beispiele für die drei Hauptinteraktionstypen: *Mutualismen* sind doppelt positive Wechselwirkungen, die für beide beteiligten Arten Vorteile bergen. Ein Beispiel ist die Bestäubung (a, Kleiner Fuchs, *Aglais urticae*). *Räuber-Beute-Interaktionen* sind positiv-negative Interaktionen, die einen Vorteil für den Räuber und einen Nachteil für die Beute bedeuten. Hierzu gehören die Prädation auf tierische Beute (b, Grabwespe, Sphecidae spec.), Parasitismus (c, Schuppenwurz, *Lathraea squamaria*, als Holoparasit) oder Herbivorie (d, Strandschnecke *Littorina littorea*). Im Gegensatz zu Räuber-Beute-Interaktionen nutzen Destruenten wie Pilze totes organisches Material (e), stehen aber dadurch in vielfältigen indirekten Wechselwirkungen mit Pflanzen und Konsumenten. *Konkurrenz* ist eine doppelt negative Interaktion, das heißt Arten, die an einem Standort konkurrieren, reduzieren die Wachstumsrate der jeweils anderen Art. Diese Konkurrenz kann direkt sein, zum Beispiel durch gegenseitiges Überwachsen (Moos und Flechte, f), oder indirekt durch Nutzung der gleichen Ressource (Konkurrenz um Raum im Strandbereich der Küste, g). Bilder: Monika Feiling.

nen Vergleich zu Börsenkursen: Ein breitgestreutes Portfolio (= viele Arten) besteht aus vielen Aktien, die unabhängig voneinander steigen oder fallen können, ihr mittlerer Wert (= die gemeinsame Leistung der Arten im Ökosystem) bleibt jedoch stabiler als die einzelnen Aktienwerte.

Im *Interaktionsmodell* reagieren die Arten nicht unabhängig, sondern positive Wechselwirkungen zwischen Arten führen dazu, dass die gesamte Gemeinschaft einer Veränderung weniger ausgesetzt ist, als es die einzelnen beteiligten Arten allein wären (Abb. 2 und 3). Es hat sich zum Beispiel gezeigt, dass artenreiche Gemeinschaften eher ihren Fressfeinden widerstehen als artenarme. Ein Grund könnte darin bestehen, dass

einige Arten weniger gefressen werden und damit auch die Arten schützen, die in ihrer Umgebung wachsen. Es ist aber auch denkbar, dass ein Räuber bei einer artenreichen Gemeinschaft keine Effizienzsteigerung erreichen kann, weil er lediglich auf einen Beutetyp spezialisiert ist.

Für die Mechanismen der Kompensation und der Interaktion ist es förderlich, wenn in Lebensräumen nicht nur einzelne Arten überwiegen. Eine Gemeinschaft, die von wenigen Arten dominiert wird, ist anfälliger gegen Veränderungen der Umgebungsbedingungen. Fallen dominante Arten solchen Veränderungen zum Opfer, kann dies die gesamte Funktionalität des Ökosystems gefährden. Nur im Falle der Gleichverteilung (Ökologen nennen das *Evenness*) vieler verschiedener Arten kann der Wegfall eines „Mitspielers" durch andere ausgeglichen werden.

Lebensgemeinschaften verkraften Störungen – bis zu einem gewissen Grad

Neben der Stabilisierung bei Fluktuationen ist die Erholungsfähigkeit eines Systems nach Störungen ein vieldiskutierter Stabilitätsaspekt (Abb. 2). Für Ökologen sind Störungen kurzfristige Ereignisse, die ein System verändern, indem Organismen verschwinden oder die vorhandene Biomasse verringert wird. Die Antwort eines Ökosystems lässt sich durch zwei Begriffe beschreiben: die *Resistenz* und die *Resilienz*. Die *Resistenz* ist die Widerstandsfähigkeit und besagt, wie stark das System durch eine Störung ausgelenkt wirkt (zum Beispiel, wie viel Biomasse durch ein Feuer zerstört wird). Die *Resilienz* ist die Erholungsfähigkeit und benennt, wie schnell ein System wieder in den Ausgangszustand zurückkehrt (zum Beispiel, wie schnell die ursprüngliche Biomasse nach dem Feuer wieder erreicht wird).

Man kann sich gut vorstellen, dass viele verschiedene Arten auf Störungen viele verschiedene „Antworten" haben. Aber die Frage, ob dies auch für eine Stabilisierung sorgt, ist nicht einfach zu beantworten. Zunächst suggerieren die bisherigen Studien, dass Artenvielfalt die Resistenz nur selten beeinflusst: Mehr Vielfalt kann sowohl mehr resistente als auch mehr sensible Arten beinhalten. Eine extreme Trockenheit kann auch in sehr artenreichen Ökosystemen katastrophale Folgen haben, wenn nur wenige Arten trockenresistent sind. Die Resilienz scheint jedoch oft mit der Diversität zusammenzuhängen: Diverse Gemeinschaften erholen sich schneller, weil hier eine höhere Wahrscheinlichkeit besteht, dass mindestens eine Art vorhanden ist, die sich schnell regeneriert. Diese Tatsache bezeichnet der schwedische Wissenschaftler Thomas Elmqvist mit dem Begriff „Antwortdiversität" [3].

Die Erforschung von Stabilität geht weit über das Erfassen von Arten hinaus

Ein gutes Beispiel für einen immerwährenden dynamischen Prozess ist die Stabilität des tropischen Regenwaldes. Sie basiert auf der so genannten „Mosaikklimax". Demnach können alle Stadien der Sukzession (Entwicklung von Pflanzen- und Tiergesellschaften mit einem als Klimax bezeichneten Endpunkt) in einem mosaikförmigen Verteilungsmuster im gleichen Gebiet vorhanden sein. „Stabile" Ökosysteme im Sinne unveränderlicher „gesunder" Zustände gibt es also nicht. Stabilität entspricht in der Ökologie immer so genannten dynamischen Gleichgewichten und komplexe Systeme zeichnen sich durch ebenso komplexe innere Abhängigkeiten aus, wie das Regenwaldbeispiel zeigt.

Daher erweiterte die ökologische Forschung ihren Blick: Die Abhängigkeit der Funktion von Ökosystemen von ihrer Artenvielfalt ist in jüngerer Zeit ein vieldiskutierter Forschungsgegenstand. Funktionalität ist durch die Analyse der Artenzusammensetzung nur unzureichend charakterisierbar. Hinzu kommen daher Messungen der Biomasseproduktion, Nährstoffumsatzraten, CO_2-Produktion oder der Dekompositionsrate (die Geschwindigkeit, mit der abgestorbene organische Substanz zersetzt wird).

Das dynamische Gleichgewicht in Ökosystemen zu erhalten ist ein Grundpfeiler des Naturschutzes und auch der menschlichen Ökosystem-Nutzung. Fische zum Beispiel können nur dann eine dauerhafte Nahrungsquelle sein, wenn die gefangenen Fischbestände wieder nachwachsen – sich also „erholen". Die globale Überfischung der Meere allerdings ist das Sinnbild für den Verlust des dynamischen Gleichgewichtes. Überfischung, Erderwärmung, Verlust der Vielfalt: Wie kann Forschung helfen, die Konsequenzen des globalen Wandels von Lebensräumen einzuschätzen?

Die Deutsche Forschungsgemeinschaft (DFG) hat hierzu das Schwerpunktprogramm „Aquashift" ins Leben gerufen. Untersucht wurden die

Veränderungen der Artenvielfalt durch Erwärmung sowie die Konsequenzen für wichtige Ökosystemprozesse [4].

In einer ersten Teilstudie mit Langzeitlaborexperimenten wurden Phytoplanktongemeinschaften verschiedenen Temperaturen ausgesetzt, die wahrscheinliche Szenarien der kommenden Jahrzehnte widerspiegeln. Die Algen wurden für bis zu 300 Generationen solchen Bedingungen ausgesetzt. Die Temperaturerhöhung führte zu einem vermehrten Verlust von Arten, ein Ergebnis, das auch in einer Meta-Analyse von Experimenten gefunden wurde. Bei einer solchen Meta-Analyse werden bereits publizierte Studien unter einem neuen Gesichtspunkt gemeinsam ausgewertet. In diesem Fall wurden Ergebnisse aus Labor- und Freilandexperimenten hinsichtlich eines Erwärmungseffektes auf die Artenvielfalt untersucht. Hierbei zeigte sich, dass pro Grad Erwärmung im Schnitt etwa 3–4% der Arten verschwanden.

Ein weiteres durchaus spektakuläres Untersuchungsfeld im Rahmen von Aquashift war die Abwasserfahne eines schwedischen Atomreaktors in Küstennähe [5]. Seine Abwärme produziert einen Temperaturgradienten, der der vorausgesagten globalen Erwärmung des kommenden Jahrhunderts sehr nahe kommt. Auch hier wurden bodenlebende Mikroalgen, Makroalgen und Wirbellose untersucht. In diesem Fall war eine Zuwanderung von außen möglich, daher sank die absolute Artenzahl nicht. Allerdings kam es signifikant schneller zu einer Veränderung der Artenzusammensetzung – die Gemeinschaft war also bei höheren Temperaturen weniger stabil.

Diese Strukturveränderungen (weniger Arten, mehr Austausch) hatten jeweils auch eine Veränderung der funktionellen Stabilität zur Folge. Die Schwankungen der Produktionsleistungen der weniger stabilen Gemeinschaften nehmen ebenfalls zu, so dass der Schluss gezogen werden kann, dass eine strukturelle Destabilisierung auch mit einer weniger stabilen Funktion einhergeht.

Die räumliche Versicherung: Ein neuer Aspekt der ökologischen Forschung

Lebensräume sind keine hermetisch abgeschlossenen Systeme. Deshalb hängt die Artenzusammensetzung von Ökosystemen nicht nur von lokalen Prozessen wie Fraß oder Konkurrenz um Ressourcen ab. Auch die regionalen Austauschprozesse, also die Zu- und Abwanderung von Organismen bestimmen, in welcher Weise sich Diversität entwickelt oder aufrechterhalten wird.

Aufgrund der Austauschprozesse zwischen Habitaten zeigt auch die Erholungsfähigkeit von ökologischen Systemen starke räumliche Abhängigkeiten. Zerstörte Lebensräume werden wiederbesiedelt, wenn angrenzende Gebiete unberührt bleiben. Es existiert also gewissermaßen eine räumliche Versicherung gegenüber Störungen.

Experimente konnten das bereits belegen: Im Labor wurden Kulturgefäße mit definierten Lebensgemeinschaften miteinander verbunden, um den Austausch von Organismen zu gewährleisten. Einzelne dieser Gefäße wurden dann Störungen ausgesetzt (zum Beispiel durch kurzfristiges Erhöhen der Temperatur).

Solche Versuche zeigten, dass die Erholungsfähigkeit des gesamten Systems von der Stärke der Kommunikation zwischen den Einheiten abhängig ist. Je schneller und effektiver Organismen zwischen den Gefäßen wandern können beziehungsweise durch Strömung verteilt werden, desto schneller erholt sich das Gesamtsystem von Störungsereignissen. Dies betrifft sowohl die Wiederherstellung einer gewissen Artenvielfalt als auch das Wiedererlangen der Funktionsfähigkeiten.

Für das Management von Ökosystemen hat diese Erkenntnis Konsequenzen. Denn nur gefährdete Areale unter Schutz zu stellen, scheint zu kurz gegriffen. Um die Erholungsfähigkeit von beeinträchtigten Gebieten zu verbessern, müssen auch angrenzende Areale in Schutzmaßnahmen einbezogen werden. Ein bekanntes Beispiel hierfür ist der Nationalpark Schleswig-

Holsteinisches Wattenmeer, der sich über eine Fläche von 4410 Quadratkilometern zwischen Elbmündung und deutsch-dänischer Grenze erstreckt. Dieses Schutzgebiet ist in zwei unterschiedliche Schutzzonen aufgeteilt. Die Bezeichnung „Pufferzone" macht es deutlich: Um das vor der Öffentlichkeit weitgehend abgeschirmte Gebiet („Zone 1") herum liegt diese Pufferzone, in der nachhaltige Nutzung zwar möglich ist, Industriefischerei jedoch ebenso verboten wurde wie die militärische Nutzung. Die Einhaltung der Schutzmaßnahmen in Puffergebieten ermöglicht es den empfindlichen Reservatteilen, sich nach Störungen schneller und effektiver zu regenerieren.

Die Ausführungen zeigen, dass ökologische Forschung den Fokus nicht mehr auf die Erfassung von Artenvielfalt legen kann und dies auch schon lange nicht mehr tut. Diversität ist *ein* wichtiger Aspekt, wenn es um das Verständnis der Dynamik in ökologischen Gemeinschaften geht. Welche Bedeutung wird das Artensterben für unser Überleben haben und wie können wir der Zerstörung von Lebensgemeinschaften und -räumen entgegenwirken? Um der Beantwortung dieser eingangs gestellten Fragen näher zu kommen, muss noch mehr als bisher der Fokus auf die Wechselwirkungen zwischen Zusammensetzung (Artenvielfalt) und Funktion von Lebensgemeinschaften gerichtet werden, da diese die Grundlage für die Stabilität von Ökosystemen sind.

Literatur

[1] Yashi, S., Loreau, M. (1999) Biodiversity and ecosystem functioning in a fluctuating environment: the insurance hypothesis. *Proceedings of the National Academy of Sciences USA*, **96**, 1463–1468.

[2] Cottingham, K.L., Brown, B.L., Lennon, J.T. (2001) Biodiversity may regulate the temporal variability of ecological systems. *Ecology Letters*, **4**, 72–85.

[3] Elmqvist, T. Folke, C., Nyström, M. Peterson, G., Bengtsson, J., Walker, B., Norberg, J. (2003) Response diversity, ecosystem change, and resilience. *Frontiers in Ecology and the Environment*, **1**, 488–494.

[4] Hillebrand, H., Burgmer, T., Biermann, E. (2012) Running to stand still – temperature effects on species richness, species turnover, and functional community dynamics. *Marine Biology*, Online, DOI 10.1007/S00227-011-1827-2.

[5] Hillebrand, H., Soininen, J., Snoeijs, P. (2010) Warming leads to higher species turnover in a coastal ecosystem. *Global Change Biology*, **16**, 1181–1193.

13

Einzigartige und vielfältige Ökosysteme:

Biodiversität der Binnengewässer

Klement Tockner, Hans-Peter Grossart

Binnengewässer sind Zentren der biologischen Vielfalt, in ihrer Artenfülle vergleichbar mit Korallenriffen und tropischen Regenwäldern. Obwohl Seen und Flüsse nur knapp 1% der Erdoberfläche bedecken, beherbergen sie mehr als 10% aller bekannten Tierarten und ein Drittel aller Wirbeltiere. Diese Vielfalt ist jedoch durch die Einflussnahme des Menschen stärker gefährdet als die von den meisten anderen Ökosystemen. Ohne sofortige und umfangreiche Schutz- und Managementmaßnahmen werden wir diese einzigartige Biodiversität und die umfangreichen Ökosystemleistungen der Binnengewässer in den kommenden Jahrzehnten unwiederbringlich verlieren.

Binnengewässer umfassen Bäche, Flüsse, Seen, Tümpel, Feuchtgebiete und den Grundwasserkörper. Sie bilden mosaikartige oder lineare Le-

◄ Natürliche Flusslandschaften wie der Hooker River nahe des Mt. Cook Villages in Neuseeland sind heute durch menschliche Eingriffe (beispielsweise Flussbegradigungen und Eindämmungen) sehr selten geworden. Hier hat der Fluss noch seinen freien Lauf und bietet durch eine Vielzahl von Lebensräumen einer großen Anzahl von Süßwasserorganismen ideale Lebensbedingungen. Die Lebensvielfalt in unseren Fliessgewässern ist eine wichtige Grundlage zur Sicherung ihrer Ökosystemdienstleistungen. Zurzeit wird in Deutschland ein nationaler Strategieplan erarbeitet, der durch praktische Maßnahmen zum Erhalt der Biodiversität in unseren Binnengewässern beitragen soll.

bensräume in einer terrestrischen Matrix, integrieren und akkumulieren aufgrund ihrer Lage an der topografisch tiefsten Stelle in der Landschaft die vielfältigen Prozesse im Einzugsgebiet, dehnen sich aus und ziehen sich wieder zusammen und stehen in enger funktioneller Wechselwirkung mit ihrem Umland.

Weltweit bedecken etwa 300 Millionen Seen eine Fläche von 4,2 Millionen km^2. Hinzu kommen etwa drei Milliarden natürliche Kleingewässer mit weniger als einem Hektar Fläche [1]. Das globale Netzwerk aller Fließgewässer (per Definition sind das alle Gewässer mit einem mittleren Abfluss von mehr als 1 m^3/sec) umfasst eine Gesamtlänge von 7,56 Millionen km und nimmt eine Fläche von 360.000 km^2 ein [2]. Zählt man die kleineren Oberläufe und Zuflüsse hinzu, dann steigt diese Zahl um eine bis zwei Größenordnungen. Etwa 50% aller Fließgewässer fallen natürlicherweise periodisch trocken.

Zugleich nimmt die Zahl an künstlichen Gewässern stetig zu. Geschätzte 500.000 Stauseen mit einer Größe von über einem Hektar bedecken weltweit 507.000 km^2, was fast 1,5mal der Fläche von Deutschland (357.121 km²) entspricht. Ihr Speichervermögen beträgt insgesamt mehr als 8000 km^3 Wasser [2]. Zum Vergleich: Der Jahresabfluss des Rheins an der Mündung beträgt 60 km^3. Künstliche Tümpel nehmen eine Gesamtfläche von 70.000 km^2 ein, Tendenz stark

Die Vielfalt des Lebens: Wie hoch, wie komplex, warum? 1. Auflage. Herausgegeben von Erwin Beck
© 2013 WILEY-VCH Verlag GmbH & Co. KGaA. Published 2013 by Wiley-VCH Verlag GmbH & Co. KGaA

steigend. Mitteleuropa wird von 28.000 km Schifffahrtskanälen und -straßen durchzogen. Allein in Brandenburg sind circa 80% aller Fließgewässer künstlich angelegt, in erster Linie handelt es sich dabei um Entwässerungskanäle [3].

Trotz ihrer immensen Anzahl und Vielfalt bedecken die Binnengewässer nur etwa 1% der Erdoberfläche. Hinzugezählt werden müssen außerdem kontinentale Feuchtgebiete wie Moore, Auen und Sümpfe, die 12 bis 15 Millionen km^2 und somit etwa zusätzlich 3% der Erdoberfläche bedecken [1].

Zentren der biologischen Vielfalt

Von den weltweit knapp 30.000 Fischarten kommen 40% ausschließlich in Seen und Flüssen vor [4] (Tab. 1). Die relative Artendichte, das heißt die Anzahl an Arten pro Flächeneinheit, ist daher in den Binnengewässern um ein Vielfaches höher als am Land oder im Meer (Abb. 1).

Natürliche Flussauen sind außergewöhnlich dynamische, komplexe und vielfältige Ökosysteme [5] (Abb. 2). So zählen die Überschwemmungsgebiete des Flusses March entlang der österreichisch-slowakischen Grenze mit 28.000 Arten zu den artenreichsten Ökosystemen Europas [6]. In der Schweiz nehmen funktionsfähige Auen 0,26% der Landesfläche ein, was weniger als 5% ihrer ursprünglichen Ausdehnung entspricht. Jedoch sind 10% der landesweiten Fauna in ihrem Vorkommen auf Auen beschränkt und 40% aller Arten nutzen diese regelmäßig als Le-

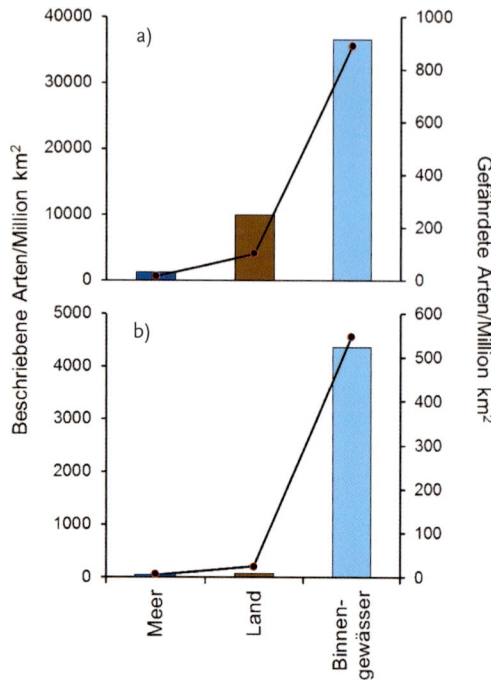

Abb. 1 a) Dargestellt ist die Anzahl beschriebener (Balken) und gefährdeter (Linie) eukaryoter Arten in den Weltmeeren, terrestrischen Ökosystemen und Binnengewässern, b) zeigt die bekannte Artenzahl und Gefährdung speziell von Wirbeltierarten. Bild: aus [16].

bensraum [7]. Flussinseln, Altarme, Mündungsbereiche und Totholzablagerungen schaffen besonders artenreiche Schlüsselhabitate. Zugleich stimulieren Pionierlandschaften wie Flussauen – aber auch nacheiszeitliche Seen und temporäre

Tab. 1 Tierarten in Oberflächengewässern (ohne Feuchtgebiete) und im Grundwasser, nach [4, 9].

Organismengruppe	Oberflächengewässer	Grundwasser (Stygobionten)
Insekten (Insecta)	75.908	18
Wirbeltiere (Vertebrata)	18.238	163
Krebstiere (Crustacea)	13.054	3400
Andere Stämme	7.227	116
Spinnentiere (Arachnida)	6.149	650
Weichtiere (Mollusca)	4.998	350
Ringelwürmer (Annelida)	1.761	78
gesamt	**127.749**	**4.775**

Abb. 2 Der Tagliamento-Fluss im Friaul (NO Italien) gilt als „König der Alpenflüsse", denn er bildet die letzte ungezähmte Flusslandschaft Mitteleuropas und ist damit als Referenzökosystem von kontinentaler Bedeutung [22]. Das Leibniz-Institut für Gewässerökologie und Binnenfischerei (IGB) unterhält dort eine kleine Forschungsstation bei Pinzano al Tagliamento. Bild: K. Tockner.

Fließgewässer – evolutive Prozesse und begünstigen somit die Entstehung der Biodiversität. Dieses evolutive Potenzial der Lebensräume bleibt bei der Planung von Schutz- und Managementmaßnahmen bisher noch weitgehend unberücksichtigt.

Ein nahezu unbekanntes Ökosystem ist der Grundwasserkörper. Geschätzte 50.000 bis 100.000 stygobionte Arten, also Arten, die ihren gesamten Lebenszyklus im Grundwasser verbringen, leben dort [8]. Hiervon sind bislang weniger als 10% beschrieben [9] (Tab. 1). Kennzeichnend für das Grundwasser ist außerdem ein außerordentlich hoher Anteil an Endemiten. Allerdings fehlen vielfach Informationen zur Autökologie und zu den ökologischen Funktionen der Grundwasserfauna.

Neuartige Lebensgemeinschaften

Die heute vielfach stark durch menschliche Eingriffe überformten Binnengewässer werden mehr und mehr von neuartigen Lebensgemeinschaften geprägt, die keine gemeinsame evolutionäre Entwicklung aufweisen. Entnimmt man eine Probe von der Stromsohle des Rheins oder der Donau, so sind bis zu 80% aller gefundenen Tiere nicht heimischen Ursprungs (zum Beispiel [10, 11]). In den Flüssen des mediterranen Raumes sind bis zu 60% aller Fische exotische Arten [12]. Fischbesatz, die Ausbreitung über ein dichtes Wasserstraßennetzwerk, gleichförmige Lebensräume sowie die klimabedingten Arealverschiebungen führen zur Vereinheitlichung der Süßwasserfauna und -flora.

Bisher ist kaum bekannt, welche Funktionen diese neuen Lebensgemeinschaften erfüllen und wie sie sich auf die Biodiversität sowie auf die Ökosystemleistungen der Binnengewässer auswirken. Wie formen sich neuartige Lebensgemeinschaften, was sind deren ökologische und evolutionäre Konsequenzen und welche Managementstrategien sind gefordert? Stimuliert die Durchmischung der Fauna und Flora längerfristig die lokale Artbildung und wird dadurch möglicherweise die Fähigkeit der Lebensgemeinschaften, sich an neuartige Umweltbedingungen anzupassen, sogar erhöht? Welche Lebensgemeinschaften können wir in 20 oder 50 Jahren in unseren Gewässern erwarten und wie können wir deren Entstehung beeinflussen? Die Beantwortung dieser grundlegenden wissenschaftlichen Fragen ist eine wesentliche Voraussetzung für die Erarbeitung eines nachhaltigen Wasser- und Gewässermanagements [13].

Ökosystemleistungen

Intakte Gewässerökosysteme erfüllen wie kaum ein anderer Lebensraum eine ganze Reihe von Leistungen für den Menschen (Tab. 2). Costanza und Mitarbeitende [14] waren die ersten, die den (monetären) „Wert" von Ökosystemen anhand ihrer Dienstleistungen errechnet haben. So leisten die Feuchtgebiete (im Mittel 14.800 US-$ pro Hektar), Flüsse und Seen (8.500 $ pro Hektar) ein Mehrfaches von marinen (580 $ pro Hektar) und terrestrischen Ökosystemen (800 $ pro Hektar). Hochgerechnet bedeutet dies, dass die Binnengewässer gemeinsam eine ökonomische Leistung von 22 Billionen US-$ pro Jahr erbringen, was mehr als der Hälfte aller globalen Ökosystemleistungen entspricht. Auch wenn diese Angaben mit großer Vorsicht zu bewerten sind, so zeigen sie doch den überproportionalen „Wert" der Binnengewässer. Die großen Herausforderungen bestehen nun einerseits darin, neben ökonomischen Werten auch ökologische und ethische Aspekte zu berücksichtigen, und andererseits Managementstrategien zu entwickeln, die nicht nur auf die Maximierung weniger Ökosystemleistungen setzen.

Gefährdete Paradiese

Die Binnengewässer zählen zu den weltweit am stärksten gefährdeten Ökosystemen. Der Rückgang ihrer biologischen Vielfalt ist um das zwei- bis sechsfache höher als in terrestrischen oder marinen Systemen [15, 16]. Endemische Arten sowie Arten mit einem komplexen Lebenszyklus wie Amphibien, aquatische Insekten und wandernde Fischarten sind besonders gefährdet.

Von den mehr als 120.000 beschriebenen Süßwasserarten sind bereits zwischen 10.000 und 20.000 Arten als ausgestorben oder stark gefährdet eingestuft [17]. Der Rückgang der biologischen Vielfalt ist jedoch womöglich noch viel höher als bisher angenommen, da gerade für die Binnengewässer belastbare Daten spärlich sind (siehe Infokasten zum Projekt „BioFresh" auf Seite 125).

Besonders dramatisch ist der weltweite Rückgang der so genannten Süßwasser-„Megafauna", zu der Süßwasserdelfine, Störe, Alligatoren und Seekühe zählen. So gelten für den Jangtse-Fluss (China) der Chinesische Flussdelfin Baiji (*Lipotes vexillifer*) – einst Göttin des Jangtse genannt – sowie der Chinesische Löffelstör (*Psephurus gladius*) als ausgestorben. Weitere charismatische Arten stehen im größten Fluss Südost-Asiens knapp vor dem Aussterben. Weltweit gelten von den 28 Störarten fast alle als stark gefährdet oder

Tab. 2 Ausgewählte Ökosystemleistungen der Binnengewässer

Bereitstellende Leistungen	Regulierende Leistungen
Wasser für Haushalt, Landwirtschaft und Industrie Wasser als Verkehrsweg und zur Energiegewinnung Biodiversität, Biomasse und Nahrung, genetische Ressourcen	Selbstreinigungskapazität, Grundwasseranreicherung Hochwasserschutz Erosionsschutz, Klimaregulierung

Unterstützende Leistungen	Kulturelle Leistungen
Nährstoffkreislauf, Nahrungsnetze Kohlenstoffsenke, Stickstoffrückhalt Widerstandsfähigkeit gegenüber Störungen Vernetzung von Lebensräumen	Erholung (u. a. Angeln, Sport, Tourismus), Ästhetik Spiritueller Wert, kulturelle Identifikation Bildung, Wissensvermittlung

vom Aussterben bedroht. In Europa laufen daher große Anstrengungen, die Restbestände des einst weit verbreiteten Europäischen Störes (*Acipenser sturio,* Abb. 3) zu sichern und ihn in seinem historischen Verbreitungsgebiet langfristig zu etablieren (siehe Infokasten auf Seite 126).

Europaweit ist die biologische Vielfalt im Mittelmeerraum (Iberische Halbinsel, Italien, Balkan und Türkei) besonders groß. Auf der Iberischen Halbinsel sind 45% der Fische und knapp 30% der Amphibien endemisch. Aufgrund der hohen Anzahl an Endemiten ist zugleich die Gefährdungssituation besonders hoch. So sind im Mittelmeerraum vermutlich bereits 22 Fischarten ausgestorben. Viele davon werden jedoch offiziell nicht unter diesem Status gelistet, obwohl sie trotz intensiver Suche seit Jahrzehnten nicht mehr nachgewiesen wurden

EU-Projekt BioFresh

Das von der Europäischen Kommission finanzierte Projekt „BioFresh" (Biodiversität der Süßwasserökosysteme: Status, Trends, Umwelteinflüsse und Schutzprioritäten) ist das bisher umfangreichste EU-Projekt zur Biodiversität der Binnengewässer. Bis 2014 werden hier die Kompetenzen von 18 Partnerinstitutionen weltweit gebündelt. „BioFresh" hat vier wesentliche Ziele:

• Etablierung einer Informationsplattform mit uneingeschränktem Zugang zu Fachinformationen zum Thema Süßwasser-Biodiversität
• Prognosen zu den Auswirkungen von vielfältigen Umwelteinflüssen auf die Süßwasservielfalt und die Ökosystemleistungen auf globaler, europäischer und regionaler Ebene
• Sensibilisierung von Wissenschaftlern, politischen Entscheidungsträgern und der Öffentlichkeit hinsichtlich der Dringlichkeit des Süßwasserartenschutzes
• Entwicklung innovativer Strategien zum Schutz der Artenvielfalt sowie zur Unterstützung von EU-Richtlinien und von internationalen Umweltabkommen.
Mehr Informationen im Internet unter www.freshwaterbiodiversity.eu

Kontakt: Prof. Dr. Klement Tockner und Dr. Jörg Freyhof, IGB, Berlin. E-Mail: tockner@igb-berlin.de

(J. Freyhof, IGB, persönliche Mitteilung). Für das Verschwinden von neun Arten ist beispielsweise die Invasion exotischer Arten verantwortlich, für das Aussterben vier weiterer Arten sind künstliche Wasserentnahme, Versalzung und Verschmutzung die Ursachen.

Es sind die einzigartigen Eigenschaften der Gewässer (siehe oben), die diese zu den weltweit am stärksten bedrohten Ökosystemen machen. Als Hauptursachen für den hohen Gefährdungsgrad gelten die Veränderungen des Wasserhaushaltes, die Belastung mit chemischen Problemstoffen, die fortschreitende Klimaänderung sowie die Ausbreitung und Etablierung exotischer Arten. Die wichtigste Ursache ist jedoch der quantitative und qualitative Verlust an Lebensraum [18, 19]. Dieser ist eine Folge des hohen menschlichen Nutzungsdrucks auf die Ressource Wasser, denn die Ufer der Gewässer sind seit Jahrtausenden ein bevorzugter Siedlungsraum.

Ein Vergleich der europäischen Flusseinzugsgebiete zeigt ein regional unterschiedliches Bild: In Nordeuropa sind Wasserkraftnutzung und Versauerung die wichtigsten Einflussfaktoren, in West- und Mitteleuropa Verbauung, Entwässerung und Landschaftsänderung, in Südeuropa Wassermangel, Fragmentierung und Ausbreitung exotischer Arten und in Osteuropa die Verschmutzung [12]. So leiten Millionenstädte wie Belgrad oder Bukarest ihre Abwässer immer noch weitgehend ungeklärt in die Vorfluter. Hinzu kommt der Klimawandel, der zu einer Verschiebung der Arealgrenzen und zu weiterem Artenverlust führen wird (zum Beispiel [20]).

Energie- und Klimakrise verschärfen zusätzlich den Druck auf die Ressource Wasser. Das zeigt sich im zunehmenden Konflikt zwischen erneuerbarer Energie, Wasserknappheit und Biodiversitätsschutz. Besonders die Bioenergieerzeugung und die Wasserkraftnutzung boomen derzeit. Rund 20% des weltweiten Elektrizitätsbedarfs wird aus Wasserkraft gedeckt. Das entspricht 3,4 Billionen Kilowattstunden (kWh) [21]. In den Entwicklungs- und Schwellenländern

Abb. 3 Der vom Aussterben bedrohte Europäische Stör (*Acipenser sturio*) ist eine Schirmart großer Flusssysteme. Derzeit laufen europaweit Anstrengungen zu seinem Schutz und zu seiner Wiedereinbürgerung (siehe auch den Infokasten unten). Bild: R. Gros.

sind erst 23% des nutzbaren Potenzials ausgeschöpft. So hat China ein noch nicht erschlossenes Potenzial von 1,4 Billionen kWh, Lateinamerika von 1,2 Billionen kWh und Afrika von 1 Billion kWh [21]. In Europa setzt man auf Klein- und Kleinstkraftanlagen, die insgesamt sehr wenig zur Energiesicherung beitragen, aber überproportional viele frei fließende und durchwanderbare Gewässerabschnitte „verbrauchen". Es ist eine globale Herausforderung, den Ausbau der Wasserkraft so umweltschonend und sozial verträglich wie möglich zu gestalten.

Management- und Schutzstrategien

Vorrangiges Ziel des Gewässermanagements sollte die Erhaltung der letzten noch naturnahen Flüsse und Seen sein. Sekundäre Lebensräume schaffen nur in Ausnahmefällen einen Ersatzlebensraum für den Verlust natürlicher Lebens-

---

Wiederansiedlung des Europäischen Störs – ein Projekt der Biodiversitätsstrategie des Bundes

Der Europäische Stör (*Acipenser sturio*) war bis Ende des 19. Jahrhunderts an fast allen europäischen Küsten und in den größeren Flüssen weit verbreitet. Gewässerverbauung und -verschmutzung und jahrzehntelange Überfischung führten zum Niedergang der Bestände. Jetzt ist die Art bis auf eine kleine Restpopulation in Frankreich ausgestorben. Störe benötigen wegen ihrer langen Lebensdauer, ihrer späten Geschlechtsreife und ihrer großräumigen Wanderungen besonderen Schutz.

Heute existiert ein „Nationaler Aktionsplan zur Arterhaltung und Wiederansiedlung des Europäischen Störs" [23], der als Grundlage für gewässerspezifische Managementpläne dient.

Das durch das Bundesamt für Naturschutz unterstützte Projekt zur Wiedereinbürgerung des Störes in Deutschland zeichnet sich durch seine Langfristigkeit, die frühe Einbindung aller Akteure und Nutzer, die Kooperation mit anderen europäischen Partnern sowie die international abgestimmte wissenschaftliche Begleitung aus. So sind Fischer und Angler aufgrund des ungewollten Beifangs von Stören genauso wichtige Partner wie die Wasserwirtschaft, die entsprechend der Anforderungen der europäischen Wasserrahmenrichtlinie das Ziel verfolgt, den ökologischen Zustand unserer Flüsse zu verbessern.

Beteiligte Institutionen in Deutschland: Bundesministerium für Umwelt, Naturschutz und Reaktorsicherheit; Bundesamt für Naturschutz; Leibniz-Institut für Gewässerökologie und Binnenfischerei; Gesellschaft zur Rettung des Störs; Bundesministerium für Bildung und Forschung; Landesforschungsanstalt für Landwirtschaft und Fischerei Mecklenburg-Vorpommern und Institut für Binnenfischerei e.V.

Kontakt: Dr. Jörn Gessner, IGB, E-Mail: sturgeon@igb-berlin.de.

räume. Auf europäischer Ebene verdienen die Flüsse im Mittelmeerraum, aber auch die nährstoffarmen Seen in Mitteleuropa höchste Priorität in der Entwicklung paneuropäischer Schutz- und Revitalisierungsprojekte.

Gefordert werden (1) eine stärkere Integration der Binnengewässer in ein zukunftsweisendes nationales und globales Biodiversitätsprogramm und (2) die Erstellung eines für die erfolgreiche Revitalisierung von Fließgewässern erforderlichen Managementkonzepts, einschließlich der Ausweisung von Referenzgewässern, die einen naturnahen Status beibehalten haben. Um den Rückgang der Biodiversität bis 2020 zu stoppen – gemäß den im Jahr 2010 in Nagoya (Japan) von der Völkergemeinschaft beschlossenen Zielen zur Umsetzung der Konvention über die biologische Vielfalt der Vereinten Nationen (CBD) – ist ein Aktionsplan „Gewässerbiodiversität Deutschland" dringend erforderlich.

Dieser Aktionsplan sollte wichtige offene Fragen in der angewandten Gewässerforschung aufgreifen: (1) Wie viel Wasser und in welcher Qualität benötigt ein Ökosystem, um wesentliche ökologische Funktionen wahrzunehmen und so einer Vielzahl von Arten einen Lebensraum zu bieten? (2) Was ist das Mindestmaß an erforderlicher räumlicher und zeitlicher Dynamik für eine tragfähige Entwicklung aquatischer Lebensgemeinschaften? (3) Wie eng muss die Kopplung zwischen terrestrischer und aquatischer Diversität sein, um trophische Interaktionen zwischen land- und wasserbürtigen Lebensgemeinschaften zu erhalten? (4) Welche Auswirkungen hat eine reduzierte Biodiversität auf zentrale ökosystemare Prozesse und umgekehrt? (5) Wie hoch ist der Grad der Umkehrbarkeit natürlicher und anthropogen veränderter aquatischer Ökosysteme und wie lässt sich dieser quantifizieren?

Diese Herausforderungen zeigen, dass wir eine exzellente Datenbasis sowie ein vertieftes Verständnis der komplexen Zusammenhänge in Gewässerlandschaften benötigen, um deren Biodiversität und grundlegende Ökosystemfunktionen dauerhaft zu sichern beziehungsweise wiederherzustellen.

Literatur

[1] Downing, J.A. (2009) Global limnology: up-scaling aquatic service and processes to planet Earth. *Verhandlungen des Internationalen Vereins Limnologie*, **30**, 1149–1166.

[2] Lehner, B., Liermann, C.R., Revenga C., Vorosmarty, C., Fekete, B., Crouzet, P., Doll, P., Endejan, M., Frenken, K., Magome, J. Nilsson, C., Robertson, J.C., Rodel, R., Sindorf, N., Wisser, D. (2011) High-resolution mapping of the world's reservoirs and dams for sustainable river-flow management. *Frontiers in Ecology and the Environment,* **9**, 494–502.

[3] Huttl, R.F., Emmermann, R., Germer, S., Naumann, M., Bens, O. (Hrsg.)(2011) *Globaler Wandel und regionale Entwicklung. Anpassungsstrategien in der Region Berlin-Brandenburg*, Springer, Heidelberg.

[4] Balian, E., Lévêque, C., Segers, H., Martens, K. (eds.) (2008) *Freshwater Animal Diversity Assessment. Developments in Hydrobiology 198*, Springer, Dordrecht.

[5] Tockner, K., Stanford, J.A. (2002) Riverine floodplains: present state and future trends. *Environmental Conservation*, **29**, 308–330.

[6] Kelemen, J., Oberleitner, I. (Hrsg.)(1999) *Fließende Grenzen. Lebensraum March-Thaya-Auen*, Umweltbundesamt, Wien.

[7] Rust-Dubie, C., Schneider, K., Walter, T. (2006) Fauna der Schweizer Auen. Eine Datenbank für Praxis und Wissenschaft. *Bristol-Schriftenreihe*, **16**, Basel.

[8] Culver, D.C., Holsinger, J.R. (1992) How many species of troglobites are there? *National Speleological Society Bulletin*, **54**, 59–80.

[9] Stoch, F., Galassi, D.M.P. (2010) Stygobiotic crustacean species richness: a question of numbers, a matter of scale. *Hydrobiologia*, **653**, 217–234.

[10] Scholl, F. (2000) *Das Makrozoobenthos des Rheins 2000*. Bericht Nr. 128-d. Internationale Kommission zum Schutz des Rheins (IKSR), Koblenz.

[11] Sommerwerk, N., Bloesch, J., Paunovic, M., Baumgartner, C., Venohr, M., Schneider-Jacoby, M., Hein, T., Tockner, K. (2010) Managing the world's most international river basin: the Danube River basin. *Marine and Fresh Water Research*, **61**, 736–748.

[12] Tockner, K., Uehlinger, U., Robsinson, C.T. (eds.) (2009) *Rivers of Europe*, Elsevier/Academic Press, San Diego, USA.

[13] Tockner, K., Gessner, J., Pusch, M.T., Wolter,C. (2012) Domestizierte Ökosysteme und neuartige Lebensgemeinschaften: Herausforderungen für das Gewässermanagement, in: *Wasserbezogene Anpassungsmaßnahmen an den Landschafts- und Klimawandel* (eds. Bens, O., Grünewald, U., Huttl, R., Kaiser, K., Knierim, A.) Schweizerbart'sche Verlagsbuchhandlung, Stuttgart. Im Druck.

[14] Costanza, R., d'Arge, R., de Groot, R., Farber, S., Grasso, M., Hannon, B., Limburg, K., Naeem, S., Neill, R.V., Paruelo, J., Raskin, R.G., Sutton, P., Van der Belt, M. (1997) The value of the world's ecosystem services and natural capital. *Nature*, **387**, 253–260.

[15] Ricciardi, A., Rasmussen, J.B. (1999) Extinction rates of North American freshwater fauna. *Conservation Biology*, **3**, 1220–1222.

[16] Strayer, D.L., Dudgeon, D. (2010) Freshwater biodiversity conservation: recent progress and future challenges. *J N Am Benthol Soc*, **29**, 244–258.

[17] Strayer, D.L. (2006) Challenges for freshwater invertebrate conservation. *J N Am Benthol Soc*, **25**, 271–287.

[18] Dudgeon, D., Arthington, A.H., Gessner, M.O., Kawabata, Z.I., Knowler, D.J., Leveque, C., Naiman, R.J., Prieur-Richard, A.-H., Soto, D., Stiassny, M.L.J., Sullivan, C.A. (2006) Freshwater biodiversity: importance, threats, status and conservation challenges. *Biological Reviews*, **81**, 163–182.

[19] Vorosmarty, C.J., McIntyre, P.B., Gessner, M.O., Dudgeon, D., Prusevich, A., Green, P., Glidden, S., Bunn, S.E, Sullivan, C.A., Reidy Liermann, C., Davies, P.M. (2010) Global threats to human water security and river biodiversity. *Nature*, **467**, 555–561.

[20] Hering, D., Schmidt-Kloiber, A., Murphy, J., Lucke, S., Zamora-Munoz, C., Lopez Rodriguez, M.J., Huber, T., Graf, W. (2009) Potential impact of climate change on aquatic insects: A sensitivity analysis for European caddisflies (Trichoptera) based on distribution patterns and ecological preferences. *Aquatic Sciences*, **71**, 3–14.

[21] World Bank (2010) Directions in hydropower – scaling up for development. *Water P-Notes*, Nr. 47.

[22] Tockner, K., Ward, J.V., Arscott, D.B., Edwards, P.J., Kollmann, J., Gurnell, A.M., Petts, G.E., Maiolini, B. (2003) The Tagliamento River: A model ecosystem of European importance. *Aquatic Sciences*, **65**, 239–253.

[23] Geßner, J., Tautenhahn, M., Borchers, T., v. Nordheim, H. (2010) *Nationaler Aktionsplan zum Schutz und zur Erhaltung des Europäischen Störs (Acipenser sturio)*. Bundesministerium für Umwelt, Naturschutz und Reaktorsicherheit und Bundesamt für Naturschutz, Bonn. Special Publication.

14

Pflanze-Bestäuber-Interaktionen:

Wie Blumen sprechen: das Ölblume-Ölbiene-Bestäubungssystem

Stefan Dötterl

Viele Blütenpflanzen müssen Bestäuber anlocken, die den Pollen auf weibliche Blütenorgane übertragen. Die Pflanzen sind also darauf angewiesen, dass ihre Bestäuber sie überhaupt finden und erkennen können. Doch durch welche Blütensignale locken sie ihre Bestäuber an – und empfinden Bestäuber die gleichen Blütensignale attraktiv wie wir Menschen? Bekannt ist, dass Pflanzen durch Blütenfarbe, -form und -duft auf sich aufmerksam machen. Über die relative Bedeutung der Signale weiß man jedoch wenig, ob also Aussehen und Duft die gleiche Bedeutung bei der Bestäuberanlockung haben oder ob doch eines wichtiger ist als das andere. Das sehr spezielle Ölblume-Ölbiene-Bestäubungssystem zeigt, welche Bedeutung einzelne Signale haben können.

Blütenpflanzen sind heutzutage die erfolgreichsten Landpflanzen und beeindrucken den Menschen besonders wegen ihrer Formen-, Farb- und Duftvielfalt. Knapp 90% der rund 350.000 beschriebenen Blütenpflanzen sind für ihre sexuelle Fortpflanzung auf eine Bestäubung durch Tiere angewiesen [1]. Diese Pflanzen können ohne die Bestäuber keine oder nur sehr eingeschränkt Samen bilden, würden also ohne tierische „Boten" nicht existieren. Nur etwa 10% der Blütenpflanzen verlassen sich darauf, dass der Wind ihre Pollen in die richtige Richtung weht.

Die wichtigsten Bestäuber sind Insekten und unter dieser Tiergruppe haben wiederum Bienen den größten Einfluss auf den Fortpflanzungserfolg vieler Blütenpflanzen. Bis auf sehr wenige Ausnahmen wie Aas und Fleisch fressende Bienenarten oder Arten wie z. B. die Honigbiene, die zum Teil zuckerhaltige Ausscheidungen von Läusen sammeln, ernähren sich Bienen im Larven- sowie Adultstadium ausschließlich von Blütenprodukten [2]. Sie sind auf Blütenpflanzen als Nahrungsgrundlage angewiesen, besuchen Blüten regelmäßig und fungieren deswegen als effektive Bestäuber [2]. Die Bestäubung erfolgt nicht aktiv, sondern passiv beim Sammeln oder Fressen der Blütenprodukte. Die wichtigsten Blütenprodukte sind Pollen und Nektar. Pollen dient den Bienen als Protein- und Nektar als Zuckerquelle und beides wird von den erwachsenen weiblichen Bienen sowohl gefressen als auch als Larvenfutter gesammelt. Doch nicht alle Bienen sammeln Nahrung für den Nachwuchs: Männli-

◀ Eine südafrikanische Ölbiene (*Rediviva neliana*) sammelt mit ihren Vorderbeinen fettes Blütenöl von einer Ölblume (*Corycium dracomontanum*). Von diesem hochspezialisierten Bestäubungssystem profitieren beide: Die Ölbienen erhalten einen im Vergleich zum Nektar deutlich energiehaltigeren Nährstoff für ihre Larven, die Ölblumen können sich darauf verlassen, dass ihre Bestäuber viele Blüten aufsuchen, um ihren Nährstoffbedarf zu tilgen.

Die Vielfalt des Lebens: Wie hoch, wie komplex, warum? 1. Auflage. Herausgegeben von Erwin Beck
© 2013 WILEY-VCH Verlag GmbH & Co. KGaA. Published 2013 by Wiley-VCH Verlag GmbH & Co. KGaA

Abb. 1 Ölblumen und Ölbienen der neu- (a–c) und altweltlichen Tropen (d). a) Eine *Chalepogenus parvus* Biene beim Sammeln von Blütenöl in der Blüte eines Weißbechers (*Nierembergia linariifolia*). b) Die Pantoffelblume (*Calceolaria* sp.) sezerniert Öl im Inneren der „Pantoffel". c) *Centris tricolor*, eine der buntesten Ölbienen der neuweltlichen Tropen, beim Nestbau. d) *Ctenoplectra australica* beim Ölsammeln in einer Bittergurkenblüte (*Momordica cochinchinensis*). Auf der Brust der Biene befindet sich rötlich gefärbter Pollen, in den Haarbürsten der Hinterbeine ein blutrotes Pollen-Öl-Gemisch. Bild d): Hanno Schaefer.

che Tiere fressen nur – und auch die parasitischen Kuckucksbienen, die ihre Eier in fremde Nester legen, profitieren vom Arbeitseinsatz der anderen.

Das Ölblume-Ölbiene-Bestäubungssystem

Ein besonderer Fall von Bestäubung und Nahrungserwerb ist das hochspezialisierte, weltweit verbreitete Ölblume-Ölbiene-Bestäubungssystem. Es sind Arten von sehr unterschiedlichen Pflanzen- und zwei Bienenfamilien beteiligt. Am artenreichsten ist Südamerika, wo 78% der beschriebenen Ölpflanzen und 85% der bekannten Ölbienenarten vorkommen. Das Ölblume-Ölbiene-Bestäubungssystem kommt aber auch in den gemäßigten Gebieten Nordamerikas und Eurasiens, den afrikanischen und asiatischen Tropen und in Südafrika vor (Abb. 1 und 2).

Die weltweit knapp 2000 bekannten Ölblumen gelten als Besonderheit unter den Blütenpflanzen. Sie produzieren in ihren Blüten meist anstelle von Nektar ein fettes Öl. Das Gewebe, welches das Öl abscheidet, wird als Elaiophor bezeichnet und befindet sich bei den zu den Ölblumen zählenden Pflanzengruppen an unterschiedlichen Stellen in den Blüten. Bei Elfenspornarten (*Diascia* spp., Braunwurzgewäch-

se), die in Europa teilweise als Gartenpflanzen kultiviert werden, wird das Öl zum Beispiel innerhalb von Spornen produziert (Abb. 2d, 3a), bei Gilbweiderricharten (*Lysimachia* spp., Primelgewächse) dagegen vor allem im Zentrum der schalenförmigen Blüten (Abb. 3b). Zusammengesetzt ist dieses Öl aus freien Fettsäuren, Mono-, Di- oder Triglyceriden [3]. Die Produktion von fetten Ölen in den Blüten führt zu einer starken Spezialisierung bei der Bestäubung. Blütenöl produzierende Pflanzen werden meist ausschließlich von den hochspezialisierten Ölbienen bestäubt. Von den weltweit 20.000 beschriebenen Bienenarten [2] haben sich nur etwa 380 [4] auf Blütenöle spezialisiert. Diese sammeln das Öl meist anstelle von Nektar als Larvenfutter [5]. Viele Bienenarten kleiden mit dem Öl auch einzelne Brutzellen aus, um sie vor Überschwemmung und Krankheitserregern wie z. B. Pilzen zu schützen [3]. Zum Sammeln verwenden die Bienen spezialisierte Haarstrukturen, mit denen das Öl kapillar aufgesaugt wird. Diese Haare befinden sich entweder an den Beinen (z. B. bei den Schenkelbienen, Abb. 2) oder an der Bauchseite des Hinterleibs (*Ctenoplectra*, Abb. 1d). Die Interaktion zwischen den Ölbienen und Ölblumen, die erstmalig von Stefan Vogel beschrieben wurde [5], ist sehr eng und beide

Abb. 2 Ölblumen und Ölbienen Europas (a, b) und Südafrikas (c, d). a) Die Schenkelbiene *Macropis fulvipes* beim Pollenfressen in einer Blüte des Punktierten Gilbweiderichs (*Lysimachia punctata*). b) Eine für Verhaltensbeobachtungen markierte Schenkelbiene beim Sammeln von Öl und Pollen in einer Gilbweiderichblüte. Beide Blütenprodukte werden zusammen in Bürsten an den Hinterbeinen ins Nest getragen. c) Die Orchidee *Corycium dracomontanum* und d) der Elfensporn *Diascia vigilis* (siehe auch Abb. 3) werden von südafrikanischen Ölbienen (*Rediviva* spp.) bestäubt, die zum Sammeln des Öls ihre stark verlängerten Vorderbeine (c, roter Pfeil: linkes Vorderbein) in die Blüten stecken.

Abb. 3 Der Elaiophor, das Öl abscheidende Organ: Bei a) Elfenspornarten (*Diascia* spp., siehe auch Abb. 2d) wird das Öl von schwarzen Drüsen an der Spitze von Spornen produziert. Der Sporn wurde zum Sichtbarmachen der Drüsen geöffnet. Bei b) Gilbweicharten (*Lysimachia* spp., siehe auch Abb. 2a, b) produzieren Drüsenhaare das Öl vor allem im Zentrum der Blüte (s. unterer Pfeil). Öldrüsen sind zum Teil aber auch am Rand der Blütenblätter zu finden (s. oberer Pfeil). Die Ausschnittsvergrößerung zeigt drei Drüsenhaare, von denen das rechte reichlich Öl bietet. Bild a): Günter Gerlach.

Partner sind unmittelbar aufeinander angewiesen. Diese enge Bindung dürfte für die Ölbienen sowie für die Ölpflanzen Vorteile gegenüber anderen Bestäubungsbeziehungen haben [3]. Der Vorteil für die sammelnden Bienen liegt darin, dass Öl, bezogen auf das Gewicht, doppelt so energiehaltig ist wie Nektar. Außerdem dürfte Blütenöl in der Brutzelle weniger anfällig für Pilzinfektionen sein.

Für die Pflanzen ist vorteilhaft, dass das Blütenöl bis auf sehr wenige Ausnahmen ausschließlich von Ölbienen genutzt wird. Pflanzen haben daher kein Problem mit „Öldieben", also Tieren, die das Öl sammeln, ohne dabei als Bestäuber zu fungieren. Derartige Diebstähle kommen bei Nektar produzierenden Pflanzen durchaus vor: Nektardiebe verschaffen sich „illegal" Zugang zum Nektar, indem sie zum Beispiel Blüten aufbeißen und den Nektar trinken oder sammeln, ohne im Gegenzug zu bestäuben. Auf den Fortpflanzungserfolg der Pflanzen können sie sich sehr negativ auswirken. Die starke Spezialisierung auf Ölbienen als Bestäuber dürfte, wie in anderen spezialisierten Bestäubungssystemen auch, zu einer großen Bestäubungseffizienz der Ölbienen führen. Um die eigene Reproduktion sicherzustellen, müssen Ölbienen eine große Anzahl an Blüten von Öl produzierenden Pflanzen besuchen. Ein Nachteil für Ölpflanzen sowie Ölbienen könnte jedoch sein, dass sie stark voneinander abhängig sind. Ein Verlust des einen Partners könnte auch zum Verlust des anderen Partners führen [3].

Wie finden die Ölbienen die Ölblumen?

Damit dieses Bestäubungssystem funktionieren kann, muss gewährleistet sein, dass Ölbienen zwischen Öl produzierenden Pflanzenarten und Arten, die dies nicht tun, unterscheiden können. Die Ölpflanzen müssen also über Signale verfügen, die spezifisch sind, von den Ölbienen erkannt werden und zur Wirtspflanzenfindung genutzt werden können. Ob Ölpflanzen in der Tat solche Signale haben und welche Signale letzt-

endlich eine Rolle spielen, wurde für ein Modellsystem untersucht: die Interaktion zwischen dem Punktierten Gilbweiderich (*Lysimachia punctata*; Primelgewächs) und der Schenkelbiene *Macropis fulvipes* (Melittidae). Beide Arten sind in Deutschland recht weit verbreitet. Die untersuchte Gilbweiderichart ist in vielen Gegenden wegen ihrer auffallend gelb gefärbten Blüten (Abb. 2a, b) eine beliebte Gartenpflanze. Um zu bestimmen, welche Rolle das Aussehen und der Duft des Punktierten Gilbweiderichs bei der Wirtsfindung der Schenkelbiene spielen, wurden Verhaltenstests mit entkoppelten Signalen durchgeführt. Dazu wurden den Bienen Blütentriebe in zwei verschiedenen Typen von Quarzglaszylindern angeboten. Bei einem Zylindertyp (schwarz lackiert, mit kleinen Löchern) konnten die Bienen Blütentriebe nur riechen, nicht aber sehen, beim anderen Typ (transparent, ohne Löcher) konnten die Bienen die Triebe nur sehen, nicht aber riechen [6, 7]. Die Ergebnisse dieses Experimentes waren sehr erstaunlich, denn trotz der auffälligen Blütenfarbe haben sich fast alle Bienen (22 Weibchen) für den Duft-Zylinder entschieden und nur ein Weibchen wurde von den visuellen Pflanzensignalen angelockt. Blütendüfte spielen daher bei der Interaktion zwischen dem Punktierten Gilbweiderich und der Schenkelbiene *M. fulvipes* eine bedeutende Rolle und sind wichtiger als das äußere Erscheinungsbild der Blüte [7]. Funktionslos sind die visuellen Signale aber nicht. Weiterführende Tests zeigten, dass die Schenkelbiene sie nutzt, um die Blüten zielgenau anzufliegen, nachdem sie durch Duft angelockt wurde. Bienen können die Farben und die Form von einzelnen Blüten typischerweise erst dann sehen, wenn sie bereits sehr nah sind (10–50 Zentimeter), während Duftstoffe zum Teil über sehr weite Strecken (einen Kilometer) gerochen werden können [8, 9]. Düfte sind oft spezifischer als visuelle Signale und sie reichen viel weiter – das könnte erklären, warum sich die Schenkelbienen bei der Wirtspflanzenfindung vor allem auf Duftstoffe verlassen.

Welche Duftstoffe gibt die Pflanze ab?

Detaillierte Duftstoffanalysen ergaben, dass Blütentriebe vom Punktierten Gilbweiderich mehr als 30 verschiedene Duftstoffe abgeben, der Blütenduft also aus einer komplexen Mischung besteht [10]. Wahrgenommen werden solche Duftstoffe von Bienen durch Chemorezeptoren, die sich auf ihren Fühlern, den Antennen, befinden. Bienen (und auch andere Bestäuber) können typischerweise aber nicht alle Stoffe riechen, die von den Blüten abgegeben werden, sondern haben nur für einen Teil davon Rezeptoren. Für die Anlockung von Schenkelbienen können nur diejenigen Duftstoffe als Signal dienen, die von den Bienen wahrgenommen werden können.

Es gibt eine elegante Methode, um diejenigen Stoffe aus einem komplexen Duftstoffgemisch zu bestimmen, die von den Bienen gerochen werden können und die daher als Signal fungieren: Bei der Gaschromatographie passieren die Duftstoffe eine dünne und im Inneren beschichtete Kapillarsäule aufgrund ihrer spezifischen Eigenschaften unterschiedlich schnell, werden dadurch aufgetrennt und anschließend detektiert.

Parallel dazu werden die aufgetrennten Stoffe zu einer Insektenantenne geleitet, die elektrisch verkabelt ist. Hat das Insekt Rezeptoren für einen bestimmten Duftstoff, so löst dieser Stoff elektrische Nervensignale aus, die gemessen werden können. Elektroantennographie-Messungen mit Blütenduft vom Punktierten Gilbweiderich und Antennen der Schenkelbiene *M. fulvipes* zeigten, dass die Antennen etwa zehn Blütenduftstoffe wahrnehmen können [9] (Abb. 4). Nur diese Stoffe sind Signale in diesem Bestäubungssystem und potenziell für die Anlockung der Schenkelbiene verantwortlich. Unter diesen elektrophysiologisch aktiven Stoffen gibt es sehr ungewöhnliche Blütendüfte, welche die Schenkelbiene nutzen könnte, um Wirtspflanzen zu finden [10].

Die beiden Hauptkomponenten im Gaschromatogramm können sogar wir riechen – für die Interaktion zwischen dem Punktierten Gilbweiderich und dieser Biene spielen sie jedoch keine Rolle. Denkbar wäre, dass sie eine andere Funktion haben, z. B. die Abwehr von potenziellen Blütenfressern.

Dieses Fallbeispiel zeigt, dass ein großer Aufwand betrieben werden muss, um die Interak-

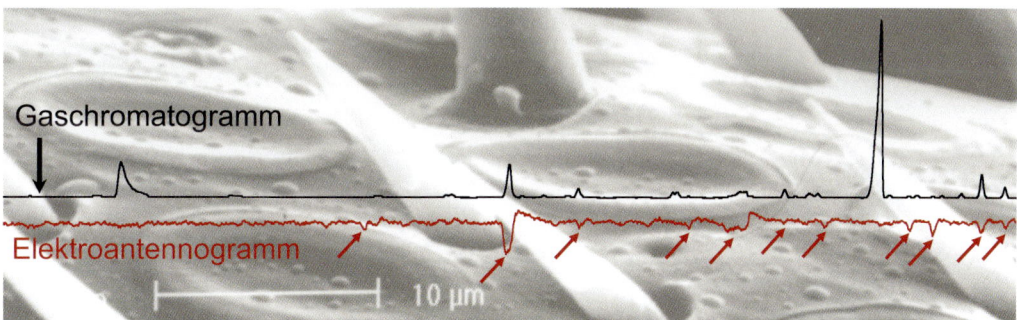

Abb. 4 Gaschromatogramm einer Blütenduftprobe vom Punktierten Gilbweiderich mit einem dazugehörigen Elektroantennogramm einer Antenne der Schenkelbiene *Macropis fulvipes*. Im Gaschromatogramm stellt jeder Ausschlag nach oben einen Stoff dar. Die Größe eines Ausschlages korreliert mit der Menge des Duftstoffes in der Duftprobe. Stoffe, die von *Macropis* gerochen werden können, lösen Spannungsänderungen in der Bienenan-

tenne aus. *Macropis* riecht nur einen Teil der Duftstoffe (mit Pfeilen markiert), vor allem solche, die in kleinen Mengen von den Blüten abgegeben werden.

Im Hintergrund eine rasterelektronenmikroskopische Aufnahme einer Antenne von *M. fulvipes*. Die ovalen und knapp 15 μm großen Porenplatten enthalten die Duftsinneszellen. Die schräg stehenden und spitz zulaufenden Haare sind Mechanorezeptoren.

tion zwischen Blütenpflanzen und deren Bestäubern zu verstehen. Es zeigt auch, dass die Schenkelbiene andere Signale des Gilbweiderichs attraktiv findet als wir Menschen. Es gibt wahrscheinlich niemanden, der den Punktierten Gilbweiderich in seinem Garten wegen seines Duftes und nicht wegen seiner Blütenpracht pflanzt.

Literatur

[1] Ollerton, J., Winfree, R., Tarrant, S. (2011) How many flowering plants are pollinated by animals? *Oikos*, **120**, 321–326.

[2] Michener, C.D. (2007) *The bees of the world*, 2nd edn, The John Hopkins University Press, Baltimore.

[3] Neff, J.L., Simpson, B.B. (2005) Rewards in flowers. Other rewards: oils, resins, and gums, in: *Practical Pollination Biology* (eds. A. Dafni, P.G. Kevan, B.C. Husband), Enviroquest Ltd., Cambridge, 314–328.

[4] Renner, S.S., Schaefer, H. (2010) The evolution and loss of oil-offering flowers: new insights from dated phylogenies for angiosperms and bees. *Philosophical Transactions of the Royal Society B*, **365**, 423–435.

[5] Vogel, S. (1971) Ölproduzierende Blumen, die durch ölsammelnde Bienen bestaubt werden. *Naturwissenschaften*, **58**, 58.

[6] Burger, H., Dötterl, S., Ayasse, M. (2010) Host plant finding and recognition by visual and olfactory floral cues in an oligolectic bee. *Functional Ecology*, **24**, 1234–1240.

[7] Dötterl, S., Milhreit K., Schäffler, I. (2011) Behavioural plasticity and sex differences in host finding of a specialized bee species. *Journal of Comparative Physiology A*, **197**, 1119–1126.

[8] Chittka, L., Raine, N.E. (2006) Recognition of flowers by pollinators. *Current Opinion in Plant Biology*, **9**, 428–435.

[9] Dötterl, S., Vereecken, N. (2010) The chemical ecology and evolution of bee-flower interactions: a review and perspectives. *Canadian Journal of Zoology*, **88**, 668–697.

[10] Dötterl, S., Schäffler, I. (2007) Flower scent of floral-oil producing *Lysimachia punctata* as cue for the oil-bee *Macropis fulvipes*. *Journal of Chemical Ecology*, **33**, 441–445.

Teil IV

Biodiversität extremer Habitate

15

Extreme terrestrische Habitate:

Biologische Krusten als Pioniere

Burkhard Büdel

Etwa 50 Millionen Quadratkilometer (ca. 30%) der Landoberfläche dieses Planeten sind Trockengebiete. Ein Großteil dieser Boden- und Felsflächen wird von biologischen Krusten bedeckt. Wie eine Art Haut überziehen Krusten in ganz unterschiedlicher Ausprägung die Erdoberfläche. Während biologische Krusten in den Trockengebieten der Erde ein regelmäßiges Landschaftselement sind, sind sie in anderen Klimaregionen überall dort vertreten, wo mikroklimatisch Trockenheit entweder im Tagesgang oder im Jahresverlauf ausgeprägt ist.

Biologische Krusten bestehen aus Cyanobakterien, Algen, Flechten, Mikropilzen und Moosen in unterschiedlicher Zusammensetzung und kommen in den obersten Schichten des Bodens sowie auf der Oberfläche von Felsen vor (Abb. 1). In der Antarktis und der Arktis, den Kältewüsten der Erde, sind biologische Krusten oft die einzige Lebensgemeinschaft auf Boden und Fels. Sie sind mit großer Wahrscheinlichkeit die ältesten terrestrischen Ökosysteme der Erde. Fossile Belege legen nahe, dass bereits vor circa 2,5 Milliarden Jahren matten- oder krustenähnliche Aufla-

◀ Das fädige Cyanobakterium *Petalonema alata* von einer Felsoberfläche in den Schweizer Alpen. Die Schleimhüllen sind trichterförmig ineinander geschachtelt, die inneren sind von dem Licht- und UV-Schutzpigment Scytonemin gelb gefärbt. Die Zellfäden sind grün und unterschiedlich dick (max. 12 µm).

gen auf ursprünglichen Böden ausgebildet waren [1]. Es kann angenommen werden, dass von Cyanobakterien gebildete biologische Krusten die Landoberfläche für fast zwei Milliarden Jahre dominierten, bis sich schließlich vor 600–500 Millionen Jahren erstmals pflanzliche Organismen an Land ausbreiteten.

Biologische Krusten spielen auch heute noch eine wichtige Rolle, denn sie schützen die Böden in den Trockengebieten der Erde vor Erosion und sorgen durch den Eintrag von Kohlenstoff und Stickstoff für Bodenfruchtbarkeit und Bodenregeneration. Sie spielen daher bei der Bekämpfung der Desertifikation – der „Verwüstung" von ohnehin schon sehr trockenen Gebieten – eine große Rolle.

Was sind extreme Habitate?

In der Regel verstehen wir Menschen unter extremen Habitaten all die Lebensräume, die für uns nicht zuträglich – also extrem belastend sind. Will man das biologisch genauer eingrenzen, könnte man sagen, dass all jene Habitate als „extrem" zu bezeichnen sind, an denen Lebewesen an die Grenzen ihrer Lebensmöglichkeiten kommen. Das können zum Beispiel sehr hohe Temperaturen sein (bis zu 70 °C), aber auch hohe Lichtmengen, denn auch pflanzliche Organismen können starke Einstrahlung nicht ohne

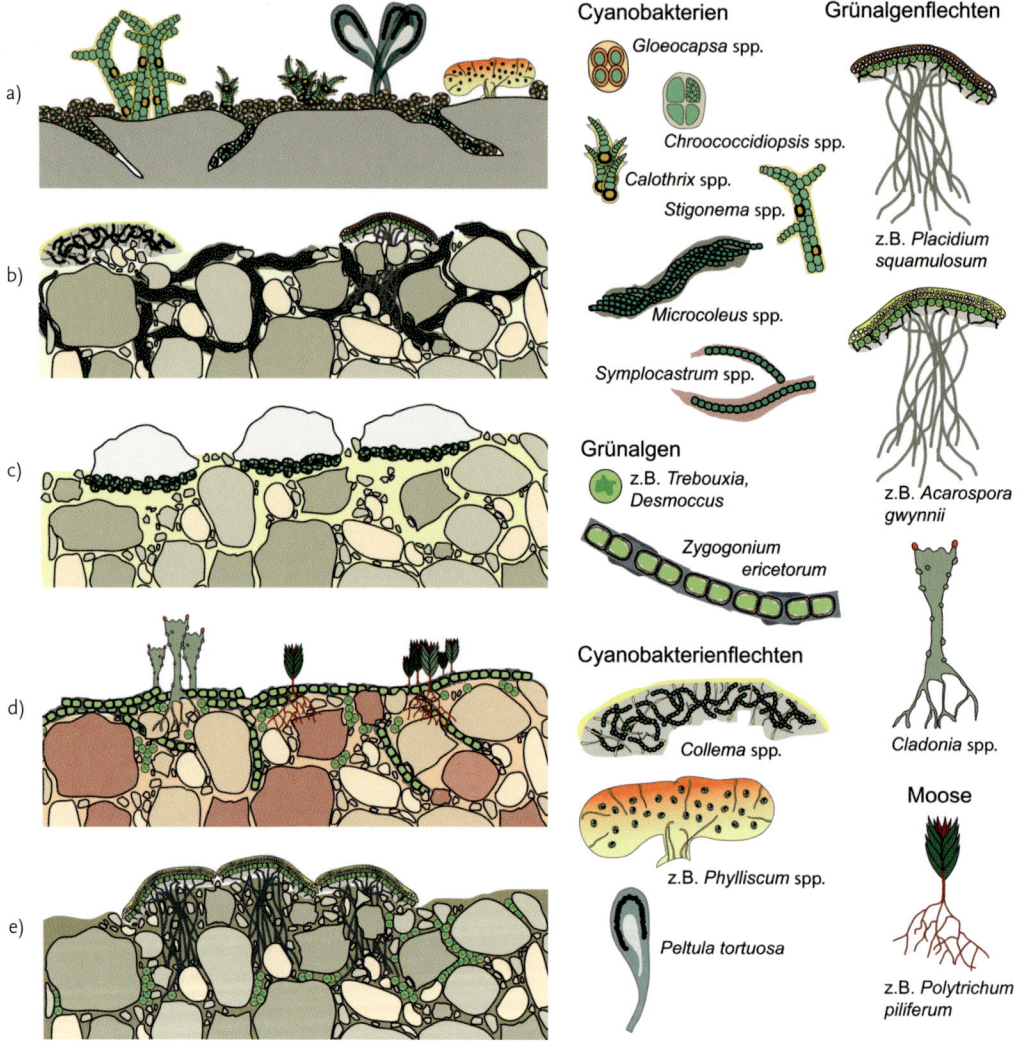

Abb. 1 Typen biologischer Krusten und ihre Bewohner: a) tropische Felskruste; b) Bodenkruste arider und semi-arider Zonen; c) hypolithische Kruste arider und semi-arider Zonen; d) Bodenkruste der temperaten Zonen; e) polare Bodenkruste.

besondere Schutzmechanismen schadlos überstehen. Die Enzym- beziehungsweise Eiweißausstattung „normaler" Organismen beginnt bei Temperaturen jenseits von circa 43 °C zu denaturieren. Daraus ergibt sich, dass die Definition „Extremhabitat" jeweils aus der Sicht der Organismen bewertet werden muss. In Grenzlebensräumen finden wir stets auch ein Inventar von speziell an die gegebenen Umweltbedingungen angepassten Organismen.

Auch bei uns sind solche Lebensräume zu finden. Zum Teil sind dies Relikte früherer, nacheiszeitlicher Klimaperioden, ganz wesentlich aber auch durch den Menschen geschaffene und durch eine entsprechende Bewirtschaftungsweise über Jahrhunderte offen gehaltene Lebensräume. Darauf und auf die speziellen Bewohner dieser Gebiete wird später noch eingegangen.

Leben zwischen Trockenheit und Überflutung

Eine sehr unregelmäßige Wasserversorgung, fehlendes oder nur in großer Tiefe vorhandenes Grundwasser lassen in der Regel ein Wachstum von Gefäßpflanzen ohne besondere Anpassungen nicht zu. In solchen Lebensräumen haben die Vertreter stammesgeschichtlich sehr alter Gruppen wie Cyanobakterien, Algen, Pilze, Flechten und Moose mit ihrer Fähigkeit, lange Trockenperioden zu überstehen, große Konkurrenzvorteile gegenüber Gefäßpflanzen und dominieren daher in der Regel. Da sie Wasser wie ein Schwamm passiv über die ganze Oberfläche aufnehmen, aber auch verlieren, werden sie als poikilohydrisch (wechselfeucht) bezeichnet (Abb. 2 a, b).

Wechselfeuchte Organismen vollführen zeitlebens eine Gratwanderung zwischen zu viel und zu wenig Wasser. Entweder ist über Tage, Wochen oder gar Monate kein oder nur wenig Wasser vorhanden, so dass weder Photosynthese noch Atmung aktiviert werden können, oder aber es regnet so stark, dass sich geschlossene Wasserfilme über den Organismen bilden, was einen geregelten CO_2-Gasaustausch verhindert. Obwohl Licht, Temperatur und Einquellungsgrad optimal wären, können Wasserfilme dann die CO_2-Diffusion so stark mindern (circa 8600-fach), dass die Photosynthese zum Erliegen kommt.

Oberflächennahes Mikroklima

Der Sonneneinstrahlung voll ausgesetzte Fels- und Bodenoberflächen tropischer und subtropischer Regionen stellen wegen der damit verbundenen hohen Temperaturen (bis zu 70 °C) und Trockenheit Extremlebensräume dar. In diesen Regionen werden Lichtstärken bis zu 2700 µmol Photonen/m² sec photosynthetisch aktives Licht (400–700 nm) gemessen, was nahe an dem theoretischen Maximum der Lichteinstrahlung auf der Erdoberfläche liegt. Zum Vergleich: An einem wolkenlosen Sommertag in Mitteleuropa misst man circa 1700 µmol Photonen/m² sec, in der klaren Luft der Antarktis dagegen bis zu 2500 µmol Photonen/m² sec. Entsprechend findet man Lichtschutzpigmente in den Zellwänden und Schleimhüllen der in solchen Habitaten lebenden Organismen. Die physiologisch größte Herausforderung für die Organismen dürften jedoch die zahlreichen Wechsel zwischen vollständiger Durchnässung und nahezu komplettem Austrocknen sein, was sogar mehrfach an einem Tag geschehen kann. Das andere Extrem stellt eine monatelange, manchmal sogar jahrelange Austrocknung dar. In allen Fällen müssen die Organismen ihren Stoffwechsel kontrolliert herunter- und wieder herauffahren, um zum Beispiel wichtige Enzymstrukturen zu schützen. Dabei handelt es sich um einen unter Umständen energieverzehrenden und daher „kostenintensiven" Prozess.

Verglasung als Austrocknungsschutz

Zwei Strategien sind mit der Austrocknungsfähigkeit auf physiologischer Ebene verbunden. Die eine Gruppe, zu der einige monokotyle Gefäßpflanzen gehören, baut mit der Austrocknung ihr Chlorophyll ab und benötigt daher auch länger für die Reaktivierung nach Wiederbefeuchtung (= poikilochlorophyllisch). Die andere Gruppe, zu der Cyanobakterien, Algen, Flechten und Moose gehören, behält ihr Chlorophyll (= homoiochlorophyllisch). Bei Letzteren entstehen während der Austrocknung bei gleichzeitiger Belichtung Sauerstoffradikale, welche den Photosyntheseapparat beschädigen können. Durch spezielle Enzyme werden diese Radikale unschädlich gemacht. Ein zusätzlicher Schutz ist die Produktion von Zuckern wie zum Beispiel Saccharose und Trehalose, die im trockenen Zustand aushärten und als eine Art „biologisches Glas" Zellstrukturen wie beispielsweise Membranen und Proteine stabilisieren. Eine detaillierte Übersicht hierzu findet sich in dem Band 215 der Buchreihe „Ecological Studies" [2].

Felsoberflächen

Im Bereich der dauerfeuchten Tropen bis in die Feuchtsavannen hinein sind Felsoberflächen in der Regel schwarz gefärbt, obwohl es sich bei den Gesteinen zumeist um helle Granite oder Sandsteine handelt. Hier bilden Cyanobakterien zusammen mit schwarz oder olivgrün gefärbten Mikroflechten dichte Beläge auf den Gesteinsoberflächen von Inselbergen und anderen Felsflächen (Abb. 1a, 2a–c). Diese Felsoberflächen erreichen im trockenen Zustand Temperaturen von bis zu 65 °C. Zu den spektakulärsten Beispielen von Cyanobakterienkrusten gehören die Tafelberge (Tepuis) des Guyanaschildes in Südamerika. Die biologischen Krusten, welche die nackten Felsoberflächen dieser Tafelberge überziehen, bestehen überwiegend aus Cyanobakterien und enthalten bis zu 0,21 g Chlorophyll/m² Felsoberfläche (was sehr viel ist, wenn man bedenkt, dass beispielsweise ein Buchenblatt mit 0,3–0,5 g Chlorophyll/m² in der gleichen Größenordnung liegt). Nach jedem Regenfall wird die Photosynthese aktiviert. Beim Austrocknen wenige Stunden später kommt sie wieder zum Erliegen – ein Prozess, der sich nahezu täglich wiederholt.

Mit dem Übergang in die trockeneren Savannen und Halbwüsten ändert sich die Farbe der Felsoberflächen in ocker-braun (Abb. 2d). Dies wird zum einen durch oberflächliche Oxidation der Eisenbestandteile im Gesteinsmineral und zum anderen durch eine dominante Besiedlung mit quadratmetergroßen „Teppichen" von braun bis olivgrün gefärbten Cyanobakterien-Mikroflechten bewirkt (Abb. 2e). Cyanobakterien selbst finden wir meist nur noch wenige Millimeter unter der Oberfläche in der Gesteinsmatrix sowie in feinen Rissen und Spalten des Gesteins (= endolithisch, Abb. 2f). Der Übergang vom braunen zum schwarzen Inselberg findet bei einer jährlichen Niederschlagssumme von etwa 1000 mm statt, abhängig von Höhenlage und Anzahl der Niederschlagsereignisse. Etwa 70 Cyanobakterien- und 150 eukaryotische Algenarten, circa 50 Cyanobakterien-Flechtenarten und eine bisher unbekannte Zahl von Grünalgen-Flechten (über 200) kommen in den biologischen Krusten der Insel- und Tafelberge vor [3–5]. Auch in den gemäßigten und nördlichen Klimazonen der Erde sind Felsoberflächen in feuchteren Lagen dicht von Krusten aus Algen, Flechten und Moosen besiedelt. Besonders widerstandsfähige Algen und Flechten sowie Moose besiedeln die Oberflächen von Bauwerken auch in großen Siedlungsräumen (Abb. 3).

Bodenkrusten

Biologische Bodenkrusten (BSC = *Biological Soil Crusts*) sind lange ein Stiefkind der Wissenschaft gewesen. Mit der Monographie über BSC [6] wurde ein bis heute anhaltender Forschungsboom ausgelöst.

Abb. 3 Die gelbe Grünalgenflechte *Psilolechia lucida* ▶ bildet oft großflächige Beläge an Natursteinmauern. Hier: Rienecker Schloss in Lohr am Main.

Abb. 4   a) Diamond Hill, Darwin-Gletscher-Region, Transantarktisches Gebirge, Antarktis, 80° südlicher Breite. Eisfreie Region mit den bisher am weitesten im Süden gefundenen biologischen Bodenkrusten (Hintergrund, im Vordergrund Felsblöcke mit endolithischen Flechten und Cyanobakterien).
b) Biologische Bodenkrusten, die im Wesentlichen aus der Grünalgen-Flechte *Acarospora gwynnii* und wenigen Grünalgenarten aufgebaut sind.
c) *Acarospora gwynnii*, Antarktis.

d) Mainfränkische Trockenrasen bei Karlstadt am Main, Nordwestbayern, durch Nutzung offen gehaltene Flächen über Muschelkalk.
e) *Nostoc commune*, ein fädiges, kosmopolitisches Cyanobakterium, das große Lager auf den Böden in Trockenzonen ausbildet, Trockenrasen, Auvergne, Frankreich.
f) Bunte Erdflechtengesellschaft, mainfränkische Trockenrasen mit den charakteristischen Grünalgen-Flechtenarten *Fulgenisa fulgens* (gelb), *Psora decipiens* (braunrot), und *Toninia sedifolia* (grau, „mohnstreuselartig").

Biologische Bodenkrusten sind in allen terrestrischen Großlebensräumen der Erde zu finden, ausgeprägte Wälder bilden eine Ausnahme (Abb. 4 und 5). In den tropischen Feuchtsavannen leben BSC zwischen einzelnen Grashorsten als schwarze oder rotbraune Überzüge. In Trocken- und Dornbuschsavannen sowie in Halbwüstenregionen bilden sie in der spärlichen Grasvegetation größere zusammenhängende Flächen. Einzig hyperaride Wüsten wie beispielsweise die Zentralsahara sind frei von Bodenkrusten. Hier finden wir nur noch hypolithi-

sche, das heißt unter der Oberfläche von lichtdurchlässigem Gestein wachsende Krusten (Abb. 1c, 6), die überwiegend aus Cyanobakterien und Algen, manchmal aus Flechten- und Moosarten bestehen.

In der klimatisch gemäßigten (temperaten) Zone der Erde, zu der auch große Teile Europas gehören, finden wir biologische Krusten entweder als Initialstadien der Sukzession nach Störungen (zum Beispiel nach einem Waldbrand oder Straßenbau) oder auf Sonderflächen wie beispielsweise Heiden und Steppenrelikten (bei-

Abb. 5 *Tortula ruralis*, ein typisches Laubmoos europäischer Trockenrasengesellschaften, mit *Nostoc commune* (Pfeil), mainfränkische Trockenrasen bei Gössenheim, Nordwestbayern.

Abb. 6 Hypolithisches Moos, das auf der Unterseite lichtdurchlässiger Quarzkiesel lebt, die in den Boden eingebettet sind. Ein Quarzstein wurde aus dem Bett herausgenommen und umgedreht. Deutlich sind die Cyanobakterien (blaugrüner Belag auf dem Stein) zu erkennen. Die Laubmoose säumen das Steinbett (Pfeile); Søndre Strømfjord, Kangerlussuaq, Westgrönland.

spielsweise Mainfränkische Trockenrasen [7], Schwäbische Alb oder aufgelassene Truppenübungsplätze wie die Mehlinger Heide). Hier sind BSC überwiegend aus Cyanobakterien, Grünalgen, Flechten und Moosen und manchmal auch Zwerggräsern zusammengesetzt (Abb. 1d, 4d–f, 5). Hohe Artenzahlen werden hier nicht so sehr bei den Cyanobakterien, sondern vielmehr bei Grünalgen, Flechten und Moosen erreicht.

In den polaren Kältewüsten der Arktis und Antarktis steht Wasser häufig nur noch kurzfristig als Schmelzwasser nach Schneefall oder als Tau [8] dort zur Verfügung, wo durch direkte Sonneneinstrahlung die Temperatur über den Gefrierpunkt geht. Dort bilden BSC die letzte in diesen hohen Breiten noch vorkommende Lebensgemeinschaft (Abb. 1e, 4a–c).

Literatur

[1] Watanabe, Y., Martini, J.E.J., Ohmoto, H. (2000) Geochemical evidence for terrestrial ecosystems 2.6 billion years ago. *Nature*, **408**, 574–578.

[2] Lüttge, U., Beck, E., Bartels, D. (2011) *Plant desiccation tolerance*. Ecological Studies 215, Springer Verlag, Heidelberg.

[3] Büdel, B., Lüttge, U., Stelzer, R., Huber, O., Medina, E. (1994) Cyanobacteria of rocks and soils of the Orinoco lowlands and the Guayana uplands, Venezuela. *Botanica Acta*, **107**, 422–431.

[4] Porembski, S., Barthlott, W. (2000) *Inselbergs: Biotic diversity of isolated rock outcrops in tropical and temperate regions*, Ecological Studies 146, Springer Verlag, Heidelberg.

[5] Kaštovský, J., Fučíková, K., Hauer, T., Bohunická, M. (2011) Microvegetation on the Top of Mt. Roraima, Venezuela. *Fottea*, **11**, 171–186.

[6] Belnap, J., Lange, O.L. (2003) Biological soil crusts, structure, function, and management. Ecological Studies 150, Springer Verlag, Heidelberg.

[7] Hahn, S., Speer, D., Meyer, A., Lange, O.L. (1989) Photosynthetische Primärproduktion von epigäischen Flechten im „Mainfränkischen Trockenrasen". *Flora*, **182**, 313–339.

[8] Büdel, B., Bendix, J., Bicker, F.R., Green, T.G.A. (2008) Dewfall as a water source frequently activates the endolithic cyanobacteria communities in the granites of Taylor Valley, Antarctica. *Journal of Phycology*, **44**, 1415–1424.

16

Zur Vielfalt des Lebens an den Polen:

Leben im und unter dem Eis

Antje Boetius, Julian Gutt, Elisabeth Helmke, Bettina Meyer

Das Leben im und unter dem Eis der Polarmeere gibt uns noch immer viele Rätsel auf – wir bezeichnen eisige Lebensräume als „extrem" und wundern uns über die besonderen Anpassungen von Mikroorganismen, Pflanzen und Tieren sowie einiger menschlicher Kulturen an die gefrorene Umwelt. Die ersten Polarforscher riskierten ihr Leben, um in die eisigen Welten vorzudringen. Mittlerweile scheint eher der Mensch die Natur als die Natur den Menschen zu bedrohen. Das Eis der Polarregionen – besonders der Arktis – schwindet durch die globale Erwärmung wesentlich schneller als vorhergesagt. Die Zukunft der eisbedeckten Lebensräume und ihrer Bewohner ist ungewiss.

Eisige Lebensräume mit jährlichen Durchschnittstemperaturen unter 0 °C umfassen ungefähr ein Viertel der Landfläche der Erde und ein Zwanzigstel des Ozeanvolumens. Heute bereisen immer mehr Forscher, Touristen und Abenteurer die Polarregionen. Sie nutzen Schiffe, Flugzeuge, Hubschrauber, U-Boote und Eisstationen; aber sie staunen nach wie vor über die Fremdheit dieser Umwelt – genauso wie die ersten Polarforscher.

Arktische und antarktische Lebensräume im Kurzprofil

Die Erde hat zwei Polarregionen – die Arktis um den Nordpol und die Antarktis um den Südpol. Beide umfassen je circa 25 Millionen km² Erdoberfläche und eine Vielzahl von Lebensräumen im Meer und an Land, nämlich alle, die nördlich oder südlich der Polarkreise bei 66°N oder S liegen. Arktis und Antarktis sind durch begrenzte Sonneneinstrahlung, extreme atmosphärische Temperaturschwankungen, Winterdunkelheit und permanente Vereisung charakterisiert – und doch sehr verschieden. So sind Eisbären (Abb. 1) die Ikonen des arktischen Ökosystems und Pinguine die der Antarktis. Bis ins 20. Jahrhundert hinein spekulierten Wissenschaftler und Abenteurer, ob in der Arktis ein unbekannter Kontinent zu finden wäre – heute wissen wir, dass der eurasische und amerikanische Kontinent einen tiefen Ozean umschließen. Auch der antarktische Kontinent wurde erst Anfang des 19. Jahr-

◄ Wie ist Leben im und unter dem Eis möglich? Was lebt dort und wie übersteht es die eisigen Temperaturen, die lange Winterdunkelheit und die enormen Schwankungen in der Nahrungsverfügbarkeit und den Lebensbedingungen? Was werden wir zukünftig noch unter dem Eis entdecken und wie gehen wir damit um, dass mit dem Abschmelzen des Eises enorme Gas- und Ölvorräte sowie andere Bodenschätze der Erschließung zugänglich werden? Unsere Aufnahme zeigt den deutschen Forschungseisbrecher „Polarstern" am antarktischen Drescher-Inlet, im Vordergrund Kaiserpinguine (*Aptenodytes forsteri*), die zu den bekanntesten Pinguinarten der Antarktis zählen. Bild: Joachim Plötz, AWI.

Die Vielfalt des Lebens: Wie hoch, wie komplex, warum? 1. Auflage. Herausgegeben von Erwin Beck
© 2013 WILEY-VCH Verlag GmbH & Co. KGaA. Published 2013 by Wiley-VCH Verlag GmbH & Co. KGaA

Abb. 1 Eisbär in der hohen Arktis. Bild: Mario Hoppmann, AWI; Polarsternexpedition ARK26-3 2011.

hundert entdeckt, in der Hoffnung ein südliches Paradies „Terra australis" zu finden. Beide Polarregionen bergen besonders unterhalb der permanenten Eisdecke riesige unerforschte Lebensräume, von deren Organismenwelt wir wenig wissen. In der Arktis sind vor allem die eisbedeckten, bis zu 5000 Meter tiefen Becken unbekannt, denn aus ihnen wurden bislang kaum Proben geborgen. In der Antarktis sind es die mit schwimmendem Meereis bedeckten Gebiete, die sich in manchen Bereichen über Hunderte von Kilometern vor dem Kontinent ins Meer erstrecken und in die noch kein Forschungsschiff oder Tauchboot vordringen konnte.

Die Antarktis ist eines der ältesten und größten in sich geschlossenen Ökosysteme der Erde, in dem neben Australien, Neuseeland und Südafrika vermutlich die meisten endemischen Arten beheimatet sind. Sie ist seit gut 25 Millionen Jahren der kälteste, windigste und trockenste Kontinent der Erde, daher war sie vor der Errichtung dauerhafter Forschungsstationen unbewohnt. Heute leben auf diesen Stationen circa 1000 Polarforscher. Der antarktische Kontinent wird vom so genannten Zirkumpolarstrom umkreist. Das Absinken kalter schwerer Wassermassen in die Tiefe bildet das Herz der globalen Ozeanumwälzung, die entscheidend für das Klima und die Wärmeverteilung auf der Erde ist.

Die Erderwärmung wirkt sich in der Antarktis sehr unterschiedlich aus. Einerseits zählt die antarktische Halbinsel zu den sich am schnellsten erwärmenden Regionen auf unserer Erde, andere Gebiete kühlen dagegen ab und gewinnen an Meereis [1]. Der größte menschliche Eingriff in das antarktische Ökosystem war bisher der Walfang des 20. Jahrhunderts. Über 95% der Walbestände wurden in wenigen Jahren vernichtet, bis es durch den Zweiten Weltkrieg zu einem Ende des Walfangs und danach zu seiner Regulierung kam. Doch bis heute sind einige Walarten sehr selten geblieben. Wie das Leben im antarktischen Ozean vor dem Zusammenbruch des Walbestandes aussah, bleibt ein Rätsel. Andere charismatische Tiere der Antarktis sind die Robben (Hunds- und Ohrenrobbe) und die verschiedenen Pinguinarten, beispielsweise die Adelie- und Kaiserpinguine. An Land gibt es ansonsten nur wenige große Tiere, einige Seevögel wie den Königsalbatros, und nur wenige Blütenpflanzen wie die Schmiele, ansonsten Algen, Moose und Flechten. Und dennoch wimmelt es in der Antarktis von unbekanntem Leben. Eine unglaubliche Vielfalt an Kleinstlebewesen bleibt zu entdecken – in den antarktischen Böden, im und unter dem Eis, im Ozean und vor allem am Meeresboden. So fand die Forscherin Angelika Brandt von der Universität Hamburg während des Census of

Marine Life Projektes ANDEEP während weniger Expeditionen 700 neue Arten von wirbellosen Tieren in Wassertiefen von 800 bis 6000 Metern am Meeresboden des Weddell Meeres [2].

Um der Gefahr der Überfischung im Südlichen Ozean entgegenzuwirken, wurde 1982 die Konvention zum Schutz der lebenden Meeresressourcen der Antarktis (CCAMLR) geschlossen. Es ist ein erster vorbeugender Ansatz für eine nachhaltige Fischereiwirtschaft und den Schutz mariner Lebensräume. Zusätzlich gelten die Konvention zur Erhaltung der antarktischen Robben, die Regeln des Wissenschaftlichen Komitees für Antarktisforschung (SCAR) sowie der Internationalen Walfangkommission (IWC). Der Einfluss des sich verändernden Klimas auf die Meeresressourcen muss in zukünftigen Schutzkonzepten berücksichtigt werden. Gerade in der heutigen Zeit stark unterschiedlicher ökologischer und ökonomischer Interessen werden auf der einen Seite immer mehr Schutzgebiete ausgewiesen, auf der anderen Seite gibt es aber auch Initiativen, den Umwelt-, Natur- und Artenschutz in der Antarktis und angrenzenden Meeresgebieten zu lockern. An der Spitze der Fangmengen im Südozean steht seit den 1970er Jahren der Krill – kleine planktische Krebschen vor allem der Art *Euphausia superba*, die als Nahrungsmittel, Fischfutter oder für pharmazeutische Produkte genutzt werden. Dann folgt der Schwarze Seehecht (*Dissostichus eleginoides*) – Schätzungen zufolge lagen die illegalen Fangquoten speziell dieser Fischart in den vergangenen Jahren bis zu zwölfmal höher als die genehmigten, so dass der Bestand durch Überfischung gefährdet sein könnte.

Die Arktis ist seit 40 Millionen Jahren zumindest teilweise eisbedeckt, wie neuere geologische Bohrungen zeigen. Seit der Öffnung der tiefen Framstraße zwischen Grönland und Norwegen vor circa 17 Millionen Jahren bildete sich eine Verbindung zum atlantischen Tiefenwasser mit wichtigen Konsequenzen für Klima, Wärmetransport und Belüftung der Tiefsee. In der Arktis gibt es bisher kaum Schutzgebiete – sie beschränken sich auf Inseln wie Nordspitzbergen (zu Norwegen), Franz-Josef-Land (Russland), die Ellesmere-Insel (Kanada) und Nordostgrönland. Einen enormen Fischreichtum an Lachs- und Kabeljauartigen gab es in der sommerlichen Eisrandzone um Alaska, Kanada, Grönland und in der Norwegensee, doch aufgrund des hohen Fischereidruckes in den 1970er Jahren ist der Ertrag überall stark zurückgegangen. Im zentralen Arktischen Ozean spielt Fischerei aufgrund der recht geringen Produktivität bisher keine wesentliche kommerzielle Rolle, doch leben dort seit mindestens 14.000 Jahren Menschen von der Jagd auf Fisch, Robben und andere Meeressäuger – heute sind es über eine Million Menschen, deren Geschichte und Kultur sich auf diese und andere Naturressourcen der Arktis beziehen. Noch bleibt das Land um den Arktischen Ozean herum eine dünn besiedelte Region, die nördlichste Stadt der Welt ist Longyearbyen auf Spitzbergen bei 78°N. Eine kürzlich herausgegebene Studie des International Union for Conservation of Nature and Natural Resources (IUCN) schlägt eine Reihe von Schelfgebieten um Kanada, Alaska, Russland, Norwegen und Grönland herum zur Einrichtung von Schutzgebieten vor. Diese Lebensräume sind kritische Rückzugsgebiete für eine enorme Vielfalt von Vögeln (beispielsweise Eiderenten, Albatrosse, Lumme, Wildgänse), Walrosse, verschiedene Walarten, Robben, Seehunde und Eisbären sowie einige Fische wie den Arktischen Dorsch und die Äsche. Zumindest an den Schelfen drohen Interessenskonflikte durch den Rückgang des Eises, der industrielle Aktivitäten wie Schiffsverkehr, Fischerei, Öl- und Gasexploration begünstigt.

Die unvorhergesehen rasche Erwärmung und der Eisrückgang in der Arktis beschäftigen derzeit viele Forscher. Ein Drittel aller Küsten weltweit liegen im arktischen Permafrost – durch Erosion beim Auftauen der Permafrostböden und Anstieg des Wasserspiegels werden erhöhte Einträge an Sediment, Kohlenstoff und Schadstoffen zu einer schnellen Veränderung der arktischen Küstenmeere führen. Die eisbedeckte

Fläche im Nordpolarmeer variiert jahreszeitlich, ist aber inzwischen auch einer starken klimatischen Abnahme unterworfen. Während Anfang der 1980er Jahre die Eisbedeckung in ihrem Septemberminimum noch 7,5 Millionen km^2 des Nordpolarmeers umfasste, ist sie in den vergangenen Jahren auf fast die Hälfte zurückgegangen [3]. Auch die Meereisdicke hat sich in dieser Zeit von durchschnittlich 4,5 Meter auf weniger als einen Meter verringert. Das Meereis wird von Vögeln und Wirbeltieren als Rast-, Jagd- und Wanderraum genutzt, es ist außerdem wichtig für die Produktivität der Polarmeere. Daher ist eine Änderung der Lebensbedingungen für die arktische Fauna und Flora zu erwarten. Die Zusammenhänge zwischen Eis und Leben sind vielfältig: Veränderungen im arktischen Meereis schlagen sich in der ozeanischen und atmosphärischen Zirkulation nieder, in der Wassertemperatur, im Süßwassergehalt und in biogeochemischen Prozessen.

Leben im Eis – von Eisalgen, Meereis-Bakterien und ihren Räubern

Das Meereis ist ein besonderer Lebensraum der Polarregionen, welcher im Winter circa 20 Millionen km^2 des Antarktischen und circa 15 Millionen km^2 des Arktischen Ozeans bedeckt. In den Sommermonaten schmilzt das Meereis in beiden Regionen inzwischen auf einen Rest von rund vier Millionen km^2 weg.

Eisrandzonen, wie zum Beispiel die arktische Bering- und Barentssee, zählen zu den produktivsten Gebieten der Erde mit einem Reichtum an Fischen, Vögeln und Meeressäugern. Im Frühjahr verursacht die Eisschmelze eine stabile Schichtung des Wassers. In der salzarmen, leichten Oberflächenschicht verbleiben die Algen länger im Licht, was je nach Nährstoffverfügbarkeit ein schnelles Wachstum mit sich bringt.

Auch ein großer Teil des Meereises ist erstaunlicherweise dicht besiedelt. Honiggelbe, giftgrüne bis schokoladenbraune Verfärbungen an umgebrochenen Schollen (Abb. 2) sind ein eindeutiges Indiz für die Akkumulation von Eisalgen, meist Diatomeen. Diese leben zusammen mit Bakterien und anderen Kleinstlebewesen in flüssigen Salzkanalsystemen und versorgen die Meereislebensgemeinschaft mit Nahrung. In der Grenzschicht zwischen Eis und Wasser sind oftmals zahlreiche Kleinstlebewesen wie beispielsweise Ruderfußkrebschen mit dem Eis assoziiert, die wiederum von größeren Lebewesen wie verschiedenen Krebsen, Quallen und Fischen gefressen werden. An der Unterfläche des Eises sind zudem oftmals im Frühjahr Algenteppiche ausgebildet, die abgeweidet werden.

Der Meereis-Lebensraum entsteht, wenn die Temperatur im Meerwasser unter −1,9 °C fällt. Es bilden sich zunächst nur reine Süßwasser-Eiskristalle, wodurch die Salzkonzentration des verbleibenden Meerwassers zwischen den Eiskristallen ansteigt. Die Eiskristalle wachsen zu immer größeren Gebilden zusammen und schließen die flüssige Salzlauge (Sole) ein, die sich in

Abb. 2 Probennahme von Meereis und seinen Bewohnern. Bild: AWI.

Kanalsystemen und Taschen sammelt. Der Salzgehalt der Sole ist direkt von der Temperatur abhängig: Er steigt, wenn die Temperatur sinkt und
mehr Eis ausfriert. Bei Temperaturen unter
–10 °C liegen die Salinitäten bereits über 15%
und können dadurch das Leben in den Sole-
kanälchen erschweren. Die Bedingungen im Eis
sind nicht überall gleich. Wenn Nährstoffe
knapp werden, sammeln sich die Eisalgen am
Boden des Meereises direkt über dem Wasser.
Doch manchmal findet sich die höchste Produktivität auch im Schnee auf der Oberfläche, in den
Schmelztümpeln, oder auch inmitten der Eis-
schicht, in den Solekanälen (Abb. 3). Eine besondere Herausforderung für Organismen sind die
Verhältnisse an der Meereisoberfläche, wo sie
den extremen atmosphärischen Bedingungen
und der direkten Sonneneinstrahlung mit teilweise hohem UV-Anteil ausgesetzt sind. Im
Winter liegen die Temperaturen dabei zeitweise
unter –30 °C und im Sommer kommt es zu ständig wechselnden Auftau- und Gefrierprozessen.
Der untere, durch das umgebende Meerwasser
isolierte Eiskernbereich bietet konstantere Bedingungen, jedoch liegen die Temperaturen
auch hier um –3 °C. Die Diatomee (Kieselalge)
Fragilariopsis cylindrus ist einer der wichtigsten
Primärproduzenten im Meereis beider Polarregionen (Abb. 4). Sie wurde zur Alge des Jahres
2011 gewählt, ihre Erbsubstanz ist inzwischen
vollständig sequenziert und Untersuchungen zu
ihrer besonderen Anpassung an die polare Umwelt laufen auf Hochtouren. Kieselalgen unterscheiden sich von allen anderen Algen durch den
Besitz einer Kieselschale. Wo ausreichend Kie-
selsäure zur Verfügung steht, dominieren die
Kieselalgen den Phytoplanktonbestand und bilden wertvolle Nahrung – nicht nur für das Leben
unter dem Eis, sondern auch für die Tiefseebe-
wohner, da Diatomeenklumpen schneller als anderer Algendetritus absinken. Warum manche
Kieselalgen in beiden, andere aber nur in einer
der Polarregionen vorkommen, ist noch unklar.
Neben den großen Diatomeen gibt es auch viele
Kleinstalgen – das so genannte Nano- und Piko-

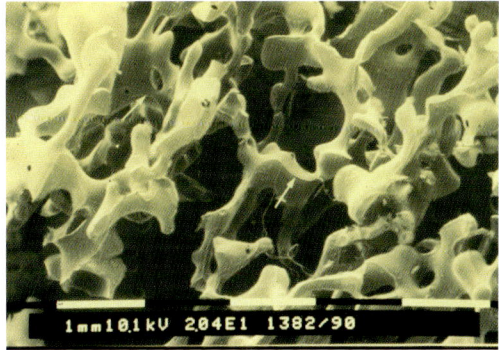

Abb. 3   Solekanäle im Meereis. Bild: Jürgen Weissen-
berger, AWI.

Phytoplankton von unter 200 oder gar 20 µm
Durchmesser. Sie könnten von einer Erwärmung des Meerwassers am stärksten profitieren.
Doch auch die Algenfresser im Eis können eine
wichtige Rolle spielen: Die häufigsten Vertreter
der so genannten Meiofauna im Meereis sind
einzellige Wimpertierchen, Foraminiferen, aber
auch Bandwürmer, Borstenwürmer, Ruderfußkrebse und Rädertierchen. Die Tiere schwimmen oder kriechen durch die Solekanäle, fressen
und vermehren sich dort. Neben Primärproduzenten und ihren Räubern gibt es auch eine er-

Abb. 4   Die Diatomee *Fragilariopsis cylindrus*.
Bild: Dick Crawford, AWI.

staunliche Vielfalt und Biomasse von Bakterien, die das Nahrungsnetz komplettieren (siehe auch „Vielfalt der marinen Mikroorganismen" auf Seite 49ff.).

Ein Blick ins Mikroskop macht Unterschiede zwischen den Bakteriengemeinschaften im Meereis und jene im umgebenden Wasser deutlich. Nicht nur die Konzentration der Meereis-Bakterien ist in der Regel höher, sondern die Zellen sind auch deutlich größer, zum Teil um das Zehnfache. Sie weisen eine ungewöhnliche morphologische Vielfalt auf – runde, lange, spiralige Zellen, Ketten und Klumpen. Charakteristisch für Meereis-Bakterien ist auch ihre Schleimhülle, die vermutlich die Zellen vor Frost und Salzgehaltsschwankungen schützt. Die meisten Meereisbakterien sind sehr eng an die eiskalten Bedingungen angepasst. Man nennt sie psychrophil – kälteliebend – sie wachsen am besten bei Temperaturen unter 5 °C und gehen bei Raumtemperatur zugrunde. Die besondere Anpassung an den Standort und eine gute Kultivierbarkeit machen Meereisorganismen auch für die Biotechnologie interessant. So wurden kürzlich Antifrost-Proteine einer Eisalge isoliert und charakterisiert, die vielleicht in der Lebensmittelindustrie eingesetzt werden können, um Tiefkühlware vor Gefrierbrand zu schützen [4].

Viele antarktische Meereis-Bakterien sind auch im arktischen Eis zu finden, es bleibt jedoch rätselhaft, wie diese wärmeempfindlichen Bakterienarten den Äquator überqueren konnten. Die arktische Meereisflora ist deutlich diverser als die antarktische, was vermutlich mit dem starken terrestrischen Eintrag im arktischen Ozean zusammenhängt – viele Eisschollen bilden sich an den weiten flachen Schelfküsten der Arktis und werden dann auf den offenen Ozean heraustransportiert. Zudem gibt es im arktischen Meereis im Sommer viele Süßwasser-Schmelztümpel, die für sich genommen ein besonderes Habitat darstellen. Dort leben wie in Seen und Flüssen vor allem Beta-Proteobakterien und grampositive Bakterien, die zu den Actinomyceten gehören. In den Salzkanälchen leben dagegen vor allem Alpha-

und Gamma-Proteobakterien [5]. Das Meereis ist also kein einheitlicher Standort, es umfasst viele unterschiedliche Habitate, die verschieden besiedelt werden. Das Meereis, die Schmelztümpel und Schneeauflagen sowie die Untereis-Algenmatten enthalten hochproduktive Lebensgemeinschaften. Daher wird befürchtet, dass der Verlust des mehrjährigen Meereises zu einem verminderten Nahrungseintrag in den tiefen Arktischen Ozean führt.

Leben vom Eis – Schlüsselorganismus Krill

Der die Antarktis umgebende Südozean ist eine der größten Kohlenstoff-Senken der Erde. Im kalten Meerwasser lösen sich große Mengen des Treibhausgases Kohlenstoffdioxid, welches von den einzelligen Algen zur Photosynthese genutzt wird. Durch das reichhaltige Angebot an Nährstoffen wie Nitrat, Phosphat und Silikat in bestimmten Regionen des Südozeans kommt es zu enormen Diatomeenblüten, die von November bis März anhalten, bis sie durch andere Nährstoffe oder Licht limitiert werden. Ein Teil der Algen sinkt in die Tiefe ab, wodurch der in den Algenzellen gebundene Kohlenstoff für einige Zeit dem atmosphärischen Kreislauf entzogen wird. Produktivität und Effektivität dieser so genannten biologischen Kohlenstoffpumpe im Südozean werden vor allem vom Spurenelement Eisen kontrolliert, das nur in geringen Konzentrationen im offenen Antarktischen Ozean vorhanden ist (siehe hierzu auch den Beitrag „Vielfalt der marinen Mikroorganismen" auf Seite 49).

Das Nahrungsnetz im Wasserkörper des Südozeans ist gegenüber früheren Vorstellungen keine lineare Nahrungskette (Diatomeen-Krill-Wale), sondern ein wesentlich komplexeres System, in dem die einzelnen trophischen Ebenen eng miteinander vernetzt sind. Der Antarktische Krill (Abb. 5) nimmt in diesem System dennoch eine Schlüsselstellung ein: Durch seinen hohen Fraßdruck auf die Diatomeenblüten und die Bildung von schnell sinkenden Kotschnüren trägt er signifikant zum vertikalen Kohlenstofftrans-

Abb. 5   Krill – der Antarktische Leuchtkrebs *Euphausia superba*. Bild: Joachim Plötz, AWI.

port in die Tiefe bei. Er bildet die wichtigste Ernährungsgrundlage für Wale, Robben, Pinguine und andere Meeresvögel und viele Fische der Antarktis. Sein Bestand liegt im Südpolarmeer bei 500 Millionen Tonnen. Zum Vergleich: die weltweit jährlich gefangene Menge an Fisch und Schalentieren liegt unter 100 Millionen Tonnen.

Die historische Datenreihe zeigt jedoch einen alarmierenden Rückgang der Krill-Biomasse seit den 1970er Jahren, dessen Ursache derzeit untersucht wird. Der Krillfischerei wird bisher kein Einfluss auf den Bestand zugeschrieben. Sie nimmt weiter zu und erzielt hohe Erträge, bleibt aber mit einer jährlichen Fangmenge von derzeit circa 200.000 Tonnen noch weit unter der erlaubten Fangmenge von vier Millionen Tonnen. Aufgrund einiger interessanter Inhaltsstoffe hat auch die Pharmazie den Krill entdeckt. Der zunehmende Bau neuer Krillfangschiffe verdeutlicht diesen Trend. Die klimatischen Veränderungen im nordwestlichen Bereich der antarktischen Halbinsel und die damit einhergehende abnehmende Meereisbedeckung erhöhen zukünftig den Fischereidruck auf den Krill. Notwendig ist daher ein nachhaltiges Fischereimanagement, welches den Einfluss des sich verändernden Klimas auf die Ökosysteme des Südozeans berücksichtigt.

Im westatlantischen Sektor des Südozeans sind 50–70% des Krillbestandes sowie die höchste Dichte an Krillräubern beheimatet. Die Abnahme der Populationsdichte des Krills in diesem Gebiet wird derzeit vor allem mit der sich verändernden Meereisbedeckung erklärt. Während in den 1970er Jahren die Meereisbildung im März einsetzte, erfolgt sie heute im April/Mai oder später, was eine verkürzte winterliche Meereisbedeckung zur Folge hat. Die Abhängigkeit des Krills vom Meereis ist noch weitgehend ungeklärt. Während die winterliche Meereisbedeckung und die daran geknüpfte Lebensgemeinschaft für die Larven eine große Rolle spielt, scheint sie für die adulten Tiere weniger wichtig zu sein [6]. Hingegen scheint das Ausmaß der Algenblüten im Frühjahr einen erheblichen Einfluss auf den Reproduktionserfolg der erwachsenen Tiere zu haben. Es wird angenommen, dass für den Krill nicht mehr ausreichend Phytoplankton zur Verfügung steht, um eine optimale Fortpflanzungsaktivität zu gewährleisten. Insgesamt sind die Anpassungsmechanismen des Krills bisher nur wenig bekannt. Aufgrund seiner zentralen Stellung im marinen antarktischen Nahrungsnetz ist es jedoch wichtig zu verstehen, wie sich die komplexen Auswirkungen der klimatisch bedingten Umweltveränderungen auf alle Lebensphasen dieses Schlüsselorganismus auswirken [7].

Der abnehmende Krillbestand wird von einer Zunahme wärmetoleranter Salpen (*Salpa thompsoni*) begleitet [8]. Salpen gehören zu der global verbreiteten Gruppe der freischwimmenden Manteltiere, welche sich durch hohe Fraß- und Wachstumsraten auszeichnen. Im Sommer können die Salpen zudem den Bestand an Krilllarven dezimieren. Eine ansteigende Salpenhäufigkeit kann deshalb den Krillbestand gefährden.

Die Auswirkung des Krillrückgangs auf die biologische Vielfalt zeigt sich auch bei den Adelie-Pinguinen, die ausschließlich vom Krill leben. So ging die Verringerung des Krillbestandes mit einem Rückgang im Bruterfolg und dem Bestand der Pinguine einher. Auswirkungen auf das ganze Ökosystem von der Meeresoberfläche bis in die Tiefsee sind zu erwarten.

Leben unterm Eis –
Vielfalt des antarktischen Meeresbodens

Die Tierwelt des antarktischen Meeresbodens ist enorm zahl- und artenreich – besonders in Schelfgebieten mit saisonalem Meereis. Frühe Untersuchungen der Bodenfauna machten den Gigantismus verschiedener Arten, ihre Langlebigkeit und den hohen Grad nur dort vorkommender (endemischer) Arten bekannt. An einzelnen Stellen werden über 100 Kilogramm Biomasse pro Quadratmeter erreicht – in Form von riesigen Schwämmen, die eine reiche Begleitfauna anziehen (Abb. 6). Bildgebende Untersuchungstechniken wie der Einsatz geschleppter Kameras und Unterwasserroboter ermöglichten jedoch die erstaunliche Beobachtung, dass zwischen den dichten, bunten Ansammlungen meeresgrundbewohnender Tiere und wüstenartigen Flächen fast ohne Lebensspuren oft nur wenige Kilometer liegen [9].

Wo das bis zu mehrere hundert Meter mächtige Schelfeis wie ein riesiger Deckel auf dem Wasser schwimmt, gibt es wegen Lichtmangel kaum Photosynthese und Nahrung für Tiere kann nur in minimalen Mengen horizontal herantransportiert werden. In diesen Nahrungswüsten wurden entsprechend niedrige Stoffwechselraten gemessen. Bei den seltenen größeren Tieren, die dort gefunden werden, handelt es sich schon bei ungefähr 150 Meter Wassertiefe um Tiefseetiere, die sonst nur zwischen 1000 und 8000 Meter vorkommen [10]. Viele Tiergruppen scheinen außerdem unter dem dicken Schelfeis völlig zu fehlen.

Solche fleckenhaften Besiedlungsmuster gibt es am antarktischen Meeresboden aber auch noch kleinräumiger. Im Schelfbereich kommt es vor, dass riesige Eisberge den Meeresboden in bis zu 400 Meter Wassertiefe durchpflügen (Abb. 7). Dabei wird entlang des Weges der Eisberge die gesamte Fauna vertrieben oder vernichtet – es entstehen kurzfristig tote Zonen am Meeresboden. Ein erstes Wiederbesiedlungsstadium ist dann zunächst durch eine niedrige Organismenvielfalt gekennzeichnet, denn nur einige wenige Pionierarten vermehren sich explo-

Abb. 6 Schwammgärten der Antarktis. Bild: Julian Gutt, Werner Dimmler, AWI/Marum, Universität Bremen.

Abb. 7 Schleifspuren von Eisbergen am Meeresboden. Bild: Julian Gutt, Werner Dimmler, AWI/Marum, Universität Bremen.

sionsartig. Hat sich irgendwo erst einmal eine Gruppe von Schwämmen angesiedelt, beherbergen diese als so genannte Ökosystemingenieure viele andere Tiergruppen, beispielsweise Stachelhäuter, Krebstiere und Fische.

Für die Simulierung solch chaotischer, zufälliger Störungen auf unterschiedlichen Raum- und Zeitskalen werden Computermodelle entwickelt, die langfristige Sukzessionen im Zeitraffer simulieren, denn auf den realen Zeitskalen ist keine Beobachtung möglich. Die meisten antarktischen Meeresbodenbewohner wachsen sehr langsam und integrieren damit auch Störungen und Veränderungen über ebenso lange Zeiträume – ihre Zusammensetzung und Biomasseverteilung ist also ein Archiv für Energieverfügbarkeit, Störung und Stabilität über Jahrzehnte bis Jahrhunderte.

Das soeben abgeschlossene internationale Großprojekt „Census of Antarctic Marine Life" hat sich daher nicht nur mit der aktuellen Zählung des Lebens im Südozean beschäftigt, sondern auch mit der Rolle historischer Ereignisse und der Evolution von Ökosystemen. Seit dem Überfrieren der Antarktis vor über 34 Millionen Jahren hat es immer wieder einen Austausch von Tieren zwischen dem eiskalten Wasser rund um den antarktischen Kontinent und den weiter äquatorwärts gelegenen deutlich wärmeren Gewässern gegeben [11]. Arten, die eigentlich nur nördlich oder südlich dieser Wassermassengrenze vorkommen, können mit ozeanischen Wirbeln oder großräumiger Meereszirkulation am Tiefseeboden durchaus diese Grenze passieren. Die traditionelle Sichtweise, dass die Antarktis und der sie umgebende Südozean ein isoliertes System darstellen, wurde aufgrund neuer Entdeckungen wie zum Beispiel der Einschleppung der nordatlantischen Spinnenkrabbe *Hyas araneus* sowie durch das Auftreten von Steinkrabben in Frage gestellt. Der starke Temperaturabfall südlich der Polarfront verhinderte bisher, dass sich Eindringlinge nach Überquerung des antarktischen Zirkumpolarstroms etablieren konnten. Die regionale Erwärmung an der Antarktischen Halbinsel innerhalb der vergangenen 50 Jahre könnte jedoch erhebliche Konsequenzen für die charakteristische Biodiversität des antarktischen Lebensraums mit sich bringen. Zur Ausbreitung einwandernder Arten, die die vorhandenen Lebensgemeinschaften verändern oder gar zerstören könnten, gibt es aufgrund fehlender

Langzeitbeobachtungen kaum Daten. Es wird vermutet, dass solche Prozesse jetzt schon unbeobachtet ablaufen.

Leben mit Eis –
Langzeitbeobachtungen in der Arktis

Die Arktis ist eines der Gebiete der Erde, bei denen die globale Erwärmung zu starken regionalen Veränderungen der Oberfläche führt, wie die drastische Abnahme der Eisbedeckung zeigt. So ist die Erwärmung der arktischen Atmosphäre in den vergangenen Jahrzehnten doppelt so schnell wie im globalen Durchschnitt vorangeschritten. Die Folgen für die arktische Biodiversität vom Schelf bis zur Tiefsee können kaum abgeschätzt werden, weil die Zusammensetzung und Verteilung insbesondere der funktionell wichtigen Kleinstlebewesen im Eis, Plankton und Benthos noch weitgehend unbekannt sind. Für den Arktischen Ozean arbeitete ein Projekt des Census of Marine Life mit Hochdruck an einer Datenbank (www.arcodiv.org) zur Verteilung von marinen Arten einschließlich der Vögel, anhand derer zukünftige Veränderungen der Lebensgemeinschaften im Eis, Ozean und am Meeresboden erkannt werden können.

Der Wassermassenaustausch zwischen dem Atlantik und dem Arktischen Ozean über die Framstraße und zum Pazifik über die Beringstraße beeinflusst das marine Ökosystem stark, beispielsweise die Larvenverbreitung und das Überleben fremder Arten in der Polarregion. Der Einfluss auf die Entwicklung der Primärproduktion ist unbekannt, denn der höheren Lichtverfügbarkeit durch den Eisrückgang steht vermutlich eine niedrigere Nährstoffverfügbarkeit durch zunehmende Schichtung in der Meeresoberfläche gegenüber.

Aufgrund der starken Kopplung zwischen dem Wasserkörper und dem Meeresboden (dem Benthos) im Arktischen Ozean können große Ökosystemverschiebungen am Meeresgrund erwartet werden [12]. Derzeit analysieren Forscher des Alfred-Wegener-Instituts für Polar- und Meeresforschung und des Max-Planck-Instituts für Marine Mikrobiologie mit verschiedenen molekularen Markern tiefgefrorene Archivproben, um mikrobielle Lebensgemeinschaften der vergangenen 20 Jahre mit den heutigen zu vergleichen [13].

Ganzjährige Untersuchungen des Arktischen Ozeans werden dabei noch immer durch das winterliche bis ganzjährige Meereis und widrige Witterungsbedingungen stark beeinträchtigt, da diese den Zugang mit Forschungsschiffen für den größten Teil des Jahres einschränken. Die natürliche Variabilität der Umwelt und die saisonale Entwicklung und Interaktion verschiedener Lebensstadien, beispielsweise des Planktons und der im Wasserkörper schwimmenden Tiere, sind kaum erforscht. Daher sind permanente, langfristige Beobachtungen zu Änderungen der Umweltparameter – wie zum Beispiel Veränderungen von Eisdicke, Frischwassereintrag, Erwärmung und Schichtung der Deckschicht, Nährstofftransport und Lichtverfügbarkeit – wichtig für das Erkennen der Folgen des Klimawandels im Ozean. Zeitreihen können derzeit nur durch Schiffsmessungen oder aber die Ausbringung von ein- bis zweijährigen, autonomen, verankerten oder driftenden Instrumenten- und Sensorplattformen gewonnen werden (Abb. 8). Im Jahr 1999 wurde ein ökologisches Tiefsee-Langzeit-Observatorium eingerichtet, das Observatorium HAUSGARTEN. Dieses besteht aus 17 Stationen, die in Wassertiefen von 1000 bis 5500 Metern in einem Gebiet von 40 × 80 nautischen Meilen westlich von Spitzbergen (Norwegen) installiert wurden. Dort werden jährlich im Sommer Proben genommen und biologische Kurz- und Langzeit-Experimente durchgeführt. In regelmäßigen Abständen werden mit Hilfe eines ferngesteuerten, für den Tiefseeeinsatz konzipierten Unterwasserfahrzeugs (Remotely Operated Vehicle) gezielt Proben genommen und Experimente ausgebracht.

Eine technische Herausforderung sind ganzjährige Beobachtungen der Wasseroberfläche:

Abb. 8 Autonomer Unterwasserroboter des AWI nach dem Einsatz unterm
Eis. Bild: Marianne Jacob, AWI.

Durch den Eisgang sind bisher Dauermessungen in den produktiven oberen 20 Metern der Wasserschicht technisch und logistisch unmöglich. Dabei ist besonders die Frage nach den Konsequenzen der Erwärmung und abnehmenden Eisbedeckung für die Produktivität und Biodiversität der arktischen Ökosysteme sehr wichtig. Vor diesem Hintergrund arbeiten Wissenschaftler mehrerer Nationen an einem Konzept für das Ozean-Beobachtungssystem FRAM (Frontiers in Arctic Monitoring). Wenigstens an einem Standort in der Arktis könnten durch die Integration neuer Sensor-Technologien mit Satellitenkommunikation oder mit einem Tiefseekabel kontinuierliche physikalische, biogeochemische und biologische Messungen bereitgestellt und direkt per Internet übertragen werden.

Fazit

Die Veränderungen der Lebensvielfalt durch Klimawandel und menschliche Eingriffe rücken die Polargebiete zunehmend in den Fokus von wissenschaftlicher und öffentlicher Aufmerksamkeit. Der Rückgang des arktischen Meereises ist ein Vorgang, der mit noch größerer Geschwindigkeit voranschreitet, als durch Klimamodelle vorhergesagt wurde. Tiere, Pflanzen und Mikroorganismen haben sich über viele Millionen Jahre an die von Kälte, Eis und starker Saisonalität geprägten extremen Umweltbedingungen der Polargebiete angepasst. Ihre besonderen physiologischen und biologischen Merkmale machen sie außerordentlich empfindlich gegenüber schnellen Veränderungen ihres Lebensraumes. Die Verdrängung einheimischer Arten durch Einwanderer und Verschiebungen in Nahrungsnetzen gehören zu den ersten Konsequenzen dieser Veränderungen. Erwärmung, Eisrückgang und eine verstärkte menschliche Nutzung der Polarregionen könnten daher die Biodiversität, Funktion und Dienstleistungen (beispielsweise die Bindung von CO_2 aus der Atmosphäre) der betroffenen Ökosysteme stark beeinflussen. Die Auswirkungen dieser Veränderungen auf die polaren Ökosysteme sind bisher kaum abschätzbar. Sie zu verstehen, stellt eine enorme Herausforderung für die Wissenschaft dar.

Literatur

[1] Steig, E.J., Schneider, D.P., Rutherford, S.D., Mann, M.E., Comiso, J.C., Shindell, D.T. (2009) Warming of the Antarctic icesheet surface since the 1957 International Geophysical Year. *Nature*, **457**, 459–462.

[2] Brandt, A., Gooday, A.J., Brandão, S.N., Brix, S., Brökeland, W., Cedhagen, T., Choudhury, M., Cornelius, N., Danis, B., De Mesel, I. et al. (2007) First insights into the biodiversity and biogeography of the Southern Ocean deep sea. *Nature*, **447**, 307–311.

[3] Screen, J. A., Simmonds, I. (2010) The central role of diminishing sea ice in recent Arctic temperature amplification. *Nature*, **464**, 1334–1337,

[4] Bayer-Giraldi, M., Weikusat, I., Besir, H., Dieckmann, G. (2011) Characterization of an antifreeze protein from the polar diatom *Fragilariopsis cylindrus* and its relevance in sea ice. *Cryobiology*, **63**, 210-219.

[5] Brinkmeyer, R., Knittel, K., Jurgens, J., Weyland, H., Amann, R., Helmke, E. (2003) Diversity and structure of bacterial communities, in: Arctic versus Antarctic pack ice: A comparison. *Applied and Environmental Microbiology*, **69**, 6610–6619.

[6] Meyer, B. (2012) The overwintering of Antarctic krill, *Euphausia superba* from an ecophysiological point of view – A review. *Polar Biol*, **35**, 15–37.

[7] Meyer, B., Auerswald, L., Siegel, V., Spahic, S., Pape, C., Fach, B.A., Teschke, M., Lopata, A.L., Fuentes, V. (2010) Seasonal variation in body composition, metabolic activity, feeding, and growth of adult krill *Euphausia superba* in the Lazarev Sea. Marine Ecology Progress Series, **398**, 1–18.

[8] Atkinson, A., Siegel, V., Pakhomov, E., Rothery, P. (2004) Long-term decline in krill stock and increase in salps within the Southern Ocean. *Nature*, **432**, 100–103.

[9] Brandt, A., Gutt, J. (2011) Biodiversity of a unique environment: the Southern Ocean benthos shaped and threatened by climate change, in: *Biodiversity Hotspots* (eds. Zachos, F.E., Habel, J.C.), Springer, Berlin, 503–526.

[10] Gutt, J., Barratt, I., Domack, E., d'Udekem d'Acoz, C., Dimmler, W., Grémare, A., Heilmayer, O., Isla, E., Janussen, D., Jorgensen, E. et al. (2011) Biodiversity change after climate induced ice-shelf collapse in the Antarctic. *Deep-Sea Research II*, **58**, 74–83.

[11] Gutt, J., Hosie, G., Stoddart, M. (2010) Marine Life in the Antarctic, in *Life in the World's Oceans: Diversity, Distribution, and Abundance* (ed McIntyre, A.D.), Wiley-Blackwell, 203–220.

[12] Bergmann, M., Soltwedel, T. Klages, M. (2011) The interannual variability of megafaunal assemblages in the Arctic deep sea: preliminary results from the HAUSGARTEN observatory (79°N). *Deep Sea Research I*, **58**, 711–723.

[13] Bienhold, C., Boetius, A., Ramette, A. (2012) The energy-diversity relationship of complex bacterial communities in Arctic deep-sea sediments. *The ISME Journal*, **6**, 724–32.

Teil V
Biologische Vielfalt nutzen

17

Produktionsintegrierter Naturschutz:

Biologische Vielfalt mit der Landwirtschaft

Armin Werner, Michael Glemnitz, Karin Stein-Bachinger, Gert Berger, Ulrich Stachow

Seit fast zwei Jahrhunderten werden aus wirtschaftlichen Gründen die mitteleuropäischen Agrarlandschaften vereinheitlicht – dadurch werden die biologischen Systeme auf landwirtschaftlich genutzten Flächen immer ähnlicher und biologische Vielfalt geht verloren. Auch das Erlöschen der landwirtschaftlichen Nutzung kann zu einer Verarmung der Artenvielfalt führen. In den vergangenen Jahren sind viele neue Erkenntnisse gewonnen worden, wie man der Biodiversität von Agrarlandschaften auch mit Ackerbau auf die Sprünge helfen kann.

Viele wildlebende Pflanzen- und Tierarten der vom Ackerbau dominierten Agrarlandschaften Mitteleuropas sind heute aktuell gefährdet. Charakteristische Ackerwildkräuter, wie Lämmersalat (*Arnoseris minima*), Schwarzkümmel (*Nigella arvensis*, siehe auch Abbildung links unten) oder Bauernsenf (*Teesdalia nudicaulis*) sind fast nicht mehr zu finden. Vogelarten wie Wachtel (*Coturnix coturnix*), Rebhuhn (*Perdix perdix*) oder Kiebitz (*Vanellus vanellus*) erlebten in den letzten Jahrzehnten einen besorgniserregenden Rückgang. Selbst solche robusten Arten wie Feldlerche (*Alauda arvensis*) oder Wiesenpieper (*Anthus pratensis*) weisen stark rückläufige Bestände auf. Der Feldhamster (*Cricetus cricetus*), eine der bekanntesten Säugetierarten der Felder, gilt bis auf wenige, sehr kleine Restpopulationen als großflächig ausgestorben. Von anderen, weniger auffälligen Artengruppen, wie zum Beispiel Spinnen, Laufkäfern, Tagfaltern oder Wildbienen, sind ähnliche Entwicklungstendenzen bekannt [1].

Als Hauptverursacher für diesen Verlust an biologischer Vielfalt gilt die Landwirtschaft. Man übersieht dabei jedoch oft, dass die günstigen Lebensraumbedingungen historisch "besserer" Zeiten immer nur ein Nebenprodukt der jeweiligen Produktionsbedingungen waren. Landwirtschaftliche Unternehmen waren und sind immer darauf ausgerichtet, wirtschaftlich rentabel zu produzieren. Produktoptimierte Fruchtfolgen und rationalisierte Anbausysteme, bestehend aus nur wenigen Kulturen, ein bedarfsgerechter Einsatz von Agrochemikalien für eine optimale Entwicklung der Kulturpflanzenbestände, der Einsatz moderner Technik und die möglichst vollständige Ausnutzung der landwirtschaftlichen Betriebsfläche sind typisch dafür.

◀ 25% der in Mitteleuropa als gefährdet geltenden Pflanzen- und Tierarten leben in Schutzgebieten, aber 75% dieser Arten leben in land- und forstwirtschaftlich genutzten Flächen. Die Landwirtschaft könnte also eine große Rolle beim Schutz der Biodiversität spielen – doch dazu müssen sich veränderte Anbaumethoden und Nutzungsformen für Landwirte auch wirtschaftlich lohnen. Sowohl der Kleine Perlmutterfalter (*Issoria lathonia*, oben) als auch der Acker-Schwarzkümmel (*Nigella arvensis*, unten) zählen zu diesen gefährdeten Arten. Bilder: H. Pfeffer.

Die Vielfalt des Lebens: Wie hoch, wie komplex, warum? 1. Auflage. Herausgegeben von Erwin Beck
© 2013 WILEY-VCH Verlag GmbH & Co. KGaA. Published 2013 by Wiley-VCH Verlag GmbH & Co. KGaA

Landwirtschaft erhöhte zunächst sogar die Artenvielfalt

Landwirtschaftliche Bodennutzung führte auf diese Weise bis circa zur Mitte des 19. Jahrhunderts dazu, dass die Biodiversität wohl einen Höchststand an Pflanzen- und Tierarten erreichte. Eine der Ursachen für diesen bemerkenswerten Zustand war allerdings auch eine erhebliche Verarmung der Bodenfruchtbarkeit durch den Abtransport von Pflanzennährstoffen mit den Ernteprodukten. Lediglich durch Bodenruhe und Gründüngung konnte der Boden in geringem Umfang seinen Nährstoffvorrat wieder ergänzen. Trotzdem fehlten insbesondere die essenziellen Nährstoffe Phosphor, Kalium und teilweise auch Stickstoff. Offene Agrarlandschaften enthielten deshalb vor allem solche Wildpflanzenarten, die natürlicherweise auf Böden mit geringem Nährstoffangebot anzutreffen sind. Solche als oligotroph oder auch mesotroph bezeichnete Standorte sind heute in Mitteleuropa und anderen agrarisch genutzten Regionen der Erde seltener geworden, da in der Landwirtschaft inzwischen regelmäßig gedüngt wird.

Neben den eigentlichen landwirtschaftlich genutzten Flächen werden heute auch naturbelassene Flächen durch Einträge von Nährstoffen aus der Luft „gedüngt". Diese stammen teilweise aus der Verbrennung von fossilen Energieträgern (Heizungen, Verkehr), teilweise aus landwirtschaftlichen Quellen (Stallanlagen, Gülledüngung). Von dort werden erhebliche Mengen von Stickstoffverbindungen in die Atmosphäre gebracht und mit den Niederschlägen in die Ökosysteme eingetragen. Stickoxide wirken aber nicht nur als atmosphärischer Dünger, sondern haben auch Steuerungsfunktionen im Stoffwechsel der Pflanzen und Tiere. Ein derartiger Eintrag von Pflanzennährstoffen in naturbelassene Ökosysteme ist als Eutrophierung bekannt. Dies bedeutet besonders gute Wachstumsbedingungen für solche Pflanzenarten, die auf reichliche Nährstoffversorgung mit intensivem Massenwuchs reagieren. Dies sind oft „Allerwelts-pflanzen", die ein höheres Nährstoffangebot gut in Biomasse umsetzen können und damit diejenigen Pflanzen verdrängen, die auf eher nährstoffarmen Standorten konkurrenzfähig sind.

Agrarlandschaftsentwicklung aus Sicht der Biodiversität

Die Landwirtschaft hat sich seit Einführung der gezielten Düngung weiterentwickelt, was zu neuen negativen Wirkungen auf die Vielfalt der Lebensräume und Arten führt. Dies ist (1) die schon beschriebene Erhöhung der Bodenfruchtbarkeit der meisten Ackerflächen durch Düngung, die eine Homogenisierung der Böden hinsichtlich des Nährstoffangebots bewirkt. Zur Reduktion der Lebensraumvielfalt tragen auch (2) Maßnahmen der Ent- und Bewässerung von Acker- und Grünlandflächen sowie (3) die Verarmung an Landschaftsstrukturelementen (Einzelbäume, Gehölzinseln, Hecken, Bach- und Waldränder etc.) bei. Mit diesen Eingriffen verbesserten und homogenisierten die Landnutzer die pflanzenbaulichen Anbaubedingungen der Ländereien aus produktionstechnischen Gründen. Gleichzeitig verringerten sich die physischen Unterschiede (Nährstoffe, Wasser, Struktur) dieser Lebensräume und damit ihre Vielfalt in der Agrarlandschaft [2].

Auch die landwirtschaftlichen Maßnahmen selbst reduzieren die Artenvielfalt und damit die Qualität von Lebensräumen: In agrarischen Regionen werden typischerweise großflächig und zeitgleich ähnliche Kulturpflanzenarten angebaut. Die pflanzenbaulichen Arbeiten, wie Bodenbearbeitung, Saat, Düngung, Pflanzenschutzmaßnahmen und Ernte werden zu ähnlichen Zeitpunkten und in vergleichbarer Weise von den meisten Landwirten einer Region durchgeführt. Dadurch sind auf großer Fläche die Störungen für die dort lebenden Arten ähnlich und die Veränderungen der Vegetation verlaufen synchron. Je weniger Kulturpflanzenarten in einer Region angebaut werden, desto monotoner werden die Möglichkeiten der Wechselwirkung für die dort wild lebenden Arten (Pflanzen, Tiere, Mikroorganismen).

Auch auf landwirtschaftlich gesehen schlechteren Standorten kann es zu einer biologischen Verarmung kommen, wenn dort die landwirtschaftliche Nutzung eingestellt und die Offenhaltung der Standorte nicht mehr gewährleistet ist. Die so entstehende Busch- und Waldlandschaft ist oft artenärmer, als sie bei landwirtschaftlicher Nutzung war.

Sichten auf den Schutz von Biodiversität

In einer Agrarlandschaft stellt die biologische Vielfalt die Summe aller Unterschiede in der genetischen Ausstattung einzelner Arten, die Summe der Arten insgesamt sowie die Summe der Lebensräume dar. Der Begriff „Agrobiodiversität" erweitert diese Vielfalt der wildlebenden Arten um die vom Menschen über Jahrtausende eingeführten und verwendeten Zuchtformen von Pflanzen- und Tierarten in der landwirtschaftlichen Produktion.

25% der in Mitteleuropa als gefährdet geltenden Pflanzen- und Tierarten leben in Schutzgebieten, aber 75% dieser Arten leben in land- und forstwirtschaftlich genutzten Flächen (50% beziehungsweise 30% der Landesfläche in Deutschland). Damit müsste der Schutz der Biodiversität vorrangig auf agrarisch oder forstlich genutzten Flächen erfolgen [3]. Traditionell war naturschutzbezogene Forschung und Entwicklung aber eher auf die artenreicheren naturbelassenen Lebensräume ausgerichtet. Diese Sichtweise und das Handeln von Forschern und Naturschützern ändern sich zurzeit deutlich.

Wälder, vor allem Forste, haben oft ein geringeres Spektrum an Pflanzen- und Tierarten als die angrenzenden „Offenlandschaften" mit Acker- und Grünlandnutzung. Erfolgen keine Eingriffe des Menschen, entstehen unter mitteleuropäischen Klimabedingungen als Hauptvegetation vorrangig bewaldete Regionen. Werden solche Landschaften aber durch landwirtschaftliche Landnutzung „offen" gehalten, kann dort eine typische und oft auch höhere Artenvielfalt entstehen.

Wie agrarische Bewirtschaftungsmaßnahmen die Lebensraumqualität beziehungsweise das Vorkommen und die Dynamik von Arten in diesen Lebensräumen konkret beeinflussen, wurde erst in den vergangenen Jahren schrittweise deutlich [1, 4]. Nachfolgend wird gezeigt, wie ein wachsendes Prozessverständnis genutzt werden kann, um Biodiversitätsschutz mit effektiver Landnutzung zu verbinden. Der Ansatz eines „produktionsintegrierten Naturschutzes" zeigt, wie sich diese Erkenntnisse wirksam in der landwirtschaftlichen Praxis umsetzen lassen.

Die Bedeutung der Struktur von Agrarlandschaften für die Biodiversität

Der typischen biologischen Vielfalt einer Landschaft liegt eine spezifische räumliche und zeitliche Struktur von Lebensräumen zugrunde. Dazu zählen neben den eigentlichen Nutzflächen weitere Vegetationsstrukturen wie Hecken, Säume, Randbiotope, Einzelbäume, kleinere Waldstrukturen etc. Diese werden weitestgehend sich selbst überlassen oder gelegentlich auch „gepflegt" (zum Beispiel durch Heckenschnitt). Diese „Matrix" interagiert durch ihr Artenspektrum mit der eigentlichen Agrarfläche. Um die Ansprüche der Arten und ihrer Lebensräume angemessen zu berücksichtigen, muss deshalb die Nutzung der Agrarflächen zusammen mit der sie einbettenden Matrix betrachtet und durchgeführt werden.

In ihren Lebensräumen stellen Arten qualitative (Ressourcenart), aber auch quantitative (Ressourcenmenge) Ansprüche an beispielsweise Nahrung, Energie und Schutz. Die Menge an verfügbaren Ressourcen eines Lebensraumes ist auch von seiner Größe und damit von der Erreichbarkeit der Ressource abhängig. Neben der absoluten Größe der jeweiligen Agrar- und Matrixflächen sind auch das Größenverhältnis und die Struktur dieser beiden Elemente von Bedeutung.

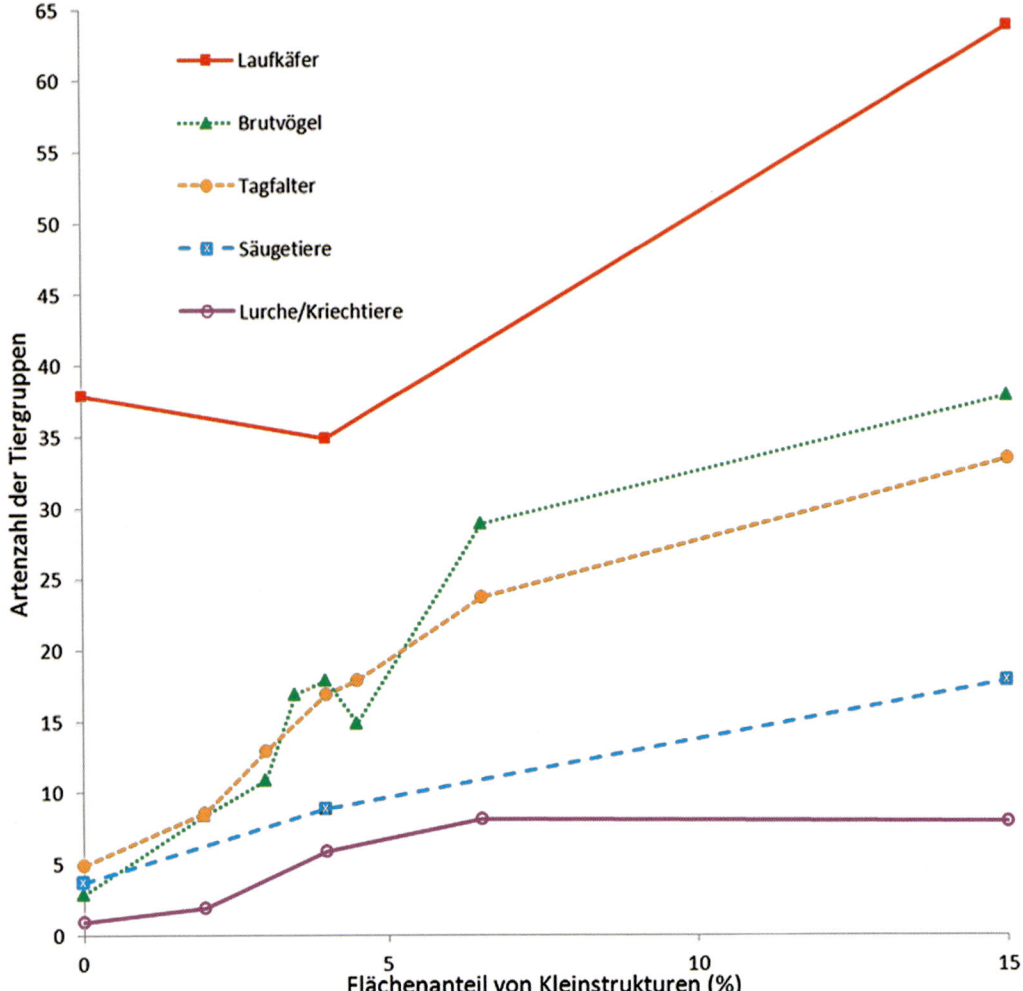

Abb. 1 Je mehr Strukturelemente wie Hecken, Saumbiotope und Kleingehölze es in und an einer landwirtschaftlichen Nutzfläche gibt, desto mehr Arten finden dort auch einen Lebensraum. Gezeigt werden Mittelwerte von vier Regionen in Thüringen und Brandenburg aus den Jahren 1992–1994. Bild: aus [5].

In unterschiedlich strukturierten Landschaften konnte Kretschmer [5] zeigen, dass mit zunehmendem Anteil der Strukturelemente (= nicht bewirtschaftete, naturbelassene Biotope; die „Nicht-Produktionsbiotope") die Artenzahlen der meisten typischen Organismengruppen einer Agrarlandschaft zunehmen (Abb. 1). Dabei ergibt sich ein guter Zustand der Artenzahlen schon bei einem Anteil von Strukturelementen im Bereich von 8% bis 15% der Fläche. Mit solchen Angaben können die Mindestansprüche an eine Agrarraumgestaltung formuliert werden, wenn sie die Biodiversität fördern soll [6].

Größe und Form der landwirtschaftlichen Flächen unterscheiden sich aufgrund ihrer Geschichte oft erheblich. Seit Jahrzehnten ist in Deutschland der Trend zur Vergrößerung der Ackerflächen erkennbar. Bei zunehmender Größe der Felder wird eine Verschlechterung der Lebensraumbedingungen vermutet – beispielsweise, weil es dann den Organismen schwerer fallen kann, diese Flächen nach Störungen wieder komplett zu besiedeln. Wir haben aber auch gegenteilige Hinweise, die auf eine hohe Beweglichkeit mancher Tierarten hinweisen.

Landwirtschaftliche Nutzungssysteme und Biodiversität

Maßnahmen des Naturschutzes in landwirtschaftliche Nutzungssysteme zu integrieren, ist auf zwei grundsätzlich verschiedenen Wegen möglich und auch notwendig. Zum einen geht es darum, neben den intensiv genutzten landwirtschaftlichen Produktionsflächen zusätzliche und spezifische Lebensräume für wildlebende Pflanzen und Tiere zu schaffen. Zum anderen sollten einzelne Schutzmaßnahmen direkt in das landwirtschaftliche Bewirtschaftungsgeschehen integriert werden. Aus landwirtschaftlicher Sicht ist für die Umsetzung beider Lösungsansätze essenziell, dass sich die Maßnahmen gut in die technischen Abläufe der Betriebe einpassen lassen und dass sie für die Unternehmen keine erhebliche betriebswirtschaftliche Beeinträchtigung bedeuten.

Die räumliche Struktur eines Kulturpflanzenbestandes entscheidet in hohem Maße über seine Eignung als Lebens- und Nahrungsraum für andere Arten (siehe auch [7]). Aus Sicht der Biodiversität ist auch dort Vielfalt gefragt. Agrartechnik und das Sortenwesen haben in den vergangenen Jahrzehnten erreicht, dass die Pflanzenbestände auf den Feldern sehr einheitlich und zudem bei Getreide und Raps oft sehr dicht sind. Sehr hohe Saatgutqualität und präzise Aussaattechnik führen dazu, dass fast jedes ausgesäte Korn keimt und jede Einzelpflanze eine den Nachbarpflanzen vergleichbare Entwicklung und Größe erreicht. Die große Pflanzendichte und der oft lückenlose Bestand stellen zum Beispiel für Bodeninsekten oder bodenbrütende Feldvögel eine eher ungastliche Vegetation dar.

Auf Äckern des Ökolandbaus ist dies oft etwas anders, da durch fehlende Schutzbehandlung des Saatgutes (beispielsweise durch eine „Beize") die Kulturpflanzendecke oft lückiger ist. Durch eine vorwiegend eher niedrige Stickstoffversorgung der Böden sind die Pflanzenbestände dort häufig auch wesentlich dünner und aufgrund des Verzichts auf Herbizide stärker verunkrautet. Deshalb sind auf Ackerflächen des Ökolandbaus oft höhere Artenzahlen an pflanzlichen und tierischen Organismen zu finden als im konventionellen Pflanzenbau. Das Jahr 1850 gilt als Referenz für die biologische Vielfalt in mitteleuropäischen Agrarlandschaften, denn seit damals liegen Daten von belastbaren, systematischen und standardisierten Erhebungen von Tier- und Pflanzenarten vor. Der damals festgestellte Zustand wird aber auch im heutigen Ökolandbau bei Weitem nicht erreicht.

Um Naturschutzziele in der Pflanzenproduktion besser zu berücksichtigen, stehen den Landwirten eine Vielzahl von Möglichkeiten zur Verfügung. Derartige Leistungen – wie beispielsweise ein verminderter Einsatz von Pflanzenschutzmitteln – sind aber für den landwirtschaftlichen Betrieb nicht direkt von Vorteil und es gibt keinen klassischen „Markt" mit dafür zahlenden Nachfragern. Die möglichen positiven Wirkungen von höherer Biodiversität für die Produktion – zum Beispiel durch biologische Interaktionen von Nützlingen und Schädlingen – sind zu gering und zu unsicher in ihren Wirkungen, als dass der Landwirt sie als Leistung bewertet. Ein umwelt- und naturschutzorientiertes Handeln der Landwirte kann daher oft nur erreicht werden, wenn regulatorische Zwänge herrschen oder Anreizsysteme geschaffen werden. Im Rahmen der EU-Agrarpolitik wird dies zunehmend durch definierte Mindestleistungen der Landwirtschaft eingefordert. Allerdings sind die Anforderungen bisher nur wenig spezifisch für den Biodiversitätsschutz und unzureichende Umsetzungen seitens der Landwirtschaft werden praktisch nicht sanktioniert.

Einfluss der Kulturpflanzenarten und der Fruchtfolgen

Anbauzeitraum und Bestandsarchitektur einer Feldfrucht beeinflussen im Jahresverlauf die auf Ackerflächen in Deutschland vorkommenden wildlebenden Tier- und Pflanzenarten. Die von Glemnitz und Mitarbeitenden [8] untersuchten Fruchtarten Wintergetreide, Sommergetreide, Körnerleguminosen, Mais und mehrjähriges Ackerfutter (Luzerne, Kleegrasgemenge, diverse Kleearten in Reinsaat wachsen oft zwei bis vier Jahre) decken dabei die Bandbreite der in Deutschland eingesetzten Anbauoptionen weitestgehend ab.

In den Felduntersuchungen wurden vergleichbare jährliche Artenzahlen in allen untersuchten Fruchtarten festgestellt (Abb. 2). Nur für einzelne Organismengruppen traten Unterschiede zwischen den Kulturarten auf: Potenziell brüten mehr Vogelarten im Sommergetreide, in Körnerleguminosen und im mehrjährigem Ackerfutter, im Mais dagegen deutlich weniger Arten. Die Artenanzahlen der die blühenden Beikräuter nutzenden Blütenbesucher sind im Sommergetreide und in Körnerleguminosen, die der Spinnen in Körnerleguminosen und Mais leicht reduziert (Abb. 2).

Die Artenzahl aller untersuchten Organismengruppen war in den Fruchtfolgen mit zwei oder drei Feldfrüchten immer höher als bei den artenreichsten Lebensgemeinschaften in Monokulturen (Abb. 3).

Monokulturen gefährden das Vorkommen und damit indirekt auch den Bestand von durchschnittlich etwa 20–35% der regional vorkommenden Arten für die fünf untersuchten Organismengruppen Beikräuter, Laufkäfer, Spinnen, Blütenbesucher und Vogelarten. Bei der Einhaltung einer Mindestfruchtfolge mit zwei verschiedenen Fruchtarten können solche Reduktionen vermieden werden (Abb. 2). Fruchtfolgen mit drei Kulturartengruppen (zum Beispiel Wintergetreide, Sommergetreide, Mais) erhöhen die Artenzahlen der einzelnen Organismengruppen (mit Ausnahme der Laufkäfer) im Vergleich zu Fruchtfolgen mit nur zwei Kulturartengruppen (zum Beispiel Wintergetreide, Mais/Mohrenhirse) um 15–20%.

Dabei wirkt sich die Kombination aus Mais und Wintergetreide stärker diversitätsfördernd aus als die aus Sommer- und Wintergetreide. Der positive Effekt der Fruchtfolgen, die aus drei unterschiedlichen Fruchtartengruppen zusammengesetzt waren, lässt sich dadurch erklären, dass hier die Fruchtfolge mit Arten berei-

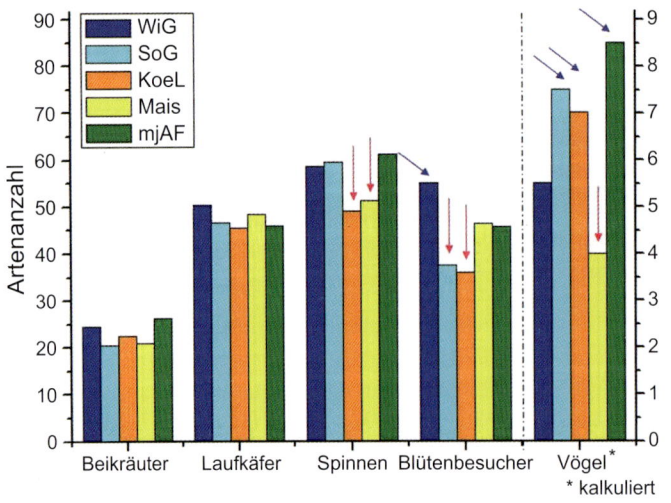

Abb. 2 Anzahl der je Vegetationsperiode nachgewiesenen Pflanzen- und Tierarten in unterschiedlichen Feldfruchtarten (aus [8]). Mittelwerte von Felderhebungen 2005–2007; Standorte: Bayern, Thüringen, Mecklenburg-Vorpommern.
WiG – Wintergetreide, SoG – Sommergetreide, KoeL – Körnerleguminosen, mjAF – mehrjähriges Ackerfutter. Vogeldaten: Anzahl von Arten, die potenziell in den Fruchtarten brüten, kalkuliert anhand einer Expertenstudie. Blaue Pfeile: deutliche Zunahme, rote Pfeile: deutliche Abnahme im Vergleich zu anderen Kulturarten.

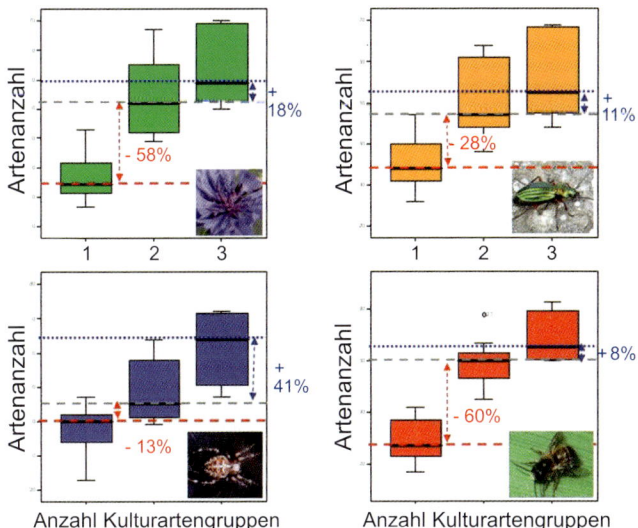

Abb. 3 Mittlere jährliche Artenanzahl von vier Organismengruppen in Fruchtfolgen mit unterschiedlicher Anzahl von Feldfruchtarten (1, 2, 3). Boxplots = mittlere Artenanzahlen in den Fruchtfolgen. Datenbasis: Felduntersuchungen 2005–2007; Untersuchungsgebiete Bayern, Thüringen und Mecklenburg-Vorpommern. 1 = Monokultur. Aus [8].

chert wird, die spezifisch mit diesen Kulturarten verbunden sind. Einige Arten kommen außerdem nur als Beikräuter auf den Ackerflächen vor, zum Beispiel Spätsommerarten in Mais.

Verbesserung der Qualität von Ackerflächen als Lebensräume

Die Effekte pflanzenbaulicher Maßnahmen auf ausgewählte Tierarten beziehungsweise die Unkrautflora können vielfältig sein und wirken sich nicht auf alle Organismengruppen gleichermaßen positiv aus, zum Beispiel profitieren Feldlerche und Grauammer von einer Reduktion der Bodenbearbeitung, während sich diese Maßnahme auf die Segetalflora („Ackerunkräuter") eher negativ auswirkt.

Anpassungen pflanzenbaulicher Maßnahmen müssen nicht unbedingt auf der gesamten Fläche eines Feldes erfolgen. Sie können mit GPS sowie kartenbasierten Vorgaben im Bordrechner des Traktors auch auf geeigneten Teilbereichen der Felder erfolgen (*precision farming*). Damit ist es möglich, die Maßnahmen auf die für den Naturschutz wirksamen Bereiche eines Feldes zu

begrenzen [9]. Die übrige Fläche eines Ackers könnte dann betriebsüblich vom Landwirt bewirtschaftet werden.

Eine derartige Strategie beginnt am einfachsten mit künstlich erzeugten Fehlstellen im Kulturpflanzenbestand, die die Struktur des sonst homogenen Bestandes auflockern. Ergänzend können durch variierende Saatstärken, Düngung, Unkrautregulation und Pflanzenschutzmaßnahmen die Dichte und die dreidimensionale Struktur der Pflanzendecke heterogener gestaltet werden als bei den derzeitigen Produktionsverfahren [9, 10].

Solche Maßnahmen sind aber fast immer mit Kosten für den Landwirt verbunden – entweder durch zusätzlichen Arbeitsaufwand oder durch Ertragsverluste. Werden durch schrittweise Anpassung von Anbauverfahren die Biodiversitätsziele besser erreicht, so verschlechtern sich oft die Wirtschaftsdaten für den Produzenten (Abb. 4).

Derartige Kosten beziehungsweise Kosten-Leistungs-Beziehungen sollten als quantitative und quasi objektive Grundlagen in Verhandlungen über die Vertretbarkeit von Auflagen und

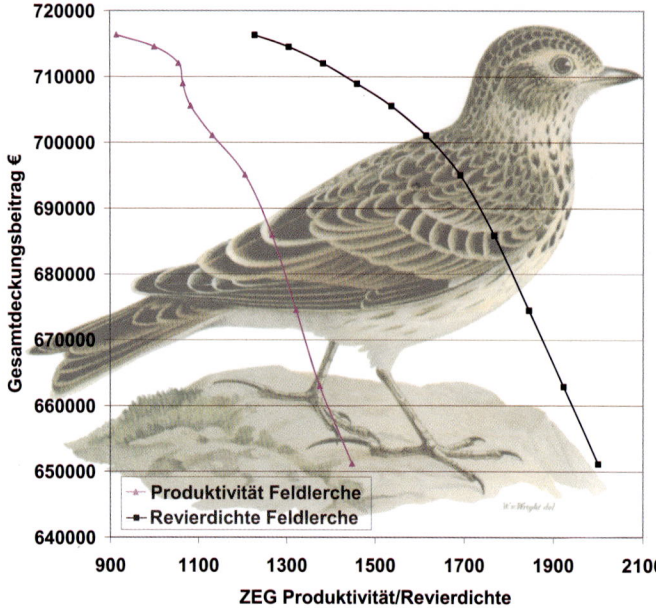

Abb. 4 Feldlerchenschutz kostet Geld: Die Abbildung zeigt die Austauschbeziehung („Trade-Off-Funktion") zwischen der Wirtschaftlichkeit („Gesamtdeckungsbeitrag") des Betriebes (in Euro) und dem Zielerreichungsgrad (ZEG) bei der Erhöhung der Revierdichte der Feldlerchen (Anzahl Reviere pro Hektar) beziehungsweise bei der Produktivität (Anzahl Küken je Brutpaar) der Feldlerchen in Anbauverfahren mit Getreide und Feldfutterbau. Kurz gesagt: Auf Feldern, die mit Blick auf höchste Wirtschaftlichkeit beackert werden, ziehen weniger Feldlerchen ihre Jungen auf. Zielerreichungsgrad = Summe der positiven Abweichungen von potenziell möglichen Brutpaaren im Betrieb gegenüber der Ausgangssituation ohne gezielten Feldlerchenschutz. Aus [11], verändert. Bild: W. von Wright.

über einen Honorierungsbedarf einfließen. Allerdings lassen sich diese quantitativen Beziehungen bisher noch nicht für alle interessanten Organismen und pflanzenbaulichen Maßnahmen ermitteln. Computerbasierte Modelle helfen hier, schrittweise das fehlende Wissen zu füllen und gezielt den Forschungsbedarf zu identifizieren [12].

Schaffung zusätzlicher Lebensräume in Ackerflächen

Saumstrukturen: Die Lebensraumbedingungen für wildlebende Arten verändern sich in strukturierten Landschaften besonders stark an den Übergängen von einem zum nächsten Landschaftselement (beispielsweise vom Acker zum Weg, zu einem anderen Feld, zu einem Oberflächengewässer oder zu einem Wald, Abb. 5). Diese Grenzlinien entlang der Biotope weisen aufgrund der unterschiedlichen Vegetationsdecke (und oft unterschiedlichen Bodensituationen) deutliche Gradienten in den physischen Eigenschaften auf. Die Temperaturunterschiede, die

Lichtverhältnisse, das Wasser- und Nährstoffangebot, aber auch die räumliche Struktur der Vegetationsdecke variieren dort sehr stark und auf kleinem Raum.

Derartige, eher linienförmige Randsysteme der Biotope bieten aufgrund ihrer inneren strukturellen Vielfalt vielen Pflanzen- und Tierarten geeignete Bedingungen als Lebens- und Rückzugsraum sowie Nahrungsbiotop [5, 13]. Durch Verbreiterung solcher Randsysteme, beispielsweise am Ackerrand, entstehen Saumstrukturen, die gezielt genutzt werden können, um die Lebensraumvielfalt in Agrarlandschaften zu erweitern. Möglicherweise kann die Landwirtschaft auf der politischen Ebene Subventionen oder Ausgleichszahlungen für die Anlage solcher Saum- und Randstrukturen aushandeln. Es sei dahingestellt, ob Verbraucher bereit wären, für Produkte aus solchen Betrieben mehr zu bezahlen [14].

Naturschutzbrachen: Neben den dargestellten Saum- beziehungsweise Randstrukturen haben Ackerflächen fast immer Bereiche mit sehr unterschiedlicher Eignung. Die Endstücke der

Abb. 5 Saumstruktur am Übergang zwischen Feld und Waldrand: Hier verändern sich die physischen Eigenschaften des Lebensraums auf engem Raum stark, was vielen unterschiedlichen Arten eine Rückzugsmöglichkeit bietet. Bild: H. Pfeffer.

Bearbeitungsrichtung, die Vorgewende, sind sehr häufig durch Doppelbestellung und Bodenverdichtung gekennzeichnet, Waldränder konkurrieren mit Ackerflächen um Nährstoffe und Wasser und beschatten sie. Sandige oder stärker hügelige Areale innerhalb von Ackerflächen besitzen oft eine geringe Wasser- und Nährstoffspeicherfähigkeit, Senken werden häufig längere Zeit überflutet.

Nimmt der Landwirt gezielt derartige Bereiche der Ackerflächen aus der Nutzung, so kann er hochwertige Flächen für sein betriebliches Naturschutzengagement gewinnen. Besonders die Areale mit extremen Standorteigenschaften oder in Randlage des Ackers, die für eine landwirtschaftliche Nutzung nur eingeschränkt geeignet sind, können attraktive Lebensräume für die wildlebenden Pflanzen und Tiere in den bewirtschafteten Feldern darstellen [10].

Die einzelnen Gruppen wildlebender Pflanzen und Tiere der Agrarlandschaften haben sehr unterschiedliche Ansprüche an den Zustand ihrer Lebensräume und somit auch an die Bewirtschaftung von Naturschutzbrachen. So benötigen einige Ackerwildkräuter als Pionierarten eine jährliche Bodenbearbeitung, hingegen sind Heuschrecken und Wildbienen, die oft ihre Eier im Boden ablegen, auf offene und leicht erwärmbare Böden angewiesen, die nicht jedes Jahr durch Bodenbearbeitungsmaßnahmen gestört werden.

Die bunt blühenden Vertreter der Wiesen, Feldsäume und Magerrasen sind gegenüber Bodenbearbeitung empfindlich, benötigen aber eine regelmäßige Mahd. Krautschichtbewohnende Webspinnen oder auch samenfressende Vogelarten brauchen für den Winter eine höhere und samenreiche Vegetation. Um möglichst vielen dieser Ansprüche gerecht zu werden, erfordern viele Naturschutzmaßnahmen gezielte Anlage- und Pflegemaßnahmen (Beispiele aus dem Ökolandbau: Tab. 1). Konsequenterweise sollten zum Beispiel auch Flächen von Naturschutzbrachen zur Förderung der Lebensraumvielfalt aus mehreren, unterschiedlich bewirtschafteten Teilflächen bestehen.

Konsequenzen für einen produktionsintegrierten Naturschutz

Trotz des unbestreitbaren Wissenszuwachses über umwelt- und biodiversitätsschonende Produktionskonzepte in der Landwirtschaft [1, 4, 15–17] reagiert die Agrarpolitik nur sehr zöger-

Tab. 1 Wirkung von Naturschutzbrachen auf die Artenvielfalt im Vergleich zu konventioneller Ackernutzung auf identischen Standorten (aus [21]). „Ziel-Effekt": Es wird vorausgesetzt, dass das Flächenmanagement entsprechend dem standörtlichen Potenzial Anwendung findet und dass es geeignet ist, den Ansprüchen der Art oder der Artengruppe gerecht zu werden. „Ungünstigster Effekt": Es wird unterstellt, dass geeignete Flächen stillgelegt wurden, diese jedoch nicht nach naturschutzfachlichen Grundsätzen bewirtschaftet werden (zu häufiges Mähen oder Mulchen, fehlende episodische Bearbeitung etc.).

Artengruppe	Untergruppe	Naturschutzbrache im Vergleich zu Ackernutzung	
		Ziel-Effekt	ungünstigster Effekt
Vegetation	Ackerwildkräuter Sand	+2	+1
	Ackerwildkräuter Kalk	+2	−1
	Schlammfluren	+1	−2
	Sandtrockenrasen	+2	+1
	Kalktrockenrasen	+2	0
Tagfalter **		+2	0
Wildbienen **		+2	0
Heuschrecken		+2	+1
Krautschicht-Spinnen		+2	0
Vögel	Feldlerche	+1	0
	and. Charakterarten des Offenlandes*	+2	0
	Charakterarten des Waldrandes	+2	+1
	Nahrungssuchende Greifvögel	+2	+1
	Nahrungsgäste im Winter	+2	0
Amphibien	am Gewässerrand	+2	+1
	in Nassstelle	+2	0
Niederwild		+2	−1
Kleinsäuger		+2	+1

* *Emberiza calandra, Saxicola rubetra*; ** bevorzugt Feldrandlagen

Effekt: −2/−1/0/+1/+2: deutlich negativ/tendenziell negativ/neutral/tendenziell positiv/deutlich positiv)

lich mit der Schaffung geeigneter Rahmenbedingungen für deren Umsetzung. Wichtig wären vor allem attraktive Rahmenbedingungen für die intensiv ackerbaulich genutzten Regionen, unter denen Landwirte bereit wären, in ihre hocheffizienten Produktionssysteme ergänzende Lösungen des Naturschutzes zu integrieren.

Mit dem *Millennium Ecosystem Assessment* (MA) wurde von den Vereinten Nationen ein wichtiger Versuch unternommen, die Bedeutung von Biodiversität anhand von „Leistungen" der Arten und ihrer Vielfalt für die Gesellschaft deutlicher zu machen [18]. Welche dieser Leistungen eine hohe standorttypische Biodiversität benötigen, ist bisher nur anhand weniger Beispiele als Ursache-Wirkungsbeziehung darstell-

bar [19]. Wenn solche Güter angestrebt werden, sind dabei auch gegenläufige Interessen unvermeidbar. Deshalb ist immer auch ein Abwägungsprozess in den Entscheidungen zur Umsetzung von Biodiversitätsansprüchen erforderlich [20].

Unabhängig von den Ökosystemleistungen steht der Mensch in der Verantwortung, die Arten und ihre Lebensräume allein aufgrund ihrer Einzigartigkeit als „Leistungen" von Evolution und Erdentwicklung zu schützen (naturschutzfachlich-ethische Begründung). Agrarische Landnutzung hat dagegen in erster Linie die Versorgung mit Lebensmitteln und Rohstoffen zu sichern. Darüber hinausgehende Leistungen der Landwirtschaft sind Gegenstand von Verhandlungen mit der Gesellschaft und müssen gezielt honoriert werden [18].

Schlussfolgerungen

Seit geraumer Zeit werden vermehrt Konzepte entwickelt, mit denen in der Landwirtschaft, aber auch in der Landschaftsgestaltung biologische Vielfalt als ein wichtiges Ziel berücksichtigt werden kann. Für eine erfolgreiche Umsetzung solcher Konzepte reichen aber oft die Anreize für die Landnutzer nicht aus. Darin spiegelt sich auch die Haltung der Gesellschaft wider. Mit dem Millennium Ecosystem Assessment wurde die Rolle der biologischen Vielfalt über ihre Ökosystemdienstleistungen neu definiert. Mit der Anerkennung dieses Konzepts in der Politik könnten bessere gesellschaftliche Rahmenbedingungen erreicht werden, um Ziele des Natur- und Artenschutzes wirksamer in die Landwirtschaft zu integrieren.

Ein wichtiges Grundprinzip zur Förderung von Biodiversität in Agrarlandschaften lautet: „Schaffung von zusätzlichen Lebensräumen sowie mehr Nahrung und Deckung für die wildlebenden Arten in jeweils neuen Qualitäten". Es könnte bei gutem Willen und Interesse verhältnismäßig einfach umgesetzt werden.

Literatur

[1] Berger, G., Pfeffer, H. (2011) *Naturschutzbrachen im Ackerbau: Praxishandbuch für die Anlage und optimierte Bewirtschaftung kleinflächiger Lebensräume für die biologische Vielfalt*, Natur & Text in Brandenburg

[2] Werner, A., Roth, R., Zander, P., Meyer-Aurich, A., Jarfe, A. (2006) Scientific background for a nature conserving agriculture, in: *Nature conservation in agricultural ecosystems: Schorfheide-Chorin project* (eds. Flade, M. Plachter, H., Schmidt, R., Werner, A.), 529–572, Quelle & Meyer, Wiebelsheim.

[3] Stachow, U., Glemnitz, M., Werner, A. (2008) Biodiversität– „Versicherungsschutz" für die Landwirtschaft. *LandInform*, 3, 20.

[4] Stein-Bachinger, K., Fuchs, S., Gottwald, F., Helmecke, A., Grimm, J., Zander, P., Schuler, J., Bachinger, J., Gottschall, R. (2010) *Naturschutzfach-*

liche Optimierung des ökologischen Landbaus: Ergebnisse des E+E-Projektes „Naturschutzhof Brodowin", (Hrsg. Bundesamt fürNaturschutz), Bonn-Bad Godesberg.

[5] Kretschmer, H. (1995) Wieviel Landwirtschaft braucht der Biotop- und Artenschutz? *Zeitschrift für Kulturtechnik und Landentwicklung*, 36, 214–221.

[6] Hoffmann, J., Kretschmer, H., Pfeffer, H. (2001) Effects of patterning on biodiversity in Northeast German agro-landscapes, in: *Ecosystem approaches to landscape management in Central Europe* (eds. J.D. Tenhunen, R. Lenz, R. Hantschel), Ecological Studies 147, 325–340, Springer, Berlin.

[7] Konrad, J., Bloch, R., Glemnitz, M., Platen, R., Verch, G. (2010) Einfluss der Vegetationsstruktur von agrarischen Anbaukulturen auf die Zusammensetzung der Zönosen von Laufkäfern (Col.: Carabidae) und Spinnentieren (Arach: Araneae, Opiliones), *Archiv für Forstwesen und Landschaftsökologie*, 44, 169–181.

[8] Glemnitz, M., Platen, R., Hufnagel, J. (2010) *Auswirkungen des landwirtschaftlichen Anbaus von Energiepflanzen auf die Biodiversität – Optionen in der Anbaugestaltung*. Umwelt und Raum, Schriftenreihe Institut für Umweltplanung, Leibniz Universität, Hannover, Band 1, Cuvillier Verlag, Göttingen, 77–90.

[9] Werner, A. (2003) Precision Farming als Schlüsseltechnologie zur nachhaltigen Entwicklung der Landnutzung, in *Bewertung von Umweltschutzleistungen in der Pflanzenproduktion*, KTBL-Heft, Darmstadt, 116–134.

[10] Berger, G., Pfeffer, H., Kachele, H., Andreas, S., Hoffmann, J. (2003) Nature protection in agricultural landscapes by setting aside unproductive areas in ecotones within arable fields („Infield Nature Protection Spots"). *Journal for Nature Conservation*, 11, 221–233.

[11] Fuchs, S., Schuler, J. (2010) Ökonomie der Bewirtschaftung des Naturschutzhofes, in: *Naturschutzfachliche Optimierung des Ökologischen Landbaus : Ergebnisse des E+E-Projektes „Naturschutzhof Brodowin"* (Hrsg. Stein-Bachinger,K., Fuchs, S., Gottwald, F., Helmecke, A., Grimm, J., Zander, P., Schuler, J., Bachinger, J., Gottschall, R.), Bundesamt für Naturschutz, Bonn-Bad Godesberg, 332–337.

[12] Sattler, C., Nagel, U.J., Werner, A., Zander, P. (2010) Integrated assessment of agricultural production practices to enhance sustainable development in agricultural landscapes. *Ecological Indicators*, **10**, 49–61.

[13] Gottwald, F., Stein-Bachinger, K. (2010) Anlage und Pflege von Säumen an Hecken und Waldrändern, in: *Naturschutzfachliche Optimierung des Ökologischen Landbaus: Ergebnisse des E+E-Projektes „Naturschutzhof Brodowin"* (Hrsg. Stein-Bachinger, K., Fuchs, S., Gottwald, F., Helmecke, A., Grimm, J., Zander, P., Schuler,J., Bachinger, J., Gottschall, R.) Bundesamt fur Naturschutz, Bonn, 261–276.

[14] Engel, S., Pagiola, S., Wunder, S. (2008) Designing payments for environmental services in theory and practice: An overview of the issues. *Ecological Economics*, **65**, 663–674.

[15] Berger, G., Pfeffer, H., Kalettka, T. (Hrsg.) (2011) *Amphibienschutz in kleingewässerreichen Ackerbaugebieten: Grundlagen, Konflikte, Lösungen*, Natur & Text, Rangsdorf.

[16] Fuchs, S., Stein-Bachinger, K. (2008) *Naturschutz im Ökolandbau: Praxishandbuch für den ökologischen Ackerbau im nordostdeutschen Raum*, Bioland, Mainz.

[17] Werner, A., Berger, B., Glemnitz, M., Stachow, U., Platen, R., Stein-Bachinger, K., Hufnagel, J., Wurbs, A., Schröder, B. (2011) Bedeutung der landwirtschaftlichen Produktion für die biologische Vielfalt in der Agrarlandschaft, in: *Neue Wege zur Erhaltung und nachhaltigen Nutzung der Agrobiodiversität – Effektivität und Perspektiven von Fördermaßnahmen im Agrarbereich* (Hrsg. Begemann, F., Schröder, S., Kießling, D., Neshöver, C., Wolters, V.). Agro-Biodiversität, Schriftenreihe des Informations- und Koordinationszentrums für Biologische Vielfalt, **31**, 70–84.

[18] MASR (2005) Millennium Ecosystem Assessment Synthesis Report. Island Press, Washington DC.

[19] Scheffer, M., Brock, W., Westley, F. (2000) Socio – economic Mechanisms Preventing Optimum Use of Ecosystem Services: An Interdisciplinary Theoretical Analysis, *Ecosystems*, **3**, 451–471.

[20] Costanza, R. (2008) Ecosystem services: Multiple classification systems are needed. *Biological Conservation*, **141**, 350–352.

[21] Berger, G., Pfeffer, H. (2009) Zielführender Artenschutz in Ackerbaugebieten, in: *Ist das Artensterben in der Agrarlandschaft noch aufzuhalten? Lösungsansätze für eine naturschutzgerechte und zukunftsfähige Landwirtschaft* (Hrsg. Bündnis 90/Die Grünen), Fachtagung „Biodiversität", Nov. 17, 2008, Dresden.

18

Mit Wissenschaft zurück zu artenreichen Wiesen:

Die Renaturierung von Graslandbeständen als komplexes System

Vicky M. Temperton

Artenreiche, extensiv genutzte Wiesen und Graslandlandschaften sind ein ganz besonderer Lebensraum in Europa. Jeder kennt das Bild einer blumenreichen Wiese, auf der nicht nur eine Pracht an vielfältigen Blütenformen und Farben, sondern auch eine Vielfalt an Insekten und kleineren Tieren zu beobachten ist. Diese Lebensräume sind die Ergebnisse einer mehrere Jahrtausende alten Bewirtschaftung durch Beweidung oder Mahd.

Was die Wenigsten wissen: Diese Pflanzengemeinschaften sind – kleinräumig gesehen (< 10 m²) – die artenreichsten Lebensräume der Welt [1]. Der tropische Regenwald birgt auf größerer Skala beispielsweise eine unglaubliche Vielfalt allein an Baumarten, aber kleinräumig ist dieses Biotop nicht so reich an Pflanzenarten wie die Wiesen im gemäßigten Klima Mitteleuropas.

Die so genannten „Trockenrasen" und „Halbtrockenrasen", sehr artenreiche Wiesen mit einer Vielzahl an einheimischen Orchideen auf trockenen, sehr nährstoffarmen Kalkböden (oft an Hängen) zeigen häufig eine Pflanzenvielfalt von über 50 unterschiedlichen Pflanzenarten pro Quadratmeter (Abb. 1). Dieses ist eine erstaunliche Vielfalt verglichen mit beispielsweise circa zehn Arten pro Quadratmeter in einer Moorlandschaft oder 0,016 Arten pro Quadratmeter in tropischen Wäldern (auf der Hektarskala sind dies aber 160 Baumarten pro Hektar! [2]).

So viele Arten auf kargem Boden?

Wie entsteht diese unglaubliche Artenvielfalt auf kleinstem Raum und wie erhält sie sich? Dies ist eine der großen Fragen in der Ökologie, und die Antwort ist äußerst komplex – sowohl was die beteiligten Faktoren betrifft als auch hinsichtlich der Konsequenzen, die sich für eine nachhaltige Bewirtschaftung einer derartigen Landschaft mit ihrer biologischen Vielfalt ergeben.

Auf den ersten Blick erscheint es einleuchtend, dass sich an nährstoffreichen Standorten die meisten Pflanzenarten wohlfühlen, so dass man dort die höchste Artenvielfalt erwarten

◀ Wie einfach oder wie schwierig ist es, eine artenreiche Wiese wiederherzustellen? Unsere artenreichen Wiesen sind größtenteils durch menschlichen Eingriff entstanden und haben nur Bestand, wenn sie regelmäßig gemäht oder beweidet werden. Diese Aufnahme zeigt eine Fettwiesenfläche im Jena-Experiment im Sommer 2003 (siehe auch Kapitel „Künstliche Systeme als Modell"), auf der acht große Kräuterarten ausgesät worden sind. Sechs Arten konnten sich etablieren, aber man sieht ganz klar, dass zwei Arten, die Marguerite *Leucanthemum vulgare* und die Ackerwitwenblume *Knautia arvensis* diese Fläche zu diesem Zeitpunkt dominiert haben. Bereits in den folgenden Jahren haben sich die Dominanzverhältnisse verschoben. Es erfordert intensive Forschungsarbeit, um beispielsweise die Zusammenhänge zwischen Artenreichtum und Produktivität einer Wiese wirklich zu verstehen.

Abb. 1 Einige Beispiele für artenreiche Wiesen. a) Eine artenreiche Wiese auf nährstoffarmem Boden (Sand mit Torf) im Rahmen des Habitatgarten-Experiments, Forschungszentrum Jülich. Bild: C. Plückers. b) Eine alpine Matte in den Hohen Tauern. Bild: E. Beck. c) Prärievegetation im Botanischen Garten Bayreuth. Bild: V. Temperton.

könnte. Dies ist aber in der Natur meist nicht der Fall: Artenarme Pflanzengesellschaften findet man entweder auf besonders nährstoffarmen oder sehr nährstoffreichen Böden, während die größte Vielfalt zwischen diesen Extremen beobachtet wird. Diese Muster sind durch Millionen Jahre evolutionärer Co-Entwicklung und Interak-

tionen zwischen den Arten und ihrem Habitat sowie Interaktionen mit den Nachbarn entstanden. Der bekannte englische Ökologe John Philip Grime hat hierfür in den 1970er Jahren das *hump-backed model* (Buckel-Theorie oder Optimumsbeziehung, Abb. 2) entwickelt. Mit dieser Theorie erklärte er den nicht-linearen, sondern

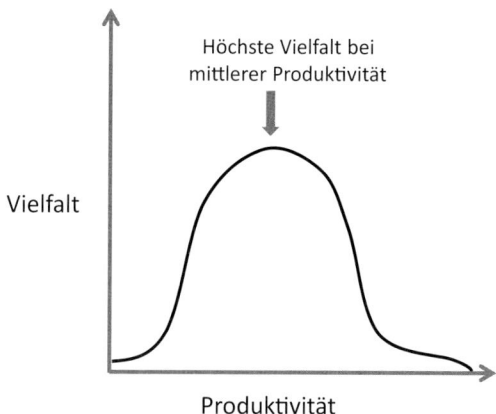

Abb. 2 Die „Buckel-Theorie" (Optimumstheorie) von Grime [3] beschreibt das Verhältnis zwischen Produktivität (des Bodens oder der Vegetation) und der Artenvielfalt (Artenzahl). Bei sehr niedriger Bodenproduktivität (Nährstoffverfügbarkeit) sind nur wenige Arten an die Umweltbedingungen angepasst; bei hoher Bodenproduktivität können sich sehr konkurrenzstarke Arten durchsetzen und andere Arten ausschließen. Ein ähnlicher Zusammenhang wird zwischen Störungsintensität (zum Beispiel durch Extremwetterereignisse, Mahd oder Beweidung) und Vielfalt (die so genannte „Intermediate Disturbance Hypothesis" in der Ökologie) postuliert. Ein derartiger „Buckel" ließ sich bei vielen Untersuchungen jedoch nicht feststellen.

buckelförmigen Zusammenhang zwischen der Fertilität des Bodens und der natürlicherweise darauf zu findenden Vielfalt an Pflanzenarten [3]. Zusätzlich zur Nährstoffverfügbarkeit des Bodens werden das Ausmaß beziehungsweise die Häufigkeit von Störungen (beispielsweise Wetterereignisse, Beweidung, Mahd, Verdichtung des Bodens) angeführt, um die Artenvielfalt zu erklären. Diese Einflussfaktoren wurden in der „Intermediate Disturbance Hypothesis" zusammengefasst. Leichte Störungen eines im Gleichgewicht befindlichen Systems vermindern, zumindest zeitweise, die Konkurrenzkraft der „arealbesitzenden Arten" und geben weiteren Arten eine Chance, das Territorium zu besiedeln. Sie erhöhen also, wenigstens vorübergehend, die Artenvielfalt. So haben also Störungen mit mittlerer Intensität positive Effekte auf die

Artenvielfalt eines Standortes. Eine moderate Beweidung oder jährliche Mahd könnte man beispielsweise als eine derartige, länger anhaltende Störung mittlerer Intensität bezeichnen Die Buckel-Theorie von Grime (bezogen auf die Nährstoffe im Boden oder eine Störung) wurde vielerorts sowohl bestätigt als auch widerlegt, sodass eine heftige Auseinandersetzung unter Ökologen um das Thema entflammt ist. Um die Gültigkeit dieser Theorie auf globaler Ebene zu überprüfen, hat eine Gruppe von Ökologen ihre Methoden standardisiert und die Theorie weltweit auf vielen Standorten mit 48 krautigen Pflanzengesellschaften experimentell überprüft. Im Ergebnis fanden Adler und Mitarbeitende [5] keine eindeutige Beziehung (weder buckelförmig noch linear) zwischen Produktivität und Artenvielfalt, unabhängig von der betrachteten Skala, vom einzelnen Habitat bis zur globalen Ebene. Entsprechend gilt die Buckel-Theorie von Grime als grundsätzlich widerlegt. Interessanterweise handelte es sich jedoch in den wenigen Fällen, in denen eine Optimumsbeziehung gefunden wurde, um stark vom Menschen beeinflusste Habitate, wie beweidete Flächen, aufgelassene Äcker und renaturierte Prärie! Die Erkenntnisse dieser aktuellen Studie sind äußerst wichtig für den Naturschutz und die Bewirtschaftung unserer naturnahen Landschaften. In weniger stark vom Menschen gestörten Biotopen, das heißt in Arealen mit einer ausgewogenen und deshalb stabilen Vegetation, kann man nicht unbedingt eine klare Beziehung zwischen Produktivität und Artenvielfalt erwarten. In unseren vom menschlichen Eingriff abhängigen und deshalb artenreichen Wiesenlandschaften ist dies aber der Fall, wenn die Bewirtschaftung mäßig bleibt. Die Entwicklung einer einfachen Methode zur Abschätzung, welche Pflanzenvielfalt an einem Standort im Hinblick auf Bodenqualität und Bewirtschaftung überhaupt möglich wäre, ist eine interessante wissenschaftliche Herausforderung. Eine solche Methode hätte große Bedeutung im Naturschutz und bei der Renaturierung aufgelassener Flächen.

Vom Menschen geschaffen, vom Menschen erhalten

Unsere artenreichen Wiesen sind größtenteils durch menschlichen Eingriff entstanden und haben nur durch menschliche Unterstützung Bestand. Voraussetzung zum Erhalt dieser Ökosysteme ist eine regelmäßige Mahd oder Beweidung. Ohne diese würde die natürliche Entwicklung zumindest in Mitteleuropa dazu führen, dass sich mit der Zeit Sträucher und Bäume ansiedeln und dass sich das Grasland in Gebüsch und schließlich in lichten Wald umwandeln würde. Der Wald ist letztlich die natürliche Vegetationsform Mitteleuropas. Ausgenommen wären sehr trockene (oder feuchte) und nährstoffarme Standorte wie zum Beispiel die ungarische Steppe (die „Puszta"), ein natürliches Grasland, das keine Mahd oder Beweidung zu seiner Erhaltung benötigt.

Stark gefährdet

Wenig bekannt ist die Tatsache, dass Wiesen als Biotope durch zwei gegensätzliche Auswirkungen der modernen Landwirtschaft stark gefährdet sind: Dies ist zum einen die Intensivierung der Landwirtschaft und zum anderen die Vernachlässigung der Wiesen beziehungsweise ihr meist wirtschaftlich bedingtes Brachfallen.

Viele ursprünglich artenreiche Wiesen wurden nach dem Zweiten Weltkrieg gedüngt und somit in artenarmes, aber hochproduktives Wirtschaftsgrünland umgewandelt, um den anwachsenden Viehbestand zu ernähren [6]. Andere wurden umgepflügt und in intensiv bewirtschaftete Äcker umgewandelt, auf denen oft Getreideanbau in Monokulturen betrieben wird.

„Marginales Land" bezeichnet Flächen, die für eine intensive Landwirtschaft nicht geeignet sind (wegen geringer Fruchtbarkeit, ungünstiger Topografie oder Degradierung). Auf solchen marginalen Standorten war aber eine *extensive* landwirtschaftliche Bewirtschaftung über Jahrhunderte hinweg möglich und sogar rentabel. Mit steigen-

dem Lebensstandard kam es in den vergangenen fünfzig Jahren immer häufiger zur Auflassung derartiger Flächen und zur Wiederansiedlung von Buschwerk und Wald. Deutlich zu beobachten ist dabei ein Verschwinden vieler Pflanzenarten, aber auch der Tierarten, die auf die Grünland-Pflanzen angewiesen sind (beispielsweise viele Insekten). Den Verlust an Artenvielfalt spiegelt auch die Rote Liste der gefährdeten Arten wider. In der „Fauna-Flora-Habitat-Richtlinie" (FFH) der EU verpflichten sich die EU-Länder, einen gewissen Anteil ihrer Landfläche dem Naturschutz zu übergeben (so genannte Natura 2000-Standorte). Natura 2000-Gebiete wurden und werden bevorzugt an sehr artenreichen Standorten mit vielen gefährdeten Arten etabliert.

Um artenreiche Wiesenlandschaften zu fördern, brauchen diese Landschaften ein moderates „Eingreifen" des wirtschaftenden Menschen in die natürliche Vegetationsentwicklung. Dadurch zählen diese Areale nur als „halb-natürliche", dafür aber sehr artenreiche Landschaften, die heute stark gefährdet sind. Wiesen als ökologische Systeme gelten aufgrund ihres Artenreichtums als geeignete Vegetationstypen für die Renaturierung degradierter Böden und leisten hierdurch einen Beitrag zur Bekämpfung des Artenschwunds.

Die große Frage für die Wissenschaft und für Landwirte ist nun, ob die eingetretene Entwicklung zum gedüngten Wirtschaftsgrünland einerseits oder die Rückkehr der Gehölzvegetation andererseits langfristig irreversibel ist [8]. Anders ausgedrückt: Wie einfach oder wie schwierig ist es, eine artenreiche Wiese wiederherzustellen, d.h. zu renaturieren? Hinzu kommt die Frage: Welches Wissen aus der Ökologie können wir nutzen, um Grasländer erfolgreich zu renaturieren?

Renaturierung

Bei einer Renaturierung werden oft entweder physikalische oder chemische Umweltbedingungen verändert (wie beispielsweise bei belasteten terrestrischen Systemen durch den Abtrag des Oberbodens). Nach solchen Hilfsmaßnahmen sind die ökologischen Systeme oft in der Lage, sich zu stabilisieren und erneut Heimat für Pflanzen und Tiere zu werden.

Aktuell wird in der Wissenschaft (zum Beispiel in der „Society for Ecology Restoration International") viel über die neuen Herausforderungen in der Renaturierung diskutiert, da wir durch den Klimawandel und den Verlust an einheimischen Arten bei gleichzeitiger Zunahme exotischer Arten neuartige Konstellationen im Gefüge der Ökosysteme vorfinden [9]. Wir müssen neue Methoden für die Renaturierung entwickeln, die *per se* andere Ziele haben muss, als nur möglichst genau die ursprüngliche Pflanzengesellschaft wiederherzustellen. Vielmehr gilt es, mit wissenschaftsgetriebenen realistischen Möglichkeiten nachhaltig stabile Ökosysteme zu etablieren und sie zu schützen.

Mit dem wachsenden Druck auf Lebensräume in einer räumlich begrenzten Welt wird Naturschutz allein dafür nicht ausreichen. Der seit langem anhaltenden Degradierung von Ökosystemen durch den Menschen kann nur begegnet werden, wenn derartig degradierte Systeme auch wieder rehabilitiert werden. Auf der globalen politischen Ebene kommt der Begriff „Renaturierung" immer häufiger vor, wie zum Beispiel in der Fortschreibung der „Biodiversitätskonvention" (*Convention on Biological Diversity*, CBD) im Abkommen von Nagoya 2010. Wenn die Renaturierung ein probates Mittel gegen den Artenverlust sein soll, so ist es höchste Zeit, sich mit den Erfolgsaussichten und Risiken der Renaturierung auseinanderzusetzen.

Renaturierungserfolge bis jetzt:
Was kann man erreichen?

Zunächst ist es wichtig, zwischen der Artenzusammensetzung eines Ökosystems und den Prozessen zu unterscheiden, auf denen das Funktionieren des Systems beruht. Die Ökologen Lockwood und Pimm fanden bei ihren Untersuchungen [10] heraus, dass die Etablierung bestimmter Prozesse oder sogar das Funktionieren des gesamten Ökosystems (beispielsweise sein Stoffkreislauf) leichter zu erreichen sind als die Wiederherstellung des ursprünglichen Artenspektrums. Vielfach gelingt es nur, einige wichtige Schlüssel- oder Zielarten wieder zu etablieren.

Eine aktuelle groß angelegte Analyse (eine „Metaanalyse" [11]) hat 240 Publikationen zum Thema Regenerationszeiten von degradierten Ökosystemen untersucht. Diese Studie bringt auf dem ersten Blick eine gute Nachricht: Sie zeigt nämlich eine 50-prozentige Wahrscheinlichkeit der Erholung gestörter terrestrischer oder mariner Ökosysteme. Die Erholungzeit war in den meisten Fällen wesentlich kürzer als erwartet. Allerdings muss man hier differenzieren: Nicht alle Prozesse im Ökosystem haben sich gleichermaßen erholt. Auch diese Studie kommt zu der Erkenntnis, dass sich ökosystemare Prozesse viel schneller erholen, als die Pflanzen- und Tiergesellschaften an sich. Prozesse sind also einfacher zu regenerieren als das Artenspektrum.

Das Verhältnis zwischen der Artenvielfalt und dem Funktionieren eines Ökosystems

In Verbindung mit der Grundfrage nach den Mechanismen der Entstehung der Artenvielfalt auf unserem Planeten beschäftigt sich die Ökologie seit circa 15 Jahren sehr intensiv mit einer verwandten Frage: Welchen *Effekt* hat die Artenvielfalt auf Ökosysteme und ökosystemare Prozesse wie Produktivität, Nährstoff- und Wasserkreisläufe, Zersetzung usw.? Anders formuliert: Werden unsere Ökosysteme anders oder weniger gut funktionieren, wenn weniger Arten vorhanden sind?

Pflanzen bilden die Basis der Nahrungsketten und -netze. Systematische Experimente mit nordamerikanischen Grasländern haben gezeigt, dass die (Biomasse-)Produktivität der Pflanzen höher ist und die Nährstoffkreisläufe effektiver sind, wenn sich mehr Arten mit sehr unter-

Produktivität

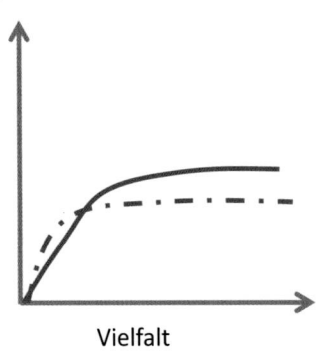

Vielfalt

Abb. 3 Eine andere Perspektive: Effekt der Vielfalt auf die Produktivität. Obwohl die Bodenproduktivität eine sehr große Rolle spielt für die Vielfalt, kann die Vielfalt auch die (Boden)produktivität beeinflussen. Pflanzenvielfalt an sich wirkt positiv auf die Produktivität (Biomasseproduktion) und andere Prozesse (zum Beispiel Stabilität) im Ökosystem aus, wie viele Experimente zur Funktionalität der Biodiversität in Grasland-Ökosystemen (fette Linie) zeigen. Mehr Arten führen zu einer besseren Ausnutzung der Ressourcen.

Die gestrichelte Linie zeigt, wie sich das Verhältnis von Funktion und Biodiversität theoretisch ändern könnte, wenn extreme Umweltbedingungen (zum Beispiel Trockenheit, Nährstoffauswaschung, auf Rohböden) angenommen werden. Entsprechend der „Stress Gradient Hypothesis" (SGH), sollten unter extremen Bedingungen die positiven Interaktionen zwischen den Arten zunehmen, sodass die anfängliche Steigung der Kurve steiler wird. Dies könnte man sich bei der Renaturierung von Grasländern zunutze machen, wenn man besonders gut interagierende Pflanzenarten auswählt.

schiedlichen Eigenschaften im System befinden (siehe Abb. 3) Weitere Experimente – beispielsweise das BIODEPTH-Experiment mit acht Stationen von Nord- bis Südeuropa und das Jena-Experiment – haben diese Befunde für unterschiedliche Grasländer bestätigt (siehe auch Kapitel 11 auf Seite 101ff.).

Diese interessanten Ergebnisse haben eine lebhafte Diskussion ausgelöst. Eine mögliche Erklärung des Phänomens liegt auf der Hand: Eine Pflanzengemeinschaft mit zum Beispiel ganz unterschiedlichen Wurzelsystemen kann die Ressourcen des Bodens besser erschließen und ausnutzen als eine Monokultur. Man hat die Erschließung verschiedener Mikronischen durch die unterschiedlichen Pflanzenarten den „Komplementaritätseffekt" genannt.

Ein anderer Erklärungsansatz geht von der Vorstellung aus, dass es wichtige, dominante und weniger wichtige Arten gibt. Wählt man die Arten für ein Experiment rein zufällig aus, so steigt die Wahrscheinlichkeit, wichtige Arten dabei zu haben mit der verwendeten Artenzahl. In den Grasland-Experimenten dürften, je nach Anlage, beide Effekte eine Rolle spielen, wobei der Komplementaritätseffekt mit der Dauer des Experiments an Bedeutung gewinnt – und das gerade wegen der mit der jährlichen Heuernte entzogenen Nährelemente [12]. Daraus kann man umgekehrt schließen, dass in Habitaten mit armen Böden Biodiversitätseffekte eine größere Rolle spielen als zum Beispiel auf Fettwiesen. Dies ist ein besonders wichtiger Gesichtspunkt für die Renaturierungen von Grasländern auf Rohböden (Abb. 3, gestrichelte Linie).

Für den Naturschutz und die Renaturierung ist die Frage wichtig, inwieweit die Ergebnisse dieser Experimente auf natürliche Systeme übertragbar sind [13]. Verschiedene für die Experimente notwendige Manipulationen, wie das kontinuierliche Jäten von angeflogenen, nicht gepflanzten Arten, lassen an der Aussagekraft solcher Versuche Zweifel aufkommen.

Für die Frage nach der Übertragbarkeit sind Versuche in natürlichen, also „offenen" Systemen unabdingbar. Dabei ist besonders zu prüfen, inwieweit die positiven Effekte der Artenvielfalt von wahrscheinlich stärkeren Faktoren wie Landnutzung, Bodenfruchtbarkeit, Klima oder Verfügbarkeit von Arten aus der Umgebung überlagert werden.

Graslandrenaturierung:
Diversitäts- und Prioritätseffekte nutzen

Kann man die beobachteten, positiven Effekte der Artenvielfalt auch für die Renaturierung nutzen – und welche Rolle spielen die Art der De-gradierung des Bodens und die Bodenfruchtbar-keit?

James Bullock und seine Arbeitsgruppe sind dieser Problematik nachgegangen, wobei die Steigerung der Produktivität restaurierter Gras-länder ebenso wie die Erhöhung der Artenvielfalt wichtige Versuchsziele waren. Es ging also um den Komplementaritätseffekt bei der Renaturie-rung von Grasländern.

Auf insgesamt sechs unterschiedlichen frühe-ren Ackerstandorten auf gerodetem Brachland in England wurden eine artenarme und eine arten-reiche Samenmischung zum gleichen Zeitpunkt ausgebracht. Anschließend wurde acht Jahre lang verfolgt, wie sich sowohl die Pflanzenvielfalt als auch die Menge und die Qualität des Heus entwickelten [14, 15]. Die positiven Effekte der Vielfalt auf die Produktivität und die Zunahme des Artenspektrums über mehrere Jahre konn-ten eindeutig gezeigt werden.

Obwohl solche Systeme als „offen" betrachtet werden können, da eine unkontrollierte Ein- und Abwanderung von Pflanzenarten stattfinden kann, waren die positiven Effekte einer artenrei-cheren Mischung auch noch nach acht Jahren sehr deutlich zu erkennen. Solche Effekte zeigen aber nicht nur den Einfluss der Biodiversität an sich, sondern auch den Einfluss einer einmali-gen Anreicherung von Arten. Die Auswirkungen eines derartigen einmaligen Ereignisses werden als Prioritätseffekte bezeichnet und haben somit eine zeitliche Dimension. Prioritätseffekte sind treibende und anhaltende Effekte der Erstan-kömmlinge auf die weitere Entwicklung einer Gemeinschaft und heute Gegenstand der so ge-nannten Assembly-Forschung. In diesem Zweig der Forschung sucht man nach Regeln, wie sich die Natur strukturiert und entwickelt (ähnlich wie in der Sukzessionstheorie). Solche Regeln befassen sich vor allem mit der zeitlichen Di-mension. Sie sollten bei der Planung von Rena-turierungsprojekten berücksichtigt werden [16].

Graslandrenaturierung auf marginalem Land – relatives Neuland in der Forschung

Zur Renaturierung anstehende Tagebauland-schaften fallen unter die oben beschriebene Kate-gorie „marginales Land". Obwohl dieser Begriff einen eher negativen Beiklang hat, kann solches Land (dem zunächst der humose Oberboden fehlt) oft genauso viele Ökosystemleistungen er-bringen wie intensiv bewirtschaftetes Grünland [17]. Ein wesentlicher Gesichtspunkt ist dabei, dass die positiven Biodiversitätseffekte im Lauf mehrerer Jahre sogar zunehmen (wenn der Bo-den mit dem Heuabtrag immer magerer wird), so dass man mit einer hohen Artenvielfalt und einer besseren Bodenbedeckung und somit hö-heren Produktivität und Kreislaufdynamik des Systems rechnen kann. Dies würde der Stress-Gradienten-Hypothese (Abb. 3, gestrichelte Li-nie) entsprechen.

Bei der Graslandrenaturierung auf humus-freien Rohböden lohnt sich eine Ansaat (im Ver-gleich zur natürlichen Sukzession) als Renaturie-rungsmethode, um die gewünschten Zielarten zu etablieren [18]. Wie man zusätzlich Biodiver-sitäts- und Prioritätseffekte (Assembly) nutzen könnte, um noch erfolgreicher Grasland auf Ta-gebaulandschaften zu etablieren, ist weitestge-hend unerforscht.

Natürliche Systeme sind „offene Systeme"; sie können durch die Verfügbarkeit von freien Ni-schen oder durch zufällige neutrale Effekte wie zum Beispiel die Verfügbarkeit von Diasporen gesteuert werden [19]. Bei ungesättigten Habita-ten, wie bei der Renaturierung von Rohböden, bieten sich für Einwanderer viel mehr freie Ni-schen als in einer geschlossenen Wiese. Bei der Renaturierung von marginalem Land könnte man bei einer sehr wechselhaften Topografie unterschiedliche Strategien anwenden. An un-produktiven Stellen wäre eine einmalige Aussaat ausreichend, da hier meistens das Vorhanden-sein von Diasporen bestimmend ist. An produk-tiveren Stellen könnte man aber einen Schritt weiter gehen: Um die positiven Biodiversitätseffekte möglichst gut auszunutzen, könnte man hier eine Mischung mit bestimmten funktionellen Pflanzengruppen einsetzen. Beide Strategien fallen unter die Ausnutzung der Prioritätseffekte, bei denen die Erstankömmlinge die weitere Entwicklung von Pflanzen eines Standortes deutlich beeinflussen.

Positive Effekte der Vielfalt zeitgerecht nutzen

Experimentell konnte gezeigt werden, dass bei höherer Artenvielfalt einer ausgebrachten Samenmischung die Vegetation dichter und produktiver wird und insbesondere durch Leguminosen (zum Beispiel Klee, Luzerne) mehr Stickstoff fixiert wird. Ein anderes Beispiel für derartige „funktionelle Gruppen" sind Gräser, die einen Boden sehr schnell durchwurzeln können.

Alle Experimente zeigten, dass nicht nur die Artenvielfalt per se, sondern die Vielfalt an funktionellen Gruppen einen positiven Effekt auf die ökosystemaren Prozesse im Grasland hatten. Dies betrifft auch die Einwanderung von neuen Arten in ein Ökosystem: Offensichtlich behindern Pflanzen derselben funktionellen Gruppe die Einwanderung oder Etablierung weiterer Arten der gleichen funktionellen Gruppe [20]. So konnten sich beispielsweise Leguminosen oder Gräser schlecht auf Flächen ansiedeln, wo bereits andere Leguminosen oder Gräser dominierten. Besonders interessant sind die Ergebnisse einer Untersuchung zum Ausbringungszeitpunkt bestimmter funktioneller Gruppen auf das Artenspektrum und die Produktivität von Grünland [21]. Säte man die Leguminosen drei Wochen vor den Gräsern und anderen Kräutern ein, so erbrachte dies eine deutliche Steigerung der oberirdischen Biomasse der Pflanzen. Die Autoren erklärten dies mit einer besseren Raum- und Ressourcennutzung (also Nischen-Komplementarität). Da die Leguminosen Stickstoff aus der Luft aufnehmen können und weniger Wurzelsystem entwickeln, haben die nachfolgenden Pflanzengruppen einerseits mehr Bodenvolumen und andererseits durch die Düngewirkung

der Leguminosen („Gründüngung") mehr Nährstoffe zur Verfügung.

Wiederum steht die Frage im Raum, ob sich diese Erkenntnisse auch bei der Graslandrenaturierung nutzen lassen. Der Übergang von kontrollierten Bedingungen im Labor oder Gewächshaus auf Graslandgemeinschaften unter natürlichen Bedingungen mit ständig wechselndem Wetter, Insekten, unterschiedlicher Nutzung und vielen unterschiedlichen Faktorenkombinationen stellt eine große Herausforderung dar, wenn Ergebnisse verallgemeinert werden sollen. Hierzu sind eigene, vergleichende Forschungsansätze nötig.

Unter Federführung des Forschungszentrums Jülich laufen vergleichende Untersuchungen über derartige Prioritätseffekte auf verschiedenen Skalen, also von der Klimakammer über das Gewächshaus bis zum Feldversuch, von genau kontrollierten über halbkontrollierte bis zu unkontrollierten Bedingungen. Variiert werden auch die Zeitintervalle, in denen einzelne funktionelle Gruppen „nachgesät" werden (zwei, drei, vier und sechs Wochen). Dabei werden einzelne Pflanzenarten, die sich als wichtig erweisen, einer genaueren Untersuchung unterzogen.

Bereits nach drei Monaten zeigten sich erste Prioritätseffekte, wenn sehr artenreiche Mischungen auf Torf/Sandboden im Gewächshaus ausgesät wurden und es einen Vorlauf von Leguminosen gab (siehe Abb. 4a und Abb. 5a). Ein Zeitintervall von sechs Wochen zwischen der Aussaat der funktionellen Gruppen Leguminosen und Gräser produziert erwartungsgemäß größere Prioritätseffekte als ein kürzeres von nur drei Wochen. Beim Einsatz ehemaliger Ackerböden (im Gegensatz zu Rohböden oder Torf) wird der erste Aufwuchs stark durch die im Boden befindliche „Samenbank" (Ackerunkräuter) beeinflusst (Abb. 4c und 5b). Prioritätseffekte wurden aber nach der ersten Mahd sichtbar.

Abb. 4 Prioritätseffekte könnten einen nachhaltigen Effekt auf die Produktivität und die Vielfalt einer Pflanzengemeinschaft haben. Die Abbildung zeigt Experimente auf unterschiedlichen Skalen, in denen das Potenzial von Prioritätseffekten für die Renaturierung untersucht wird.
a) Gewächshausexperimente, in denen der Zeitpunkt sowie die Dichte der Aussaat und die Reihenfolge von verschiedenen funktionellen Pflanzengruppen variiert wird (zum Beispiel Leguminosen zuerst, Gräser später).
b) Ein Mikrokosmenexperiment, in dem die Faktoren Artenzahl, Reihenfolge und Zeitpunkt der Ausbringung untersucht werden.
c) Ein Feldexperiment in Bernburg, in dem Prioritätseffekte getestet werden. Bild: Annett Baasch.

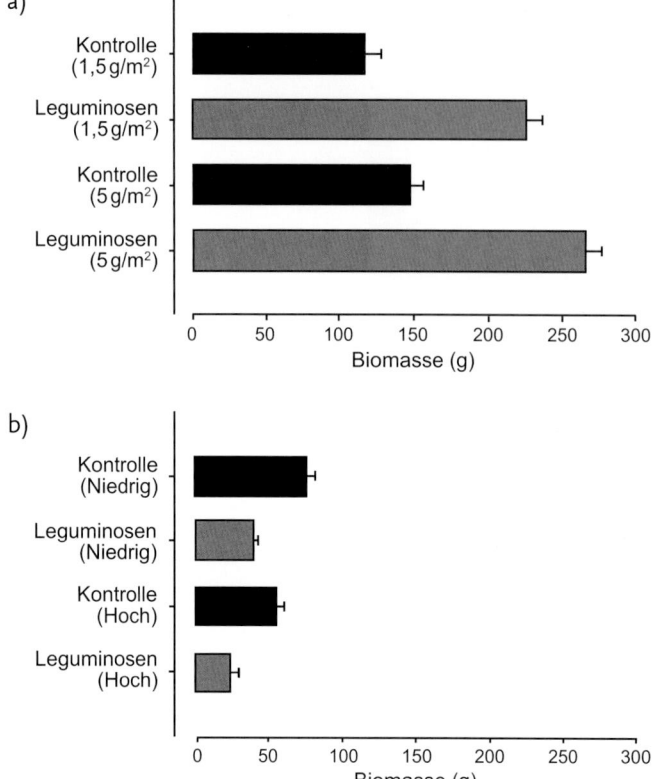

a)

b)

Abb. 5 a) Erste Ergebnisse des Experimentes im Gewächshaus (vgl. Abb. 4a) und b) des Mikrokosmenexperimentes im Freien (vgl. Abb. 4b) zeigen im ersten Jahr unterschiedliche Prioritätseffekte, die wahrscheinlich auf die Unkrautsamenbank im Boden zurückzuführen sind.

a) Wenn Leguminosen einen Vorlauf von sechs Wochen vor der Aussaat der anderen Arten hatten, war die Produktion von oberirdischer Biomasse höher, als wenn alle funktionellen Gruppen gleichzeitig ausgesät wurden (Kontrolle). Diese war unabhängig davon, ob 1,5 oder 5 g Samen m^{-2} ausgesät wurden.

b) In den Mikrokosmen war dieser positive Effekt des früheren Auflaufens der Leguminosen im ersten Jahr nicht sichtbar. Hier haben vielmehr die Kräuter einen Prioritätseffekt verursacht Die Aussaat von relativ artenarmen (niedrig) oder artenreichen (hoch) Mischungen hingegen hatte keinen deutlichen Effekt auf die Biomasse.

Wirtschaftliche und ökologische Vorteile bei der Renaturierung von artenreichen Wiesen

Wie am Anfang dieses Kapitels beschrieben, brauchen artenreiche Wiesen eine extensive Nutzung durch Mahd oder Beweidung, um in ihrer Artenvielfalt zu bestehen. In beiden Fällen werden dem System Pflanzennährstoffe entzogen. Stickstofffixierende Leguminosen können dies mit der Zeit ausgleichen. Jedoch werden irgendwann andere Nährstoffe, meistens Phosphat, limitierend. Nachhaltigkeit erfordert deshalb mäßige Düngung, die durch einen größeren Artenreichtum gering gehalten werden kann (Komplementaritätseffekt). Dies entspräche dem *low input high diversity System* [22] im Gegensatz zum

high input low diversity System intensiv genutzter Grünflächen, auf denen durch starke Düngung Mono- oder artenarme Kulturen, beispielsweise für die Biospriterzeugung, gezogen werden. Eine nachhaltig erhöhte Biomasseproduktion, die auf einer hohen Pflanzendiversität beruht, könnte auch für die Energieerzeugung interessant werden, weil die Produktionskosten niedrig sind. Sie hätte gleichzeitig den Vorzug des Erhalts der Biodiversität. *Low input high diversity* Systeme sind aber auch für die Renaturierung von Grasland interessant, wenn wir Biodiversitätseffekt und Prioritätseffekt geschickt ausnutzen, um den Aufwuchs bei gleichbleibend hoher Diversität zu optimieren.

Danksagung

N. D. Jablonowski und E. Beck haben bei der sprachlichen Gestaltung des Manuskripts mitgewirkt. P. v. Gillhaußen hat die ersten Daten seiner Prioritätseffekt-Experimente zur Verfügung gestellt. Danke auch an Prof. Tischew und ihre Gruppe an der Hochschule Anhalt für die gute Zusammenarbeit.

Literatur

[1] Peet, R.K., Glenn-Lewin, Walker-Wolf, J.W. (1983) Prediction of man's impact on plant species diversity, in: *Man's impact on vegetation* (eds. Holzner, W., Werger, M.J.A., Ikusima, I.), Junk Publishers, den Haag, 41–54.

[2] Brehm, G., Homeier, J., Fiedler, K., Kottke, I., Illig, J., Noske, N.M., Werner, F.A., Breckle, S.-W. (2008) Mountain rain forests in Southern Ecuador as a hotspot of biodiversity – limited knowledge and diverging patterns, in *Gradients in a tropical mountain ecosystem of Ecuador*. Ecological Studies 198, Springer, 15–24.

[3] Grime, J.P. (1973) Competitive exclusion in herbaceous vegetation. *Nature*, 242, 344–347.

[4] White, P.S., Jentsch, A. (2001) The Search for Generality in Studies of Disturbance and Ecosystem Dynamics. *Progress in Botany*, 62, 399–450.

[5] Adler, P.B., Seabloom, E.W., Borer, E.T., Helmut Hillebrand, H., Hautier, J., Hector, A., Harpole, W.S., O'Halloran, L.R., Grace, J.B., Anderson, T.M., et al. (2011) Productivity is Poor Predictor of Plant Species Richness. *Science*, 333, 1750–1753.

[6] Willems, J.H. (2001) Problems, Approaches, and Results in Restoration of Dutch Calcareous Grassland During the Last 30 Years. *Restoration Ecology*, 9, 147–154.

[7] Jentsch, A., Friedrichs, S., et al. (2009), Assessing Conservation Action for Substitution of Missing Dynamics on Former Military Training Areas in Central Europe. *Restoration Ecology*, 17, 107–116.

[8] Bakker, J.P., van Diggelen, R. (2006) Restoration of dry grasslands and heathlands, in: *Restoration Ecology* (eds. van Andel, J., Aronson, J.), Blackwell, Oxford, 95–110.

[9] Hobbs, R.J., Higgs, E., Harris, J.A. (2009) Novel ecosystems: implications for conservation and restoration. *Trends in Ecology and Evolution*, 24, 599–605.

[10] Lockwood, J.L., Pimm, S.L. (1999) When does restoration succeed? In: *Ecological Assembly: Advances, Perspectives, Retreats* (eds. Weiher, E., Keddy, P.), Cambridge University Press, UK, 363–392.

[11] Jones, H.P., Schmitz, O.J. (2009) Rapid Recovery of Damaged Ecosystems. *Plos One* 4: e5653.

[12] Marquard, E., Weigelt, A., Temperton, V.M., Roscher, C., Schumacher, J., Buchmann, N., Fischer, M., Weisser, W.W., Schmid, B. (2009) Plant species richness and functional composition drive overyielding in a sixyear grassland experiment. *Ecology*, 90, 3290–3302.

[13] Srivastava, D.S. (2002) The role of conservation in expanding biodiversity research. *Oikos*, 98, 351–360.

[14] Bullock, J.M., Pywell, R.F., Burke, M.J.W., Walker, K. (2001) Restoration of biodiversity enhances agricultural production. *Ecology Letters*, 4, 185–189.

[15] Bullock, J.M., Pywell, R.F., Walker, K.J. (2007) Longterm enhancement of agricultural production by restoration of biodiversity. *Journal of Applied Ecology*, 44, 6–12.

[16] Temperton, V.M., Hobbs, R.J., Nuttle, T., Halle, S. (eds.) (2004) *Assembly Rules and Restoration Ecology – Bridging the Gap between Theory and Practice*, Island Press, Washington D.C., 439.

[17] WBGU Bericht (Hrsg. Wissenschaftlicher Beirat der Bundesregierung Globale Umweltveränderungen) (2009) *Welt im Wandel: Zukunftsfähige Bioenergie und nachhaltige Landnutzung*, 53.

[18] Baasch, A., Kirmer, A., Tischew, S. (2012) Nine years of vegetation development in a postmining site: effects of spontaneous and assisted site recovery. *Journal of Applied Ecology*, 49, 251–260.

[19] Hubbell S.P. (2001) *The unified neutral theory of biodiversity and biogeography*. Princeton University Press.

[20] Turnbull, L.A., Rahm, S., Baudois, O., Eichenberge-Glinz, S., Wacker, L., Schmid, B. (2005) Experimental invasion by legumes reveals non-random assembly rules in grassland communities. *Journal of Ecology*, 93, 1062–1070.

[21] Korner, Ch., Stocklin, J., Reuther-Thiebaud, L., Pelaez-Riedl, S. (2008) Small differences in arrival time influence composition and productivity of plant communities. *New Phytol.*, 177, 698–705.

[22] Tilman, D., Hill, J., Lehmann, C. (2006) Carbon-Negative Biofuels from Low-Input High-Diversity Grassland Biomass. *Science*, 314, 1598–1600.

Teil VI
Biodiversität in der Krise

19

Globaler Artenaustausch, eine neue Herausforderung:

Biologische Invasionen – Gefahr im Verzug?

Stefan Klotz

Die zunehmende globale Vernetzung durch den wirtschaftenden Menschen führt zu einem immer stärker werdenden Austausch zwischen den Regionen und Kontinenten. Dieser Austausch schließt nicht nur Informationen, Rohstoffe und industrielle sowie landwirtschaftliche Produkte ein, sondern umfasst auch – beabsichtigt oder unbeabsichtigt – den Austausch von Organismen aller Art. Ein Ende dieser Entwicklung ist nicht abzusehen.

Im Verlauf der Erdgeschichte gab es ständig einen Austausch von Organismen und Arten. Dieser geschah jedoch über lange Zeiträume und betraf meist benachbarte Regionen. Demgegenüber wird der heute stattfindende, durch den Menschen verursachte biogeografische Prozess der Etablierung und Ausbreitung von Arten außerhalb ihres bisherigen Verbreitungsgebiets als „Biologische Invasion" bezeichnet [1]. Die durch den Menschen initiierte Ausbreitung ver-

läuft schnell und in unvergleichlich großem Ausmaß. Scheinbar unüberwindliche biogeografische Grenzen wie große Gebirgszüge oder Ozeane trennen die Lebensräume nicht mehr. Der Austausch von Arten erfolgt sowohl bewusst, indem Nutztiere und Nutzpflanzen global gehandelt werden, als auch unbewusst durch unbeabsichtigte Verschleppung mit den Verkehrsmitteln, mit Verpackungsmaterial und mit dem Ballastwasser großer Schiffe. Biologische Invasionen können in den neuen Gebieten zu erheblichen ökologischen und ökonomischen Schäden sowie gesundheitlichen Problemen führen.

Die Invasionsbiologie als junge Wissenschaftsdisziplin untersucht nun die Ursachen des Invasionsprozesses, verfolgt die Wege, prüft, welche Ökosysteme und Lebensgemeinschaften besonders anfällig für Invasionen sind, untersucht die Wahrscheinlichkeit des Invasionserfolges von Arten und entwickelt Konzepte zum Umgang mit „fremdländischen" Arten.

Zur Entwicklung der Invasionsbiologie

Zielgerichtet begann die Untersuchung biologischer Invasionen erst am Beginn des 20. Jahrhunderts. Bereits Ende des 19. Jahrhunderts bemerkten Biologen zwar, dass neue Arten einwandern und auch aus der Kultur oder der Haltung

◀ Neuankömmlinge sind allerorts anzutreffen. Besonders exotisch muten die Halsbandsittiche (*Psittacula krameri*) an. Sie stammen ursprünglich aus Asien und Afrika und sind heute sowohl in Europa als auch Nordamerika als Neozoen präsent. In Deutschland kommen sie in Städten entlang des Rheins und Mains vor. Das wärmere Stadtklima ermöglicht dieser tropisch-subtropischen Art das Überleben in Deutschland. Dieser Sittich nutzt vor allem Asthöhlen in Platanen in Parks und Friedhöfen als Nistplätze. Bild: Wolfgang Kruck © Fotolia.

Die Vielfalt des Lebens: Wie hoch, wie komplex, warum? 1. Auflage. Herausgegeben von Erwin Beck
© 2013 WILEY-VCH Verlag GmbH & Co. KGaA. Published 2013 by Wiley-VCH Verlag GmbH & Co. KGaA

verwildern, aber dieser Prozess wurde im Wesentlichen im Rahmen von floristischen und faunistischen Inventuren und Analysen beobachtet. Damals entstand die so genannte Adventivfloristik, die sich zum Ziel setzte, alle neu auftretenden, nichteinheimischen Arten in einem Gebiet genau zu erfassen. In diesem Zusammenhang wurden besonders vom Menschen geschaffene Standorte wie Häfen, Güterbahnhöfe, Gleisanlagen und Mülldeponien untersucht. In diesen meist an Transporte gekoppelten Lebensräumen waren und sind die meisten fremdländischen Arten zu erwarten. Wissenschaftlich nutzte man das Phänomen der einwandernden beziehungsweise verwildernden Arten, um ökologische Konzepte zu testen, wie zum Beispiel die Nischentheorie [2]. Diese beschreibt einen Komplex von abiotischen und biotischen Umweltbedingungen, die von einer Art genutzt oder zumindest toleriert werden können. Der Begründer der Theorie, Joseph Grinnell, stellte 1913 die Frage, ob die Lebensräume der Erde mit Arten „gesättigt" sind oder ob weitere Arten in diese eindringen können, und wenn ja, wie viele dann noch erwartet werden könnten [3]. Jahre später griff Charles Elton die Nischentheorie auf und nutzte sie als wesentliche theoretische Grundlage zur Beschreibung und Erklärung biologischer Invasionen in seinem Standardwerk „The Ecology of Invasions by Animals and Plants" [4]. Dieses Buch gilt heute als „Geburtsurkunde" der Invasionsbiologie. Die Zahl der einschlägigen Publikationen ist seitdem exponentiell gewachsen und die Invasionsbiologie ist ein anerkannter Zweig der Ökologie und Biodiversitätsforschung geworden. In den Medien wird das Thema meist mit einem warnenden Unterton oder dem Hinweis auf große zu erwartende Gefahren und Schäden behandelt. Hierzu werden spektakuläre Ausbreitungen auffälliger oder sehr exotisch anmutender Arten wie zum Beispiel des Halsbandsittichs (*Psittacula krameri*) in Europa oder der Kaninchen in Australien aufgegriffen. Andere Beispiele sind Organismen, die gesundheitliche Gefahren für den Menschen darstellen, wie die starke Allergien

auslösende Ambrosie (*Ambrosia artemisiifolia*) aus Nordamerika, deren Pollen noch allergener als die der Gräser, der Hasel oder der Birken sind. Die Herkulesstaude (*Heracleum mantegazzianum*) aus dem Kaukasusgebiet ist ein weiteres Beispiel. Wenn ihr Zellsaft auf die menschliche Haut gelangt und diese dann UV-Strahlung erhält, kommt es häufig zu schweren Verbrennungen. Die meisten Arten wandern jedoch von der Öffentlichkeit unbemerkt ein und rufen keine derartigen Probleme hervor. Eine wichtige Aufgabe ist es nun, die fremdländischen Arten möglichst schnell zu identifizieren und die Frage zu beantworten, welche Tiere und Pflanzen ökologisch, ökonomisch oder gesundheitlich problematisch sind. Wie zu Zeiten von Joseph Grinnell und Charles Elton nutzen heute Wissenschaftler biologische Invasionen als ungeplante ökologische Experimente.

Wesentliche Begriffe der Invasionsbiologie

Zur Kennzeichnung fremdländischer Arten hat man die Begriffe „exotische Arten" oder generell „Neobiota" eingeführt: „Neozoen" für fremdländische Tierarten, „Neomyceten" für fremdländische Pilzarten und „Neophyten" für fremdländische Pflanzenarten [5].

Der erste große Artentausch fand bereits vor 12.000 Jahren im Neolithikum (Neusteinzeit) statt, als die Menschen im Mittelmeerraum und in Westasien sesshaft wurden. Neuzugänge waren nicht nur Kulturpflanzen und einige Nutztiere, im Zuge der Entstehung der Äcker folgten Kulturbegleiter, wie beispielsweise viele unserer heutigen Ackerunkräuter. Da aus archäologischen Funden viele Informationen über Pflanzen- und Tierreste (Knochen) vorliegen, kann man besonders in Europa einen guten Überblick über die ersten Einwanderer erstellen. Eine neue Welle des Artenaustausches begann mit der Entdeckung Amerikas durch Kolumbus 1492. Man nutzt heute diese Zeitenwende zur Unterscheidung der Alteinwanderer (Archaeophyten) von den Neueinwanderern, den Neophyten. Diese zeitliche Differenzierung wird derzeit nur für die Pflanzenarten vorgenommen, weil für diese die meisten konkreten Informationen vorliegen. Ein typischer Archaeophyt in Deutschland ist der fast überall vorkommende Breitwegerich (*Plantago major*), der sich auch in Nordamerika ausbreitete und dort als „Fußspur des weißen Mannes" bezeichnet wird. Eine weiterer interessanter Archaeophyt, der mit den Römern nach Deutschland kam, ist die Esskastanie (*Castanea sativa*, Abb. 1), die heute besonders vom Klimawandel profitiert.

Neben dem Begriff der fremdländischen oder exotischen Arten existiert noch der Begriff der Invasions- oder invasiven Arten. Arten werden dann als Invasionsarten bezeichnet, wenn sie sich massenhaft ausbreiten können und in Ökosystemen und für den Menschen Schäden verursachen. Nicht jede fremdländische oder exotische Art muss zu einem Invasoren beziehungsweise einer invasiven Art werden. Leider werden die genannten Begriffe nicht immer klar abgegrenzt, so dass in offiziellen Dokumenten wie zum Beispiel Naturschutzgesetzen oder internationalen Übereinkommen zum Schutz der Biodiversität verschiedene Begriffe verwendet werden.

Abb. 1 Die Esskastanie (*Castanea sativa*) ist eine in Süddeutschland schon weit vor dem Jahre 1500 eingeführte Kulturart, die auch spontan verwildert. Sie ist somit als Archaeophyt (Alteinwanderer) zu bezeichnen. Der Klimawandel befördert ihre weitere Ausbreitung in Norddeutschland. Bild: Stefan Klotz.

Biologische Invasionen als globales Phänomen

Biologische Invasionen müssen heute als globaler Prozess gesehen werden. Der weltweite Austausch von Arten hat zu neuen biogeografischen Konstellationen geführt, die zu einer zunehmenden Ähnlichkeit zwischen Floren und Faunen der verschiedenen Kontinente führen. Diesen Prozess des „ähnlicher Werdens" bezeichnet man auch als biologische Homogenisierung. Zwei wesentliche Vorgänge sind damit verbunden:

1. Das Aussterben primär seltener, meist auf kleine und ursprüngliche Areale beschränkter einheimischer Arten, was zur Folge hat, dass einheimische Arten mit relativ großen Arealen an Bedeutung gewinnen.

2. Das Einwandern beziehungsweise die gewollte oder ungewollte Ausbreitung von fremdländischen Arten, die aber in ihren Heimatgebieten weiter präsent bleiben. Mit anderen Worten, die Spezifität der Floren und Faunen in den einzelnen biogeografischen Regionen nimmt ab.

Der globale Artenaustausch ist aber nicht streng symmetrisch: Aus bestimmten Regionen kommen mehr erfolgreiche exotische Arten als aus anderen. Das scheint nicht nur von der Gesamtzahl der jeweils in den Heimatregionen vorhandenen Arten abzuhängen. Beispielsweise kommen aus Schwerpunkten der Artenvielfalt wie

Kalifornien, Südafrika oder Westaustralien – Regionen, die alle Mittelmeerklima aufweisen – weniger Arten nach Europa als in entgegengesetzter Richtung. Unsymmetrischer Artenaustausch lässt sich nicht nur für einzelne Regionen nachweisen, sondern trifft auch auf ganze Kontinente zu. Wenn man die Pflanzen- und Tierwelt Europas mit derjenigen von Nordamerika oder Australien vergleicht, wird sehr deutlich, dass europäische Arten häufiger die anderen Kontinente besiedeln konnten als umgekehrt. Eine einleuchtende Erklärung für dieses Phänomen liegt in der unterschiedlich weit fortgeschrittenen Anpassung von Arten an die vom Menschen geschaffenen Lebensräume beziehungsweise an die Landnutzung des Menschen, das heißt in der unterschiedlich weit fortgeschrittenen Co-Evolution der Wildarten. Während Teile des europäischen Mittelmeerraumes seit mehr als 12.000 Jahren landwirtschaftlich genutzt werden und damit die Anpassung von Arten an eine anthropogene Umwelt sehr früh beginnen konnte, beträgt die Dauer der Co-Evolution von Arten in Nord- und Südamerika sowie Australien nur wenige hundert Jahre. Da die europäischen Siedler ihre Art der Landnutzung und ihre landwirtschaftlichen Technologien mitbrachten, konnten sich alle an diese Lebensräume angepassten Arten, die großteils aus Eurasien stammen, sehr schnell auf den neuen Kontinenten etablieren.

Sehr unterschiedlich ist die relative Häufigkeit fremdländischer Arten auf Kontinenten und Inseln. Generell sind Meeresinseln stärker von biologischen Invasionen betroffen als Kontinente. Auch dieses Phänomen hat ökologische und evolutionäre Ursachen. Da Inseln kleiner sind als Kontinente, ist nicht nur die Artenzahl, sondern auch die Individuenzahl pro Art auf einer Insel kleiner. Damit ist die Möglichkeit für die Evolution stärker eingeschränkt als bei größeren Arten- und Individuenzahlen auf den Kontinenten. Die Wahrscheinlichkeit, freie ökologische Nischen zu finden, ist somit auf Inseln größer, wodurch sich besonders gute Etablierungsbedingungen für fremdländische Arten ergeben. Betrachtet man nur die Pflanzen, so erreichen fremdländische Pflanzenarten auf Inseln oft Anteile von mehr als 50%. Die bekanntesten Beispiele sind Hawaii, die Azoren, die Osterinseln und Galapagos. Hinzu kommt, dass viele Tierarten, insbesondere Vögel, auf den Inseln weit weniger Feinden ausgesetzt sind als auf Kontinenten. Auf Neuseeland gab es außer Fledermäusen keine Säugetiere. Von der Einführung von Säugern, wie beispielsweise Ratten, waren insbesondere bodenbrütende Vögel betroffen, weil ihre Eier häufig vernichtet wurden. Somit ist es nicht verwunderlich, dass auf Inseln besonders viele heimische und endemische Arten aufgrund von biologischen Invasionen ausgestorben sind und der Prozentsatz der Eindringlinge hoch ist.

Ursachen der Invasionen

Die Menschen haben dafür gesorgt, dass Pflanzen und Tiere biogeografische Barrieren überwinden und neue Gebiete erschließen, die sie auf natürlichem Wege kaum hätten erreichen können. Der Ausbau der Verkehrswege an Land, zu Wasser und auch in der Luft führt zu einem zunehmenden Austausch. Dabei ist der Mensch nicht nur Spediteur, sondern er sorgt auch dafür, dass sich die Organismen in den neuen Regionen etablieren und entwickeln können. Durch das Portfolio der modernen Landnutzung schaffen die Menschen neue Lebensräume. Hierzu gehören neben den Agrarstandorten beispielsweise auch künstliche Gewässer, Bergbauflächen, Halden und Mülldeponien. Die Standortbedingungen unterscheiden sich zwar deutlich von denen der ursprünglichen Lebensräume, ähneln aber zum Teil Standorten in anderen biogeografischen Zonen. Anthropogene Standorte weisen in einigen Fällen beispielsweise Gemeinsamkeiten mit Steppenlebensräumen auf. Bergbauflächen können versalzt sein und bieten Salzpflanzen aus anderen Kontinenten Lebensmöglichkeiten. Besonders müssen aber die ständig wachsenden Siedlungsgebiete erwähnt werden. Hier ist ein Mosaik ganz besonderer Lebensräume entstanden, die für viele fremdländische Arten geeignet sind. Die Gebäude selbst sind Lebensraum nicht nur für Schädlinge und direkte Begleiter des Menschen, sondern auch Habitate für Vögel und andere Wirbeltiere. Das Stadtklima sorgt dafür, dass sich Arten südlicher Herkunft hier etablieren können. Frostempfindliche Pflanzenarten wie beispielsweise die Feige (*Ficus carica*) und wärmebedürftige Tiere, wie die Halsbandsittiche, sind als exotische Arten in Städten zu finden.

Naturnahe Lebensräume werden häufig durch den Eintrag von Schadstoffen geschädigt, die dann in Folge leichter von neuen Arten, die diese Stoffe tolerieren können, besiedelt werden. Arten aus von Menschen stark geprägten Standorten dringen auch in gestörte Wälder ein. Die flächendeckende Anreicherung der Böden mit Nährstoffen, insbesondere Stickstoff, führt zur Zunahme nitrophiler Stauden wie der aus Nordamerika stammenden Kanadischen Goldrute (*Solidago canadensis*, Abb. 2).

Die Tier- und Pflanzenzüchtung entwickelt Sorten und Hybriden, die Merkmale haben können, die zur erfolgreichen spontanen Vermehrung und Ausbreitung beitragen. Ein typisches Beispiel ist die Kanadapappel (*Populus x canadensis*), die durch Hybridisierung der einheimischen Schwarzpappel (*Populus nigra*) mit der nordamerikanischen Schwarzpappel (*Populus deltoides*) entstanden ist.

Die Stufen des Invasionsprozesses

Nicht alle neu ankommenden Pflanzen- und Tierarten können sich in einem Gebiet festsetzen. Neuankömmlinge müssen mehrere Stufen durchlaufen, bis sie eventuell zu Invasionsarten werden. Die erste Stufe dieses Prozesses ist der eigentliche Transport in das neue Gebiet, welcher bewusst, wie bei den Zier- und Nutzpflanzen oder Haustieren, oder unbeabsichtigt stattfindet, indem Arten als „blinde Passagiere", als Begleiter von Gütertransporten neue Gebiete erreichen. Wenn die Tiere und Pflanzen ohne di-

Abb. 2 Die Kanadische Goldrute (*Solidago canadensis*) ist eine der auffälligsten Invasionsarten in Deutschland. Es gibt kaum einen Bahndamm oder eine Ruderalfläche ohne diese Art. Sie kann auch in naturnahe Lebensräume eindringen und konkurriert mit einheimischen Arten. Bild: André Künzelmann – UFZ.

rekte Hilfe des Menschen im neuen Gebiet überleben können, ist die zweite Stufe der Etablierung erreicht. Von der dritten Stufe spricht man, wenn die Arten sich vermehren und stabile Populationen aufbauen können. Selbst auf dieser Stufe müssen Arten nicht unbedingt negative Wirkungen auf die Ökosysteme oder auf die Gesundheit des Menschen haben. Arten, die jedoch zur Massenvermehrung kommen und erhebliche Schäden verursachen, haben die vierte Stufe des Invasionsprozesses erreicht und werden als „invasiv" oder als „Invasionsarten" bezeichnet. Den Übergang von einer Stufe zur nächsten schaffen immer nur verhältnismäßig wenige Arten. Williamson versuchte dies zu quantifizieren und stellte im Jahre 1996 die so genannte „Zehnerregel" auf [6]. Das bedeutet, dass nur 10% der Arten die nächste Stufe erreichen. Von 1000 ein-

Abb. 3 Der Sachalin-Staudenknöterich (*Fallopia sachalinensis*) ist ähnlich wie der Japanische Staudenknöterich eine sich in Deutschland rasch ausbreitende Art, die strukturell bedingte Dauerbestände bildet und an diesen Standorten die meisten anderen Pflanzen verdrängt. Diese Art bildet auch Hybriden mit dem Japanischen Staudenknöterich. Bild: Stefan Klotz.

geführten Arten erreicht etwa nur eine Art den Status einer problematischen Invasionsart. Diese Erkenntnis relativiert aber nur sehr bedingt die Gefahren, die von fremdländischen Arten ausgehen können – schon ein aggressiver Krankheitserreger genügt, um Milliardenschäden zu verursachen.

Welche Lebensräume sind besonders von Invasionsarten betroffen?

Nicht alle Lebensräume eignen sich in gleicher Weise für die Besiedlung durch fremdländische Arten. Das erklärt sich schon aus den jeweils erreichten Stufen des Invasionsprozesses. Die meisten fremdländischen Arten finden sich in den naturfernsten Lebensräumen, wie beispielsweise Siedlungen und Städten, Bergbaugebieten und Verkehrsflächen. Potenzielle Invasionsarten etablieren sich hier zuerst wie beispielsweise der Sachalin-Staudenknöterich (*Fallopia sachalinensis*, Abb. 3). Besonders für exotische Arten geeignet sind sehr dynamische Lebensräume, wie beispielsweise Flussufer und ruderale Habitate. Ein typischer Begleiter der Bach- und Flussufer ist

Abb. 4 In Fluss- und Bachauen fällt im Sommer und Herbst das Drüsige Springkraut (*Impatiens glandulifera*) durch seine zahlreichen roten Blüten auf. Die Heimat dieser Art ist Indien und das Himalaya-Gebiet. In Europa wurde sie bewusst als Zierpflanze eingeführt. Heute wird sie für die bach- und flussbegleitenden Lebensräume als problematisch eingestuft. Die Eutrophierung dieser Lebensräume scheint die Art stark zu fördern. Bild: Stefan Klotz.

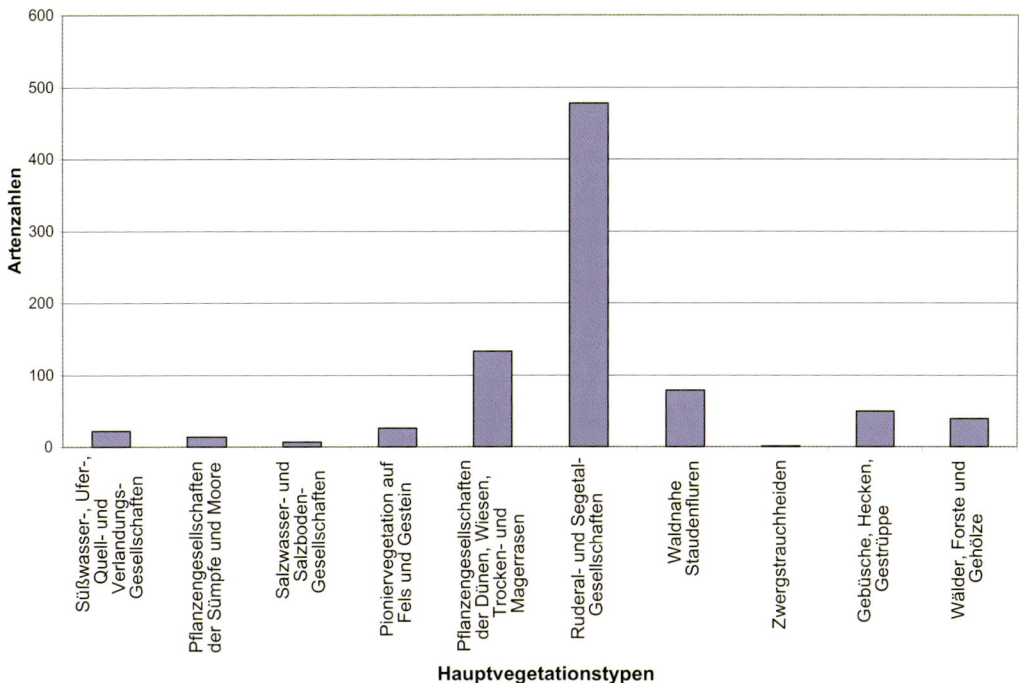

Abb. 5 Verteilung von fremdländischen Pflanzenarten auf die Hauptvegetationstypen in Deutschland (nach [8]).

das sehr auffällige Drüsige Springkraut (*Impatiens glandulifera*, Abb. 4). Entlang von Flüssen und Verkehrswegen kann eine Art einen großen Raum erschließen. Relativ stabile Gesellschaften wie die natürlichen Wälder sind vergleichsweise unbeeinflusst. Forste jedoch, die durch Bewirtschaftungsmaßnahmen mehr oder weniger häufig gestört werden, weisen einen höheren Anteil fremdländischer Arten auf. Betrachtet man nur die Gefäßpflanzenarten, sind mit Abstand die meisten exotischen Arten in den ruderalen und landwirtschaftlich geprägten Pflanzengesellschaften zu finden (Abb. 5).

Konsequenzen von biologischen Invasionen

Eine kleine Zahl von invasiven Arten führt zu sehr einschneidenden Konsequenzen. Eine Invasion mit dramatischen Wirkungen war zum Beispiel die Einführung des Kartoffelkäfers (*Leptinotarsa decemlineata*) aus den USA, der in Europa gewaltige Schäden hervorrief und im vergangenen Jahrhundert gebietsweise die Nahrungsmittelversorgung bedrohte. Die von der aus dem Balkan stammenden Rosskastanien-Miniermotte (*Cameraria ohridella*, Abb. 6) in Mitteleuropa verursachten Schäden werden auf circa 20 Millionen Euro geschätzt [5].

Präventions- und Bekämpfungsmaßnahmen gegen invasive Arten sind zu ökonomischen Faktoren geworden. Immer häufiger wandern Krankheitserreger selbst oder die Vektoren von Krankheitserregern ein. Das ist eine besonders problematische Entwicklung. Die seit etwa 20 Jahren in Europa einwandernde Asiatische Tigermücke (*Stegomyia albopicta*) ist beispielsweise der Überträger der Dengue-Krankheit, des West-Nil-Virus und des Gelbfieber-Virus. Da diese Mücke sehr unterschiedliche Wirte nutzt, können die Krankheitserreger auch auf den Men-

Abb. 6 Die Rosskastanienminiermotte (*Cameraria ohridella*) breitet sich seit den 1990er Jahren fast überall in Deutschland aus. Sie wurde erstmals 1984 in Mazedonien entdeckt. Dieser Minierer zerstört die Laubblätter der Rosskastanie durch Fraßgänge und bringt sie bereits im Hochsommer zum Absterben. Die Folge ist oft ein zweiter Blattaustrieb im Herbst, was die Bäume schwächt.
Bild: André Künzelmann – UFZ.

schen übertragen werden. Deshalb bezeichnet man die Tigermücke auch als Brückenvektor.

Sala und Mitarbeitende [7] setzen die biologischen Invasionen auf den vierten Rang der Ursachen der weltweiten Gefährdung der Biodiversität nach dem Landnutzungs- und Klimawandel sowie den Stickstoffdepositionen. Die ökologischen Gefährdungen beschränken sich nicht auf die Veränderung des Artenspektrums, sondern schließen auch den Wandel naturnaher Ökosysteme durch biologische Invasionen mit ein. Dominierende Arten werden verdrängt, stickstofffixierende Arten wie beispielsweise die Lupine (*Lupinus polyphyllus*, Abb. 7) verändern die Bodenverhältnisse generell, Nahrungsketten werden unterbrochen oder verändern sich vollständig. Der Einfluss von fremdländischen Arten auf ökosystemare Funktionen und Prozesse ist bislang nur ansatzweise erforscht.

Der Einfluss fremdländischer Arten auf den Genpool einheimischer Pflanzen und Tiere ist ebenfalls nur partiell untersucht. Am besten analysiert sind Hybridisierungen bei Pflanzenarten. Wenn diese Hybriden deutliche Konkurrenzvorteile haben, kommt es direkt zur Verdrängung einheimischer Arten. Ein Beispiel dafür ist die

Abb. 7 Sehr auffällig sind die Vorkommen der Vielblättrigen Lupine (*Lupinus polyphyllus*). Sie wurde als Zierpflanze eingeführt und auch zur Rekultivierung von degradierten Standorten genutzt. Interessant ist ihre Fähigkeit, Stickstoff mit Hilfe von Knöllchenbakterien zu fixieren. Die aus Nordamerika stammende Art stellt heute für den Naturschutz ein großes Problem dar. Massenausbreitungen u. a. in Bergwiesen zerstören wertvolle Pflanzengemeinschaften. Bild: Stefan Klotz.

bereits erwähnte Kanadapappel. Schleichend verändert sich der Genpool einheimischer Organismen durch mehrfache Einkreuzungen von fremdem Erbgut. Die Entstehung neuer Arten kann also auch durch biologische Invasionen verursacht werden.

Globaler Wandel und biologische Invasionen

Wenn über den globalen Wandel gesprochen wird, denkt man meist an den Klimawandel. Viele Studien haben aber gezeigt, dass der Landnutzungswandel und die anderen globalen Wandelprozesse, wie die demografische Entwicklung der Bevölkerung, die Veränderung der Zusammensetzung der Atmosphäre und die globalen Einträge von Schadstoffen nicht als voneinander unabhängig angesehen werden können. Der globale Artenaustausch selbst ist Bestandteil des globalen Wandels.

Es gibt bereits viele empirische Belege, wie der fortlaufende Klimawandel sich auf biologische Invasionen auswirkt. Viele der aktuell erfolgreichen Arten kommen aus wärmeren Regionen. Wärmere Sommer und mildere Winter erlauben mehr fremdländischen Arten die Etablierung und Ausbreitung als je zuvor. Arten, die bislang beispielsweise auf die Wärmeinseln der Großstädte beschränkt geblieben sind, breiten sich in das Umland aus. Besonders im Vorteil scheinen immergrüne Pflanzenarten und frostempfindliche Tiere zu sein. Fremdländische Arten profitieren vom Klimawandel, da der potenzielle Artenpool in den wärmeren Regionen der Erde größer ist als in den kühleren biogeografischen Zonen. Besonders stark werden biologische Invasionen auch durch den Landnutzungswandel angetrieben. Die Umwandlung relativ stabiler natürlicher Lebensräume in Agrarland oder Siedlungsflächen führt dazu, dass es prozentual und absolut deutlich mehr fremdländische Arten gibt.

Was können und sollten wir tun? – Management von Invasionen

Obwohl einige neu einwandernde Arten sehr problematisch sind und zur Gefahr für die Menschen werden können, besteht kein Grund zu Panik. Allerdings können wir diesen von uns Menschen verursachten Prozess nicht einfach laufen lassen. Die bereits vorhandenen erheblichen ökologischen und ökonomischen Schäden sowie die Gesundheitsrisiken fordern zum Handeln heraus.

Als erstes wichtiges Konzept muss die Prävention angesehen werden. In erster Linie gilt es, den unerwünschten Austausch potenziell gefährlicher Arten zu verhindern oder zumindest einzuschränken. Das Verhalten und die Rolle von Arten in ihren Heimatarealen können schon ein erster Hinweis auf ihr Ausbreitungsverhalten sein. Das reicht aber nicht aus, da sich Arten in einem andern biogeografischen Kontext auch anders verhalten können. Dies betrifft zum einen die Konkurrenzkraft, zum anderen aber auch parasitische Wechselwirkungen (Übergang auf neue Wirte). Als wesentliche Grundlage für Präventionsmaßnahmen müssen Risikoabschätzungen auf objektivierter wissenschaftlicher Grundlage vorgenommen werden. Die Ergebnisse dieser Risikoabschätzungen ermöglichen, Präventionsmaßnahmen effektiver zu gestalten beziehungsweise Schwerpunkte zu setzen. Bekannte Präventionsmaßnahmen sind phytosanitäre Kontrollen an den Grenzen, die Sterilisierung von Verpackungsmaterial und die spezielle Behandlung von Ballastwasser der großen Überseeschiffe. Bekannte Invasoren aus diesem Wasser sind die Schiffsbohrmuschel (*Teredo navalis*) und die Chinesische Wollhandkrabbe (*Eriocheir sinensis*). Jährlich werden die durch das unkontrollierte Abpumpen von Ballastwasser entstehenden Schäden nach Angaben des WWF (www.wwf.de/simple-schritte-fuer-eine-saubere-ostsee/) auf bis zu 36 Milliarden Euro geschätzt, so dass die Internationale Seeschifffahrtsorganisation im Jahre 2004 eine Ballastwasserkonven-

Abb. 8 Der Waschbär (*Procyon lotor*) stammt aus Nordamerika und hat sich in Deutschland stark ausgebreitet. Der Ursprung der meisten Populationen geht entweder auf bewusstes Ausbringen oder das Entweichen aus Tierhaltungen zurück. Als Nesträuber ist er problematisch für die Vogelwelt. In menschlichen Siedlungen stellt er ein hygienisches Problem dar, weil er auch Überträger von Krankheiten ist. Bild: André Künzelmann – UFZ.

tion verabschiedet hat. Diese verbietet das Ablassen von Ballastwasser in der 200-Meilenzone vor dem Festland. Weiterhin wichtig ist die Kontrolle des Handels mit Tieren und Pflanzen und auch der Erden, die transportiert werden. Eine bisher kaum umgesetzte Präventionsmaßnahme ist die Prüfung der Invasionsgefahr, die von neuen Zier- und Nutzpflanzen, aber auch Haustieren ausgeht. Oft werden sie von Privathaushalten entsorgt, indem sie illegal an Straßen- und Waldrändern sowie Gewässern deponiert oder freigelassen werden. Häufig geschieht das mit Säugetieren wie Waschbär (*Procyon lotor*, Abb. 8) und Nutria (*Myocastor coypus*, Abb. 9), Reptilien, Amphibien und Aquarienfischen, aber auch Wasserpflanzen. Hier müssen neue Regelungen erarbeitet werden. In einzelnen Bereichen, wie dem Pflanzen-, Natur- und Gesundheitsschutz, gibt es Regelungen. Sie sind aber sehr auf diese Bereiche ausgerichtet und werden kaum koordiniert. Bei der Risikobetrachtung sollten nicht nur ökonomische und gesundheitliche Konsequenzen oder die Gefahren für heimische Arten betrachtet werden, sondern auch die ökologischen Wirkungen, insbesondere für Ökosystemprozesse und Funktionen.

Da Präventionsmaßnahmen nur teilweise erfolgreich sind, kommt man nicht um Bekämp-

Abb. 9 Die Nutria (*Myocastor coypus*) stammt ursprünglich aus Südamerika und besiedelt Flüsse, Seen und Teiche. In Deutschland ist sie immer häufiger in siedlungsnahen Gewässern anzutreffen. Bewusstes Aussetzen und Entweichungen aus Farmen stellen die wesentlichen Quellen für die heute existierenden freilebenden Populationen dar. Verbreitungsschwerpunkte in Deutschland sind gegenwärtig die niederrheinische Region und Flussbereiche an Saale und Spree. Bild: André Künzelmann – UFZ.

fungsstrategien herum. Die Bekämpfungsmaßnahmen müssen hinsichtlich Erfolg und Nebenwirkungen geprüft werden. Sie sind in jedem Fall artspezifisch zu entwickeln, Verallgemeinerungen sind nur bedingt möglich. Bei biologischen Maßnahmen, wie beispielsweise der Einführung von Fraßfeinden, Parasiten oder Krankheitserregern, ist größte Vorsicht geboten. Insbesondere müssen potenzielle Gefahren für einheimische Arten geprüft werden. Biologische Bekämpfung ist nicht immer das beste Mittel. Die Geschichte der Bekämpfung invasiver Arten hat einige problematische Fälle hervorgebracht, wie beispielsweise die Bekämpfung des Kaninchens mit Hilfe der aus Südamerika stammenden Myxomatose (*Leporipoxvirus myxomatosis*) in Australien in den 1950er Jahren. Diese gefährliche Krankheit hat sich jetzt global ausgebreitet.

In den meisten Fällen führt die Bekämpfung von invasiven Arten zwar nicht zu ihrer generellen Ausrottung, jedoch können Häufigkeit und Schadwirkung verringert werden. Das bedeutet, das Ziel sollte nicht unbedingt Ausrottung, sondern Management und Kontrolle sein. Die vollständige Beseitigung ist höchstens lokal bei hohem Aufwand oder in sehr frühen Phasen des Invasionsprozesses möglich.

Biologische Invasionen stellen nicht nur den Biodiversitätsschutz vor zahlreiche neue Herausforderungen. Wichtige Wirtschaftszweige wie Land- und Forstwirtschaft, Fischerei und das Transportwesen werden sich auf dieses Phänomen besser einstellen müssen. Neue Gesundheitsrisiken müssen erkannt und berücksichtigt werden. Hierzu brauchen wir eine Intensivierung der Grundlagenforschung genauso wie neue Technologien zur Prävention und zum Management sowie neue internationale und nationale rechtliche Regelungen.

Literatur

[1] Auge, H., Klotz, S., Prati, D., Brandl, R. (2001) Die Dynamik von Pflanzeninvasionen: Ein Spiegel grundlegender ökologischer und evolutionsbiologischer Prozesse, in: *Rundgespräche der Kommission für Ökologie: Gebietsfremde Arten, die Ökologie und der Naturschutz* (Hrsg. Bayerische Akademie der Wissenschaften), Band 22, 41–58.

[2] Brandl, R., Klotz, S., Stadler, J., Auge, H. (2001) Nischen, Lebensgemeinschaften und biologische Invasionen, in: *Rundgespräche der Kommission für Ökologie: Gebietsfremde Arten, die Ökologie und der Naturschutz* (Hrsg. Bayerische Akademie der Wissenschaften), Band 22, 81–98.

[3] Grinnell, J., Swarth, H. (1913) *An account of the birds and mammals of the San Jacinto area of Southern California*, University of California Publications in Zoology, 10, 197–406.

[4] Elton, C.S. (1958) *The Ecology of Invasions by Animals and Plants*, The University of Chicago Press, Chicago, London.

[5] Kowarik, I. (2010) *Biologische Invasionen, Neophyten und Neozoen in Mitteleuropa*, 2. Aufl., Ulmer, Stuttgart.

[6] Williamson, M. (1996) *Biological Invasion*, Chapman & Hall, New York.

[7] Sala, O.E., Chapin, I.F.S., Armesto, J. J., Berlow, E., Bloomfield, J., Dirzo, R., Huber-Sanwald, E., Huenneke, L.F., Jackson, R.B., Kinzig, A., Leemans, R., Lodge, D.M., Mooney, H.A., Oesterheld, M., LeRoy Poff, N., Sykes, M.T., Walker, B.H., Walker, M., Wall, D.H. (2000) Global biodiversity scenarios for the year 2100. *Science*, **287**, 1770–1774.

[8] Klotz, S., Kuhn, I. (2002) *Soziologische Bindung der Arten. BIOLFLOR – Eine Datenbank zu biologisch-ökologischen Merkmalen der Gefäßpflanzen in Deutschland* (Hrsg. S. Klotz, I. Kuhn, W. Durka), Schriftenreihe für Vegetationskunde, 38, 273–281.

a) Gemeiner Seestern (*Asterias rubens*). Ein mobiler Räuber, der unabhängig vom Sedimenttyp da vorkommt, wo viele Muscheln (seine Hauptnahrung) siedeln. Wie alle Stachelhäuter reagiert er empfindlich auf reduzierte Salzgehalte. Massensterben können ein Hinweis auf Sauerstoffmangel sein.

b) Die Seenelke (*Metridium senile*) siedelt auf Hartböden und ernä sich räuberisch und als Partikelfresser. Sie ist robust gegenüber S mentation, kommt aber aufgrund des niedrigen Salzgehaltes östli der Darßer Schwelle kaum vor. Empfindlich reagiert sie auf direkt Einwirkungen auf den Meeresboden.

L = 16 mm

c) Lagunen-Herzmuschel (*Cerastoderma glaucum*). Eine typische Muschel der salzreduzierten Ostsee. In den äußeren Küstengewässern kommt sie auf reinen Sandböden vor und gilt dort als sensitiv gegenüber Eutrophierung.

d) Die Islandmuschel (*Arctica islandica*) ist die größte der Ostseer scheln und kann über 70 Jahre alt werden. Ältere Individuen könn mehrere Tage ohne Sauerstoff überleben. Junge Individuen sind deutlich sensitiver.

e) *Ophelia limacina*. Dieser Meeres-Ringelwurm kommt in der Nord- und der westlichen Ostsee auf Mittel- bis Grobsanden vor und gilt als Spezialist, der schon bei geringer Erhöhung des Schlickgehalts im Substrat verdrängt wird.

f) Der Köcherwurm (*Lagis koreni*) wird als sensitiv gegenüber Verschmutzung und Verschlickung eingestuft. In der westlichen Ost unterliegt die Art extremen Schwankungen, ihr Beitrag zur Zustar einschätzung ist also skeptisch zu betrachten.

2000 µm

20

Mehr als Schmuck am Strand:

Was Muscheln und Seesterne über den Zustand der heimischen Meere erzählen

Alexander Darr, Michael L. Zettler

„Ökokatastrophe durch Ölplattform-Explosion", „Giftalgen breiten sich aus" – in regelmäßigen Abständen beherrschen Umweltkatastrophen sowie deren Folgen für die Ozeane und ihre Bewohner für ein paar Tage die weltweiten Schlagzeilen. Von der Öffentlichkeit weitaus weniger wahrgenommen wird hingegen die schleichende Veränderung der Lebensräume in den heimischen Küstengewässern wie der Ostsee und die damit verbundene Abnahme der Artenvielfalt. Eine zentrale Rolle in der Erforschung und Bewertung dieser Veränderungen spielt die bodenlebende Wirbellosen-Gemeinschaft, zu der unter anderem Muscheln, Schnecken, Krebse, Seesterne und Würmer zählen.

Die meisten Menschen erleben das Meer vor allem im Urlaub als Ort der Ruhe und Erholung. Daher folgt der Blick der meisten Betrachter zumeist vom Strand über den Spülsaum, die Brandung und die Wasserflächen bis zum Horizont. Durch diese Perspektive finden Phänomene, die den Strand und die Wasseroberfläche betreffen

◀ Muscheln, Seesterne und andere im und auf dem Meeresboden lebende Organismen reagieren auf sich verändernde Salzgehalte, wechselnde Temperaturen und auch auf Eingriffe durch den Menschen. Einige von ihnen werden deshalb dazu verwendet, den Zustand der Ostsee zu bewerten.

in der Öffentlichkeit überproportional hohe Aufmerksamkeit: Quallenplagen, Massenstrandungen von Seegras und Tangen oder Blaualgenblüten sind Horrorszenarien für die vom Tourismus lebenden Menschen und Unternehmen in den Küstenregionen. Doch anders als diese „Biopollution", die sich nach kurzer Zeit von selbst auflöst, wirken sich die durch den Menschen verursachten Verschmutzungen und Verbauungen der Meere langfristig und oft auch erst mit Zeitverzögerung auf die Umwelt aus. Um diese Auswirkungen zu erkennen, muss der Betrachter abtauchen – sich in die Wassersäule begeben und einen Blick auf (und in) den Meeresboden werfen. Die heimischen Meere gelten jedoch als eher trübe und langweilig und ihre Bewohner können an Attraktivität mit ihren Verwandten in tropischen Riffen nicht mithalten, so dass sich diese Perspektive den meisten Betrachtern entzieht. Dabei hat auch die Ostsee eine bemerkenswerte Formen- und Artenvielfalt hervorgebracht, die sich zu erkunden und zu schützen lohnt. Obwohl sie vor unserer Haustür liegt und sich die wissenschaftliche Welt seit Jahrzehnten intensiv mit der Problematik beschäftigt, sind viele Abläufe und Zusammenhänge erst in Ansätzen verstanden.

An dieser Stelle soll dargestellt werden, welche Aussagen von der Struktur der Gemeinschaft bodenlebender Wirbelloser abgeleitet werden können. Die Beurteilung des Umweltzustandes mit Hilfe der Lebewelt ist eine Möglichkeit, rechtzeitig Signale von Veränderungen wahrzunehmen und gegebenenfalls reagieren zu können [1].

Der Salzgradient als natürlicher Stressor

Die Ostsee ist ein vergleichsweise junges Meer, dessen Geschichte von rund 12.000 Jahren wechselvoll ist. Eiszeitliche und nacheiszeitliche Prozesse formten die Topografie der Küsten und der Meeresböden. Erst seit wenigen tausend Jahren steht die Ostsee dauerhaft unter dem Einfluss mariner, salzhaltigen Wassers, das jedoch permanent von der Nordsee über die Belte einströmen muss. Auf der anderen Seite gelangen über die Flüsse große Mengen an Süßwasser in die Ostsee. Da im Osten der Süßwassereinfluss und

im Westen der Einfluss des salzreichen Nordseewassers überwiegt, bildet sich in der Ostsee ein permanenter horizontaler Salzgehaltsgradient, der zwischen Kieler und Pommerscher Bucht (Abb. 1) besonders ausgeprägt ist. Auf einer Strecke von rund 250 Kilometern fällt hier der mittlere Salzgehalt von rund 25 psu (psu = practical salinity unit, dimensionslose Einheit des Salzgehalts) auf 7 psu im bodennahen Wasserkörper. Weiter nach Osten und in die Buchten und Ästuare hinein nimmt der Salzgehalt dann kontinuierlich bis auf Süßwasser-Verhältnisse ab.

Besonderheiten der Bodengemeinschaften in der deutschen Ostsee

Diese Brackwasserverhältnisse haben einen extremen Einfluss auf die Artenvielfalt der bodenlebenden Wirbellosen. Dieses Phänomen wurde

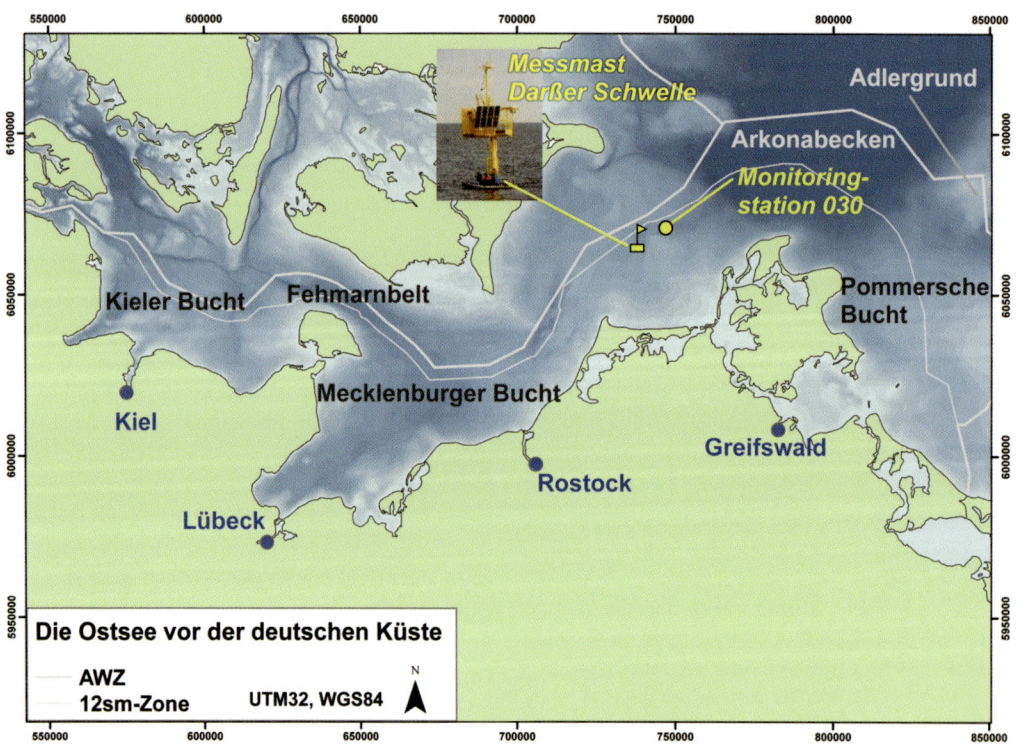

Abb. 1   Die Ostsee vor der deutschen Küste mit allen im Text erwähnten Seegebieten und Standorten.

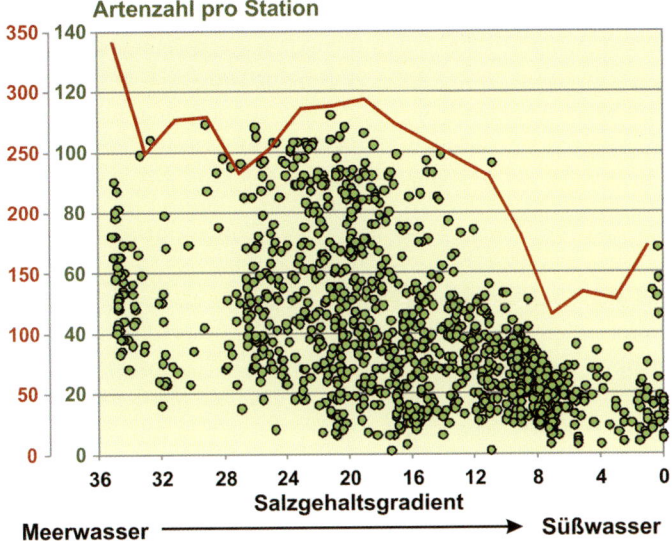

Gesamt-Artenzahl

Abb. 2 Veränderung der Artenvielfalt entlang des Salzgehaltsgradienten in der Ostsee, ausgedrückt als ermittelte Artenzahl pro Station (grüne Punkte) und modellierte Gesamt-Artenzahl pro Salzgehaltsstufe (rote Linie, in Zwei-psu-Schritten). Der scheinbare Rückgang der absoluten Artenzahl in Bereichen oberhalb 25 psu ist auf eine geringere Datendichte zurückzuführen. psu = practical salinity unit, dimensionslose Einheit des Salzgehalts.

schon früh erkannt: Remane postulierte 1934 ein Artenminimum für die bodenlebenden Wirbellosen bei 5–8 psu [2]. Diese Vorstellung lässt sich leicht mit aktuellen Erhebungen bestätigen: Abb. 2 zeigt die Abhängigkeit der Artenvielfalt dieser Wirbellosen vom Salzgehalt. Sowohl die Zahl der pro Untersuchungsstation in der Ostsee erfassten Arten (grüne Punkte) als auch die Zahl der maximal pro Salzgehaltsstufe erwarteten Arten (rote Linie) zeigen einen deutlichen Abfall bei rund 12 psu und einen Anstieg zum Süßwasser hin. Letzterer würde deutlich stärker ausfallen, wenn echte Süßwassersysteme einbezogen würden. Im Datensatz enthalten sind jedoch lediglich die ausgesüßten Randgewässer der Ostsee.

Ein verringerter oder variierender Salzgehalt bedeutet für die marinen Wirbellosen Stress, weil die Konzentration osmotisch wirksamer Stoffe im Körper aktiv dem Außenmedium angepasst werden muss. Dies bedeutet einen physiologischen Mehraufwand, so dass mit der Nahrung aufgenommene Energie nicht mehr uneingeschränkt für Wachstum und Fortpflanzung zur Verfügung steht. Wird der Aufwand zu groß,

ist die Art entweder nicht mehr konkurrenzfähig und wird von besser angepassten Arten verdrängt oder die Fortpflanzung ist nicht mehr erfolgreich. Jugendstadien sind zumeist noch empfindlicher gegenüber reduziertem Salzgehalt – die Art stirbt lokal aus. Ganze Gruppen Salzwasser- oder „mariner" Arten wie die Stachelhäuter (Seesterne, Seeigel) oder die Seenelken fehlen daher in der eigentlichen Ostsee östlich der Darßer Schwelle.

Der abnehmende Salzgehalt ist also ein natürlicher Stressfaktor, der sich negativ auf die Artenvielfalt niederschlägt. Dieser „Stress-"Gradient ist nicht nur horizontal, sondern – vor allem in der westlichen Ostsee und in den Becken – auch vertikal ausgeprägt. Salzreiches Wasser besitzt eine höhere Dichte und schiebt sich zumeist unter die salzärmeren Wassermassen. Die Stabilität der beiden Wasserkörper ist hoch, so dass sich eine stabile Salzgehaltssprungschicht ausbildet, die nur langsam durch Durchmischungsprozesse aufgelöst wird.

Die größten Schwierigkeiten ergeben sich für viele Arten jedoch durch die Variabilität des Stressfaktors in einer weiteren Dimension: der

Zeit. Erkennbar wird dies an Langzeitdaten aus dem Seegebiet der Darßer Schwelle. Die Darßer Schwelle bildet das Nadelöhr zwischen der westlichen und der eigentlichen Ostsee und verhindert den ungestörten Einstrom salzreichen Wassers in die östlichen Becken. Der Salzgehalt im Seegebiet selbst ist hoch variabel und kann zwischen 8 und 18 psu liegen. Um diese Dynamik verfolgen zu können, befindet sich dort seit 1994 eine autonome Messstation (Abb. 1). Dort wurden beispielsweise in den Jahren 1999, 2003 und 2006 drei stärkere Salzwasserzuströme registriert, bei denen der Salzgehalt für längere Zeit 20 psu überschritt.

Dass die benthische Gemeinschaft auf solche Ereignisse reagiert, zeigen die Daten von Langzeitbeobachtungen an der benachbarten Monitoringstation 030. Die Gemeinschaft der bodenlebenden Organismen ist einer permanenten Veränderung und Variabilität zwischen den Jahren unterworfen. Forciert wird dies durch Extremereignisse, nach denen die Veränderungen besonders deutlich hervortreten. An der Station 030 geschahen solche starken Änderungen zwischen den Jahren 1987 und 1989 und von 1998 auf 1999. Einzelne Veränderungen in der Gemeinschaftsstruktur lassen sich eindeutig dem kurzfristigen Einfluss unterschiedlicher Wasser-

massen und dem Salzgehalt zuordnen. Aber auch andere Faktoren spielen wesentliche Rollen in der Zusammensetzung der Gemeinschaft. Extreme Witterungs- oder klimatisch bedingte Ereignisse, wie lange, harte Winter oder heiße Sommer, nehmen Einfluss auf die Vielfalt der Bodengemeinschaft. Während im ersten Fall (1987–89) eindeutig ein Sauerstoffmangelereignis Ursache ist (Artenvielfalt und Besiedlungsdichte waren 1988 deutlich reduziert), ist der zweite Wechsel zumindest teilweise auf den Salzwassereinstrom im Sommer 1999 zurückzuführen. Auch die folgenden Salzwassereinströme in den Jahren 2003 und 2006 hatten vergleichsweise große Veränderungen zur Folge. Im Gegensatz zum ersten Salzwassereinbruch gingen diese auch mit einer vorübergehenden Erhöhung der lokalen Artenvielfalt einher (Abb. 3). Die bodenlebende Gemeinschaft in diesem Seegebiet unterliegt also einer extremen Variabilität. Auch nach dreißig Jahren des Monitorings werden noch immer jährlich neue Arten an dieser Station nachgewiesen (Abb. 3), während der Anteil stetiger Arten (Nachweise in mehr als der Hälfte der Jahre) nur bei rund 15% liegt. Manche Arten wie der Köcherwurm (siehe Seite 202) weisen zwischen den Jahren extreme Schwankungen in der Populationsdichte auf, die

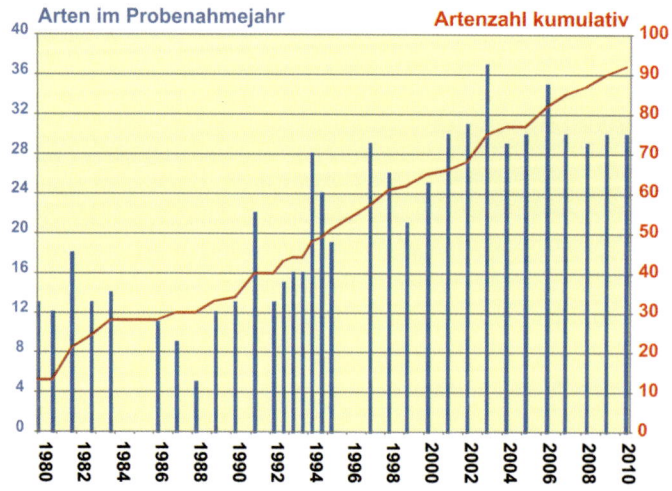

Abb. 3 Die Variabilität der Gemeinschaft ist im Bereich der Darßer Schwelle so hoch, dass auch nach 30 Jahren Monitoring jedes Jahr neue Arten an der Station 030 gefunden werden.

nicht allein mit der Variabilität der typischen Parameter wie dem Salzgehalt erklärbar sind.

Die natürliche Variabilität im Bereich der Darßer Schwelle stellt zugegebenermaßen ein Extrem dar, das weiter westlich in der Kieler Bucht oder weiter östlich in der Pommerschen Bucht bei Weitem nicht erreicht wird. Trotzdem unterliegen auch dort die Gemeinschaften dem Einfluss sich permanent verändernder oder natürlicherweise „stressiger" Rahmenbedingungen.

Oft wandern ausgewachsene Individuen von den westlichen, salzreichen Seegebieten über die Darßer Schwelle in die Ostsee aktiv ein oder werden passiv verdriftet. Eine eigenständige Population kann mangels erfolgreicher Reproduktion nicht aufgebaut werden oder hat nur kurzen Bestand, wenn der Salzgehalt nach einem Einstrom langsam wieder abnimmt. Der Verlust mariner Arten kann durch Süßwasserarten nicht vollständig ausgeglichen werden, weil auch ihr Reproduktionserfolg unter dem osmotischen Stress leidet. Da sich in dem verhältnismäßig kurzen Zeitraum nur wenige Arten an die besonderen Bedingungen des Brackwassers anpassen konnten, schließt sich der Kreis zu Remanes Artenminimum-Konzept.

Der Mensch als zusätzlicher Stressfaktor

Die Gemeinschaft an unserer Monitoringstation verändert sich auch zwischen den Jahren mit den Extremereignissen. Die Artenvielfalt ist dort beispielsweise von 1995 bis 2006 stark angestiegen und stagniert seitdem auf hohem Niveau. Ist dies nur auf natürliche Veränderungen zurückzuführen oder steckt etwas anderes dahinter?

Zusätzlich zum natürlichen „Stress" wirkt auch der Mensch auf das Ökosystem und seine Bewohner ein. Einen besonders langwierigen, großräumigen und gut untersuchten Einfluss auf die Meeresumwelt in unseren Breiten hat die Überdüngung der Gewässer (Eutrophierung). Sie wirkt an verschiedenen Stellen des Nahrungsnetzes und der marinen Stoffkreisläufe und somit verstärkt auf die Bodengemeinschaft.

Eine erhöhte Produktion in der Wassersäule führt zu einer stärkeren Sedimentation auf den Boden. In einem geschichteten Ökosystem wie in der offenen Ostsee führen diese zusätzlichen Einträge zu verstärktem bakteriellen Abbau am Boden und damit zu Sauerstoffmangel in den tiefen Schichten. Dadurch kommt es in unregelmäßigen Abständen zu einem lokalen, regionalen und auch überregionalen Absterben der Makrofauna – eines der Hauptprobleme in den tieferen Becken der Ostsee. Außerdem verändert die organische Auflage die Eigenschaften des Substrates. In den Flachwassersystemen, Buchten, Förden und Bodden verschwinden Gefäßpflanzen und Großalgen aus den größeren Wassertiefen, weil sie nicht mehr genug Licht zum Wachsen erhalten.

Ähnliche Dimensionen wie die Eutrophierung könnten die prognostizierten Veränderungen durch die viel diskutierte Klimaerwärmung haben. Erhöhte Durchschnitts- und Wintertemperaturen, Veränderungen in der Balance zwischen Meer- und Süßwasserzufluss, in den witterungsbedingten Extremereignissen sowie im Nährstoff- und Nährsalzhaushalt sind möglich. Daraus ergäbe sich wiederum eine Kaskade an Veränderungen in den Lebensbedingungen für die bodenlebende Gemeinschaft, die die Einflüsse durch die Eutrophierung ergänzen, teilweise verstärken, aber auch abschwächen beziehungsweise aufheben könnten.

Neben diesen beiden langfristigen und sehr großräumigen Faktoren gibt es auch zahlreiche punktuelle, räumlich begrenzte Einflüsse durch den Menschen wie marine Bauprojekte, Explorationsmaßnahmen (Sand- und Kiesabbau) und insbesondere in der Nordsee die Schleppnetzfischerei, die die Umweltbedingungen für die Bewohner des Meeresbodens verändern.

Die Auswirkungen auf die Wirbellosen

Die Reaktion der bodenlebenden Gemeinschaft auf einzelne Stressfaktoren ist zum Teil recht gut bekannt. Auf die Eutrophierung folgen auffällige

Änderungen in der Artenzusammensetzung. Die bodenlebenden Organismen leben an der Schnittstelle zwischen Wasserkörper und Meeresboden, sie reagieren daher auf Änderungen in beiden Kompartimenten. Organisches Material wird durch Filtrieren des Wasserkörpers nach Schwebepartikeln (Detritus, Plankton) oder durch die direkte Aufnahme vom Meeresboden gebunden und durch das Umwühlen des Meeresbodens (Bioturbation) in tiefere Sedimentschichten verbracht. Steigt der organische Gehalt, verändern sich nicht nur die Rahmenbedingungen in der Konkurrenz zwischen den Arten und damit die *Arten*-Zusammensetzung, sondern dies wirkt sich auch auf die *funktionelle* Zusammensetzung der Gemeinschaft aus. Der Anteil der Filtrierer (vor allem Muscheln: Herzmuschel, Sandklaffmuschel, Pfeffermuschel) geht tendenziell zurück, während omniphage Arten („Allesfresser") in der Gemeinschaft immer wichtiger werden (Abb. 4a). Zu den Allesfressern zählen vor allem einige Meeresringelwürmer wie *Capitella capitata* und *Hediste diversicolor*. Durch das zusätzliche Nahrungsangebot erhöht sich die Gesamt-Biomasse der Gemeinschaft, was wiederum zu einem besseren Nahrungsangebot für größere Räuber (Plattfische, Tauchenten) führt. Dieser „positive" Effekt der Eutrophierung ist insbesondere in den gut durchmischten äußeren Küstengewässern verbreitet (beispielsweise Pommersche Bucht [3]). Die erhöhte Sedimentation kann jedoch insbesondere für sessile Arten wie Algen, Seepocken, Miesmuscheln oder Seescheiden fatal werden, wenn sie von der Schicht herabrieselnden Materials überdeckt werden (Abb. 4b). Gleichzeitig verstärkt der höhere Gehalt an Biomasse aber auch den Sauerstoffverbrauch und führt zu häufigeren Sauerstoffmangelereignissen. Die Folge ist dann ein (temporäres) Absterben nahezu der gesamten Gemeinschaft und eine auf Jahre hin veränderte Gemeinschaftsstruktur, geringere Häufigkeiten und vor allem Biomassen. Eine solch „gestörte" Gemeinschaft wird zumeist von kleinen, kurzlebigen Borstenwürmern dominiert, die den Mee-

resboden nur wenige Millimeter bis Zentimeter durchwühlen. Stabilität, Filterleistung und Bioturbation sind gegenüber der ursprünglichen, von langlebigen Muscheln und Borstenwürmern dominierten Gemeinschaft deutlich reduziert (vgl. mit dem Ostsee-Sukzession-Modell von Rumohr in [4]). Diese degradierte und an die ungünstigen Bedingungen angepasste Gemeinschaft hat eine geringere Artenvielfalt, funktionelle Diversität und ein schlechteres Abpufferungsvermögen gegen weitere Belastungen als die ursprüngliche Lebensgemeinschaft.

Ähnlich katastrophale Folgen, allerdings sehr stark lokal begrenzt, haben Bau- und Explorationsmaßnahmen. In den meisten Fällen sind die Auswirkungen auf die Bodenbewohner – außerhalb der direkt überbauten Flächen – nur vorübergehend. Anders kann es beim Sand- und Kiesabbau sein, wenn die verbleibenden Sedimente nicht die gleichen Eigenschaften aufweisen wie die entnommenen Substrate und sich die ursprünglichen Bedingungen durch die natürliche Sedimentdynamik nicht wieder einstellen. Insbesondere in den bevorzugt abgebauten Kiesen und groben Sanden lebt eine hoch spezialisierte Gemeinschaft, deren Arten (beispielsweise der Ringelwurm *Ophelia limacina*) in zurückbleibenden feineren Substraten nicht konkurrenzfähig sind und daher dauerhaft aus dem betroffenen Gebiet verschwinden.

Die potenziellen Auswirkungen der prognostizierten Klimaveränderungen werden dagegen erst in Ansätzen verstanden. Vor allem in der Nordsee gibt es bereits zahlreiche Hinweise auf eine schleichende Änderung der Gemeinschaftszusammensetzung durch die Verdrängung kälteadaptierter nordischer (beispielsweise der Islandmuschel) durch wärmeliebende südliche Arten. Ob sich daraus auch funktionelle Änderungen in der Gemeinschaft ergeben werden, ist jedoch noch unklar, zumal diese auch von anderen starken Stressoren (beispielsweise Schleppnetzfischerei) beeinflusst wird. Die Tafel auf Seite 202 zeigt einige auffällige Arten der heimischen Wirbellosen-Fauna und ihre charakteristische Reak-

a) **Anteil des Ernährungstyps an der Gesamtgemeinschaft (1 = 100%)**

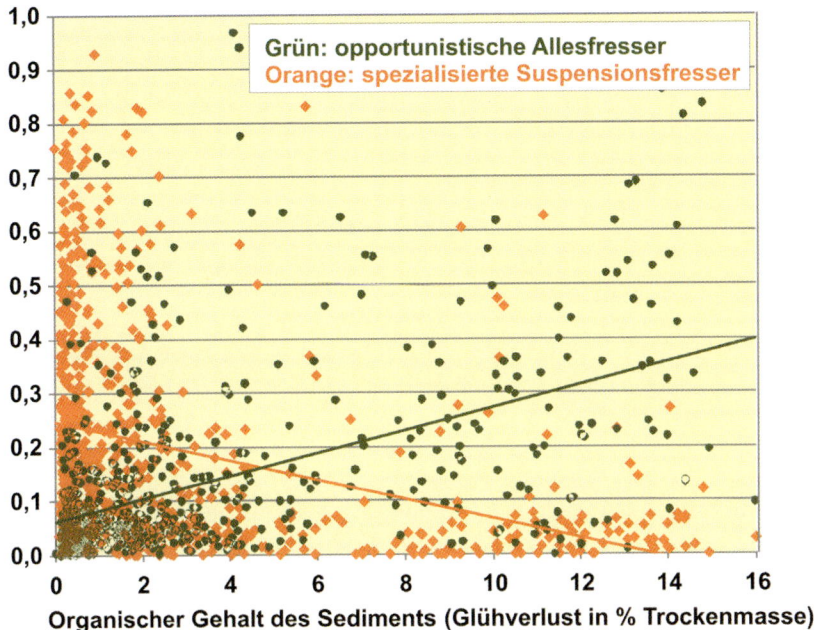

Organischer Gehalt des Sediments (Glühverlust in % Trockenmasse)

b)

Abb. 4 Ein verstärktes Absinken abgestorbener planktischer Lebewesen ist eine Folge der Eutrophierung, die direkt auf die Bodenlebensgemeinschaft wirkt. a) Der Anteil der Filtrierer nimmt mit zunehmendem organischem Gehalt des Sedimentes ab, der Anteil der Allesfresser zu. b) Insbesondere für festsitzende Arten wie diese Miesmuscheln, Rotalgen und Seeanemonen kann dieser Prozess zum Problem werden.

tion auf verschiedene Veränderungen in der Ostsee.

Die Umsetzung in der Bewertung

Mit den Kenntnissen über die Bedürfnisse der Arten und deren Reaktion auf Veränderungen müsste sich eigentlich der Schritt vom Verstehen zum Bewerten vollziehen lassen. Hier bewahrheitet sich jedoch das alte Vorurteil, dass auf jede Erklärung eines Biologen immer ein „aber" folgt. Denn: Zwar sind die Auswirkungen der einzelnen Faktoren durchaus bekannt, *aber* (wie bereits erwähnt) das gesamte System unterliegt einer immensen natürlichen Variabilität, die gleichzeitig mit den zusätzlichen Stressfaktoren wirkt und sich nur schwer aus den Bewertungsansätzen herausrechnen lässt. Zwar sind die Autökologie und damit die Sensitivität beziehungsweise Toleranz vieler Arten gegenüber Veränderungen in Grundzügen bekannt, *aber* viele Arten ändern entlang von Gradienten scheinbar ihre Strategien beziehungsweise ihre Lebensweise (und damit oftmals auch ihre Empfindlichkeit) und passen sich so den Umweltbedingungen an. Arten, die bei höheren Salzgehalten auf reine Sandböden beschränkt bleiben, kommen bei niedrigen Salzgehalten plötzlich auf organisch „belasteten" Substraten vor. Dieses Phänomen wurde bislang in den meisten Bewertungsverfahren ignoriert, gerät jedoch zunehmend in den Fokus und stellt eine der Hauptaufgaben für die kommenden Jahre dar [5]. Zwar ist die Veränderung der Gemeinschaft in den vergangenen 20 Jahren an den Monitoringstationen deutlich erkennbar, *aber* die meisten Überwachungsprogramme wurden erst als Folge der bereits damals erkannten Auswirkungen der Eutrophierung ins Leben gerufen. Ein Vergleich mit der „Vor-Eutrophierungszeit", wie er beispielsweise in der Wasserrahmenrichtlinie gefordert wird, ist aufgrund fehlender Daten gar nicht möglich. Der Teufel steckt also im Detail und viele Analysen und Anpassungen von Bewertungssystemen werden noch erforderlich sein, um die Situation so genau wie möglich einschätzen zu können.

Wie ist denn nun der Zustand der Ostsee?

Diese Frage wird weiterhin kontrovers diskutiert. Die Probleme liegen auf der Hand und wurden im vorherigen Abschnitt dargestellt. Zahllose Bewertungssysteme wurden jeweils für verschiedene Richtlinien und die Bedingungen in verschiedenen Ländern entwickelt (beispielsweise BQI: Benthic Quality Index [ursprünglich Schweden], AMBI: AZTI Marine Biotic Index [ursprünglich Spanien], DKI: Danish Quality Index [Dänemark], MarBIT: Marine Biotic Index Tool [Deutschland]) und alle haben ihre Stärken und Schwächen. Oft basieren sie auf einfachen Diversitätsindizes, die in der vergleichsweise artenarmen Ostsee jedoch nur eine geringe Aussagekraft besitzen, oder sie berücksichtigen die Anpassung der Arten an die regionalen Gegebenheiten nicht. Fleischer und Zettler [6] bescheinigen unter Verwendung eines angepassten BQI der offenen Ostsee vor der heimischen Küste einen in weiten Bereichen guten Zustand. Von vielen anderen Experten (unter Verwendung anderer Bewertungssysteme) wird der Zustand kritischer gesehen. Einig sind sich die meisten Wissenschaftler jedoch in der Einschätzung, dass der Zustand der offenen See bei uns besser ist als der der inneren Küstengewässer und dass die Situation in den vergangenen Jahren möglicherweise besser, zumindest aber nicht schlechter geworden ist.

Muscheln, Seesterne und all die anderen Wirbellosen werden uns weiterhin vom Zustand der Meere erzählen. Doch wenn wir in der Lage sein wollen, sie vollends zu verstehen, muss es uns gelingen, das Hintergrundrauschen herauszufiltern. Insbesondere das Ausblenden von natürlichen Stressfaktoren, wie beispielsweise dem variierenden Salzgehalt in der südlichen Ostsee, und das klare Koppeln von anthropogener Ursache und deren Wirkung auf die Lebewelt sind von herausragender Bedeutung für das Verständnis des Ökosystems und letztendlich auch für die abzuleitenden Managementmaßnahmen.

Literatur

[1] Lozan, J.L., Lampe, R., Matthaus, W., Rachor, E., Rumohr, H., von Westernhagen, H. (1996) *Warnsignale aus der Ostsee. Wissenschaftliche Fakten*, Verlag Paul Parey, Berlin und Hamburg.

[2] Remane, A. (1934) Die Brackwasserfauna. *Verhandlungen der Deutschen zoologischen Gesellschaft*, **36**, 34–74.

[3] Kube, J. (1996) *The ecology of macrozoobenthos and sea ducks in the Pomeranian Bay*. Meereswissenschaftliche Berichte 18.

[4] Rheinheimer, G. (Hrsg.) (1996) *Meereskunde der Ostsee*, 2. Aufl., Springer Verlag, Berlin, Heidelberg.

[5] Zettler, M.L., Schiedek, D., Bobertz, B. (2007) Benthic biodiversity indices versus salinity gradient in the southern Baltic Sea. *Marine Pollution Bulletin*, **55**, 258–270.

[6] Fleischer, D., Zettler, M.L. (2009) An adjustment of benthic ecological quality assessment to effects of salinity. *Marine Pollution Bulletin*, **58**, 351–357.

21

Raumplanung als Instrument zur Entwicklung der biologischen Vielfalt:

Biodiversität braucht Raum

Ulrich Walz, Marianne Darbi, Gerd Lupp, Wolfgang Wende

Die Bewahrung und Entwicklung der biologischen Vielfalt ist immer an Lebensräume und damit an einen konkreten Flächenausschnitt der Erdoberfläche gebunden. Raumplanung ist für die Steuerung und das Management der Flächennutzung verantwortlich. Sie besitzt daher eine zentrale Bedeutung für den Erhalt und die Entwicklung von Biodiversität. Dies hat auch die EU-Kommission deutlich zum Ausdruck gebracht, indem sie die besondere Verantwortung der Mitgliedstaaten hervorhebt, die Flächennutzung und Raumplanung mit der Erhaltung der biologischen Vielfalt und den Ökosystemleistungen besser in Einklang zu bringen [1].

Das Europäische Raumentwicklungskonzept EUREK aus dem Jahr 1999 [2] benennt als einen der wesentlichen Faktoren für die Gefährdung der biologischen Vielfalt in der EU die mangelnde Steuerung der Flächeninanspruchnahme. Als Konsequenz wird daraus eine besondere Verantwortung der Mitgliedsstaaten abgeleitet, Raum- und Landschaftsplanung zu verbessern. Auch der *Living Planet Report* des World Wide Fund For Nature (WWF) betont, dass nur durch eine

◀ Entscheidend für den Erhalt der Biodiversität ist die Bewahrung und Entwicklung vielfältiger Natur- und Kulturlandschaften. Die Raumplanung kann Instrumente bereitstellen, um ein ausgewogenes Verhältnis zwischen Nutzung und Schutz einer Landschaft zu erreichen. Bild: S. Stutzriemer.

systematische Raum- und Entwicklungsplanung unter Einbeziehung der Biodiversität der Verlust an Lebensräumen begrenzt werden kann [3].

Biologische Vielfalt definiert sich stets über einen bestimmten Bezugsraum. Zur globalen Biodiversität tragen ganz unterschiedliche Lebensräume bei, auch Mitteleuropa bietet äußerst vielfältige Lebensräume mit einer reichhaltigen Artenausstattung, für die die Staaten der Europäischen Union eine hohe Verantwortung tragen. Für den Schutz der biologischen Vielfalt und die langfristige Entwicklung ist es daher notwendig, an den Flächennutzungsprozessen und deren Steuerung anzusetzen. In diesem Beitrag wird hinterfragt, welche Möglichkeiten die Raumforschung und die Instrumente der Raumplanung dazu bieten.

Ursachen und Triebkräfte für den Biodiversitätsverlust

Von Menschen verursachte Veränderungen von Ökosystemen haben in den vergangenen Jahrzehnten weltweit stark zugenommen: Tropenwälder, Feuchtgebiete und andere natürliche Habitate schrumpfen in einem raschen Tempo. Landnutzungsänderungen und die Fragmentierung von Lebensräumen – insbesondere die Flächeninanspruchnahme durch Siedlungsentwicklung und die Landschaftszerschneidung durch

Die Vielfalt des Lebens: Wie hoch, wie komplex, warum? 1. Auflage. Herausgegeben von Erwin Beck
© 2013 WILEY-VCH Verlag GmbH & Co. KGaA. Published 2013 by Wiley-VCH Verlag GmbH & Co. KGaA

Abb. 1 a) Landschaftszerschneidung ist eine der wichtigsten Triebkräfte für den anhaltenden Verlust an Biodiversität. b) Grünbrücken können helfen, die Folgen zu mindern.
Bilder: U. Walz, S. Walz.

den Ausbau der Infrastruktur (Abb. 1) – werden neben der Intensivierung der Land- und Forstwirtschaft als die derzeit besonders folgenschweren anthropogenen Triebkräfte bezeichnet. Zu den Landnutzungsänderungen gehören auch die Intensivierung des Tourismus sowie die Gefährdung von traditionellen Kulturlandschaften durch wirtschaftliche und gesellschaftliche Modernisierungsprozesse [2]. So brachte die Konzentration und Spezialisierung der Landwirtschaft im Rahmen der gemeinsamen Agrarpolitik der EU negative Folgen wie die Eintönigkeit von Landschaftsbildern, die Aufgabe traditioneller Bewirtschaftungsmethoden, die Nutzung großer Teile von Feuchtgebieten, Heidelandschaften und natürlichen Magerwiesen sowie einen verstärkten Einsatz von Pestiziden und Düngemitteln mit sich; daraus resultierte ein Rückgang der Artenvielfalt. Auch die Art und Weise der Waldbewirtschaftung hat direkten Einfluss auf Lebensräume und Arten.

Innerhalb Europas weist Deutschland einen der höchsten Gefährdungsgrade der natürlichen Umwelt auf [4], wie beispielsweise die so ge-

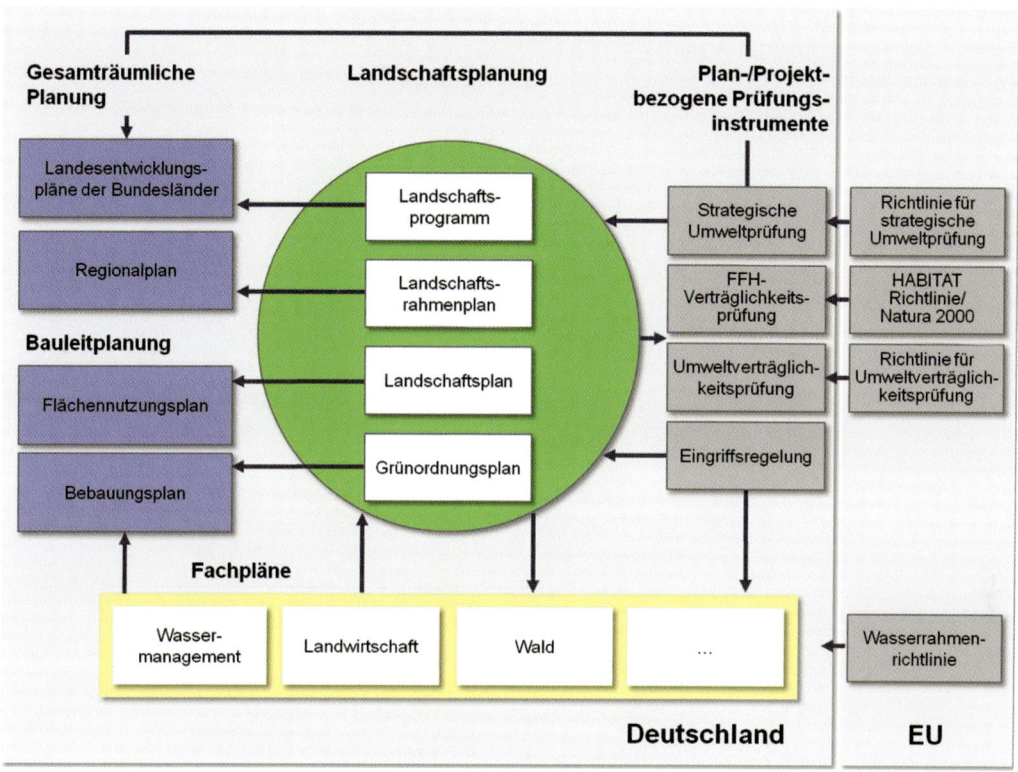

Abb. 2 Schema zu den Instrumenten der Raumplanung in Deutschland. Quelle: [11].

nannten „Roten Listen" gefährdeter Tier- und Pflanzenarten sowie der Biotoptypen zeigen. Bei der Flächennutzung fällt vor allem die starke strukturelle Veränderung auf, etwa die Abnahme der Vielfalt von Nutzungen und der Nutzungsdurchmischung, die Vergrößerung der Nutzungseinheiten (zum Beispiel Ackerflächen) sowie die zunehmende Zerschneidung durch den Ausbau der Verkehrsinfrastruktur [5].

Biologische Vielfalt und Raumplanung in Deutschland – die gesetzlichen Grundlagen

Die genannten Ursachen für den Verlust der Biodiversität zeigen das hohe Maß an Überschneidung mit raumplanerischen Inhalten. Im Folgenden sollen daher die wichtigsten raumrelevanten Planungsinstrumente sowie die jeweiligen gesetzlichen und politischen Grundlagen dargestellt und die Schnittstellen mit dem Biodiversitätsschutz aufgezeigt werden (siehe auch [6]).

Die gesetzlichen Grundlagen für die Raumplanung in Deutschland sind das Baugesetzbuch (BauGB) und das Raumordnungsgesetz (ROG). Während das ROG die Landes- und Regionalplanung regelt, zielt das BauGB im Rahmen des allgemeinen Städtebaurechts auf die Bauleitplanung ab (Abb. 2).

In den Grundsätzen der Raumordnung (§2 Abs. 2 Nr. 2 ROG) heißt es: „Die prägende Vielfalt des Gesamtraums und seiner Teilräume ist zu sichern." Wenngleich hier nicht explizit auf Biodiversität abgehoben wird, so ist diese doch im Sinne der Leitvorstellung einer nachhaltigen Raumentwicklung eingeschlossen. Weiter wird auf den Freiraumschutz und die Schaffung eines großräumig übergreifenden, ökologisch wirksamen Freiraumverbundsystems abgezielt und die Vermeidung der Zerschneidung von freier Landschaft und Waldflächen sowie die Begrenzung der Flächeninanspruchnahme gefordert. Im Hinblick auf den Erhalt und die Entwicklung von Kulturlandschaften wird festgestellt: „Die unterschiedlichen Landschaftstypen und Nutzungen der Teilräume sind mit den Zielen eines harmonischen Nebeneinanders [...] zu gestalten und weiterzuentwickeln." (§2 Abs. 2 Nr. 5 ROG). Dieser Grundsatz zielt explizit auf die Biodiversität auf Landschaftsebene ab. Daneben hebt §2 Abs. 2 Nr. 6 ROG den ökosystemaren Aspekt des Raums hervor, das heißt seine Bedeutung für die Funktionsfähigkeit der Böden, des Wasserhaushalts, der Tier- und Pflanzenwelt sowie des Klimas einschließlich der jeweiligen Wechselwirkungen. Dieser Paragraph formuliert die Notwendigkeit der Sicherung, Entwicklung oder ggf. Wiederherstellung von Flächen. Beeinträchtigungen des Naturhaushalts sind demzufolge auszugleichen und den Erfordernissen des Biotopverbundes ist Rechnung zu tragen. Die gesetzlichen Grundlagen für die Berücksichtigung der biologischen Vielfalt beziehungsweise des Biodiversitätsschutzes in den Landesentwicklungsplänen und Regionalplänen sind also durchaus gegeben.

Auch für die Bauleitplanung wird explizit die Berücksichtigung der biologischen Vielfalt gefordert. So legt das BauGB (§ 1 Abs. 6 Nr. 7) fest, dass bei der Aufstellung von Flächennutzungsplänen und Bebauungsplänen „die Auswirkungen auf Tiere, Pflanzen, Boden, Wasser, Luft, Klima und das Wirkungsgefüge zwischen ihnen sowie die Landschaft und die biologische Vielfalt" zu berücksichtigen sind. Dabei bereitet der Flächennutzungsplan flächendeckend für eine Gemeinde beziehungsweise einen Gemeindeverband beispielsweise die Ausweisung von Bauflächen vor. Für diese müssen in einem zweiten Schritt konkretisierend Bebauungspläne aufgestellt werden (Abb. 2).

Fachplanungen

Ergänzend zur räumlichen Gesamtplanung dienen Fachplanungen zur Bewältigung von fachlichen Aufgaben und Problemfeldern auf Bundes- und Landesebene. Diese betreffen insbesondere die Landwirtschaft, die Forstwirtschaft, die Wasserwirtschaft und den Verkehr sowie übergreifend den Naturschutz und die Landschaftsplanung. Hier soll exemplarisch auf die Landschaftsplanung eingegangen werden.

Gemäß Bundesnaturschutzgesetz (BNatSchG) umfassen die Ziele und Grundsätze des Naturschutzes und der Landschaftspflege die Sicherung der Tier- und Pflanzenwelt einschließlich ihrer Lebensstätten und Lebensräume sowie der Vielfalt von Natur und Landschaft. Dies schließt auch die biologische Vielfalt ein (§1 Nr. 1 und 2 BNatSchG). Der Landschaftsplanung kommt dabei als dem zentralen Planungsinstrument des Naturschutzes beziehungsweise der Landschaftspflege eine Schlüsselrolle zu. Sie hat die Aufgabe, die Ziele und Grundsätze des Naturschutzes zu konkretisieren. Im Hinblick auf die Prüfung der Zulässigkeit und des Ausmaßes von Eingriffen in die Biodiversität sowie ggf. die Bestimmung eines angemessenen Ausgleichs spielen nicht nur in Deutschland die Umweltverträglichkeitsprüfung, die Strategische Umweltprüfung und vor allem die Eingriffsregelung eine zentrale Rolle.

Die *Eingriffsregelung* stellt ein wichtiges Instrument zum Schutz und zur Wiederherstellung der biologischen Vielfalt dar, indem sie Prüfung und Folgenbewältigung vereint. Sie verfolgt einen vorhabenbezogenen Ansatz und zielt darauf ab, Beeinträchtigungen von Natur und Landschaft gemäß der so genannte Eingriffskaskade 1. zu vermeiden, 2. zu minimieren und 3. unvermeidbare Beeinträchtigungen auszugleichen (Ausgleichsmaßnahmen) oder in sonstiger Weise zu kompensieren (Ersatzmaßnahmen). Neben der naturschutzrechtlichen Eingriffsregelung (BNatschG) wird die Eingriffsregelung außerdem im BauGB und im ROG geregelt. Die Methodik der deutschen Eingriffsregelung kann in Zukunft auch im internationalen Kontext eine größere Rolle spielen und bei der Umsetzung so genannter *Biodiversity Offsets* als Beispiel dienen (vgl. [7]).

Die *Umweltverträglichkeitsprüfung* (UVP) zielt darauf ab, die Auswirkungen von bestimmten öffentlichen und privaten Vorhaben auf die Umwelt frühzeitig und umfassend zu ermitteln, zu beschreiben und zu bewerten und bei der Entscheidung über die Zulässigkeit des Vorhabens zu berücksichtigen.

Während die UVP auf Projekte wie zum Beispiel den Bau neuer Straßen ausgerichtet ist, betrachtet die *Strategische Umweltprüfung* (SUP) auf der Ebene von Plänen und Programmen die möglichen Auswirkungen auf die Umwelt. Damit soll sichergestellt werden, dass bereits auf der vorbereitenden Plan- und Programmebene die Umweltverträglichkeit gewährleistet wird. Dabei sind Transparenz und die Beteiligung der Öffentlichkeit von großer Bedeutung. Mit der SUP wird vor allem die Chance verbunden, durch konzeptionelle und räumliche Alternativen auf den oberen Planungsebenen (insbesondere für den Bundesverkehrswegeplan und die Landesentwicklungspläne beziehungsweise Raumordnungsprogramme, aber auch die Regionalpläne) möglichst umweltschonende und damit biodiversitätserhaltende Planvarianten zu identifizieren [8]. Aber auch auf den unteren Planungsebenen kommt die SUP für die Bauleitpläne zum Einsatz.

In den Zulassungsverfahren für geplante Bauprojekte wurden Aspekte des speziellen Artenschutzes in der Vergangenheit in der Regel nur wenig beachtet. Durch Gerichtsentscheidungen des Europäischen Gerichtshofes und des Bundesverwaltungsgerichtes zum Artenschutz und die Integration der streng geschützten Arten in die Eingriffsregelung hat sich diese Praxis verändert. In Zulassungsverfahren sind jetzt zum Beispiel neben dem Gebietsschutz der *Fauna-Flora-Habitat*-(FFH-)Richtlinie und der Vogelschutzrichtlinie auch die speziellen europarechtlichen und nationalen Anforderungen des Artenschutzes zu beachten.

Die verschiedenen Schutzgebietskategorien des Natur- und Landschaftsschutzes auf nationaler und internationaler Ebene tragen einen wesentlichen Teil zur Erhaltung und Entwicklung der Biodiversität bei. So ermöglicht es das BNatSchG, besonders schützenswerte Gebiete oder Naturobjekte unter Schutz zu stellen und durch Pflege-, Entwicklungs- und Wiederherstellungsmaßnahmen zu sichern. Dies umfasst Naturschutzgebiete, Nationalparke, Biosphärenreservate, Landschaftsschutzgebiete, Naturparke, Naturdenkmale und geschützte Landschaftsbestandteile. Darüber hinaus stellt der Gesetzgeber in §30 BNatSchG zahlreiche Biotoptypen (so genannte gesetzlich geschützte Biotope) sowie sämtliche oberirdische Gewässer einschließlich ihrer Gewässerrandstreifen und Uferzonen unter einen unmittelbaren gesetzlichen Schutz.

Neben dem Gebietsschutz ist der *Biotopverbund* eines der wichtigsten Instrumente zum Schutz der Biodiversität. Seit 2002 sind die Bundesländer verpflichtet, auf mindestens 10% der Landesfläche ein Netz verbundener Biotope zu schaffen und dies rechtlich zu sichern.

Um staatenübergreifend den Schutz wildlebender Tier- und Pflanzenarten zu gewährleisten, hat die Europäische Union das *Schutzgebietsnetzwerk Natura 2000* geschaffen. Die Mitgliedstaaten sind verpflichtet, anhand der FFH- und Vogelschutzrichtlinien nach einheitlichem Muster Schutzgebiete auszuweisen. Die Umsetzung der erforderlichen Pflege-, Entwicklungs- und Wiederherstellungsmaßnahmen, mit denen der Schutzzweck erreicht werden soll, wird für jedes Schutzgebiet in einem Pflege- und Entwicklungsplan dargestellt. Derzeit sind knapp 17% der Landfläche Europas nach diesen Vorgaben gesetzlich geschützt.

Defizite der raumplanerischen Instrumente zum Schutz der Biodiversität

Trotz der vorhandenen Planungsinstrumente, Aktionspläne, Strategien und Gesetze schreitet der Verlust an biologischer Vielfalt auch in Deutschland weiter voran. Als Ursache werden die mangelnde Wirksamkeit beziehungsweise Umsetzungsdefizite bei Instrumenten genannt, die explizit dem Schutz der Biodiversität dienen sollen. Steuerungsmöglichkeiten durch die Raumplanung werden oft nicht ausgeschöpft oder unzureichend koordiniert und die Inhalte der Naturschutzfachplanung nur mangelhaft in die Raum- und Bauleitplanung integriert. Die EU-Kommission beklagt auch die fehlende oder ungenügende Vernetzung der Natura 2000-Schutzgebiete, da diese allein nicht in der Lage sind, den Verlust an biologischer Vielfalt aufzuhalten. So sind Instrumente der Raumplanung zwar gesetzlich verankert, jedoch nicht so strikt rechtlich bindend wie andere Pläne. Hinzu kommt eine teilweise fehlende Abstimmung von Förderzielen. So kann zum Beispiel die Förderung der regionalen Entwicklung die biologische Vielfalt schädigen, statt diese zu fördern.

In der praktischen Anwendung von Belangen der Biodiversität bei Planungen und Prüfungen bestehen Defizite. So fehlen wissenschaftliche Grundlagen zu den ökologischen Anspruchsprofilen oder zur Populationsbiologie vieler Tierarten, zu ihren spezifischen Empfindlichkeiten und zu Minimumarealen von Individuen und Populationen. Grundlagendaten (beispielsweise Tier- und Pflanzenartenlisten) werden ggf. ohne weitergehende Aufbereitung und Interpretation lediglich nachrichtlich in das Planwerk übernommen oder es erfolgt die Orientierung nur an einzelnen Arten.

Zu benennen sind auch Defizite hinsichtlich der Bilanzierung und Bewertung von Beeinträchtigungen der Biodiversität. So werden in Deutschland lediglich circa 2% der höheren Pflanzenarten im Rahmen der Eingriffsregelung überhaupt betrachtet.

Schließlich müssen bestehende Bewertungsinstrumente vor dem Hintergrund des Klimawandels neu überdacht und bisherige Konzepte in Frage gestellt werden, beispielsweise die Orientierung an Klimax-Zuständen (Neophyten,

zunehmende Dynamisierung, Bezugsräume bei Arealverschiebungen).

Wie kann die Raumplanung besser zum Biodiversitätsschutz beitragen?

Im Rahmen der Raumplanung ergeben sich im Wesentlichen drei Handlungsebenen: der konservierende Ansatz (Schutzgebiete), die interdisziplinäre planerische Entwicklung und Wiederherstellung auch außerhalb von Schutzgebieten, außerdem noch so genannte „weiche Ansätze".

Im klassischen Sinn kann Biodiversitätsschutz als Gebietsschutz, also die Ausweisung und Unterhaltung von Natur- und Landschaftsschutzgebieten, Naturparken, Biosphärenreservaten usw. interpretiert werden. Schutzgebiete stellen ein wichtiges Rückgrat für den Erhalt der Biodiversität in Deutschland dar. An diesem *konservierenden Ansatz* wird jedoch bemängelt, dass die Gebiete viel zu klein sind und der Flächenanspruch deutlich unterschätzt wird. Daher greift dieser Ansatz als einzige Maßnahme zu kurz.

Aus Sicht der Raum- und Bauleitplanung beschränkt sich Biodiversitätsschutz nicht auf einen sektoralen Handlungsansatz (das heißt ausschließlich auf den Naturschutz und die Landschaftsplanung), sondern ist vielmehr eine *interdisziplinäre Planungsaufgabe*. Naturschutzbelange müssen stärker in Maßnahmen anderer Sektoren (zum Beispiel Land- und Forstwirtschaft, Verkehr, Wasserwirtschaft) integriert werden. Zur Sicherung der biologischen Vielfalt ist es notwendig, ein interdisziplinäres Netzwerk mit den verschiedenen Akteuren zu bilden, die Landnutzungsentscheidungen treffen. Gemeinsame Fragestellungen könnten Synergien zwischen unterschiedlichen Fachplanungen für den Biodiversitätsschutz schaffen, beispielsweise beim Aufbau eines länderübergreifenden Biotopverbundnetzes oder einer verbesserten Abstimmung (beziehungsweise dem Management) von Schutzgebieten. Dies betrifft auch die Minimierung von Zerschneidungseffekten und die Integration von Maßnahmen zur Wiedervernetzung von Lebensräumen in die Raum- und Verkehrsplanung.

Der Schutz der Biodiversität ist eine integrierte politische, ökonomische und soziale Managementaufgabe. Dementsprechend ist die Berücksichtigung von kulturellen, sozialen und ökonomischen Rahmenbedingungen ein notwendiger Bestandteil bei der Formulierung von Maßnahmen zur Bewahrung der biologischen Vielfalt gerade in der Raumplanung.

In der nationalen Biodiversitätsstrategie werden Mehrwerte und Synergien für die Bedürfnisse des Menschen durch den Schutz der Biodiversität angestrebt [4]. Dabei stehen der Mensch und seine Wahrnehmung der Biodiversität im Zentrum der Betrachtung. So sollen etwa bis 2020 alle Gewässer in Deutschland Badequalität besitzen. Allen Bewohnern soll fußläufig öffentliches Grün zur Verfügung gestellt und um Großstädte sollen Freizeitverbünde und Regionalparks geschaffen werden. Zwar sehen alle Bevölkerungsgruppen Natur, deren Schutz und Erhalt sowie Naturerlebnisse als etwas sehr Positives an. Im Detail gehen die Ansichten jedoch weit auseinander, etwa zu „wilden" Landschaften wie Wäldern mit größerem Totholzanteil, die durch Prozessschutz oder Renaturierung entstanden sind [9]. Die Bereitschaft, sich für den Schutz und Erhalt der biologischen Vielfalt zu engagieren, bleibt jedoch auf einzelne Bevölkerungsgruppen beschränkt. Ein Ansatzpunkt könnte eine verbesserte Kommunikation von Themen der Biodiversität darstellen. Ein Problem scheint zu sein, dass häufig auf einer intel-

Abb. 3 Neben großräumigen Schutzgebieten und Biotopverbundkorridoren ist eine ausreichende Ausstattung der Landschaft mit Kleinstrukturen notwendig. Bild: U. Walz.

lektuell-naturwissenschaftlichen Ebene argumentiert und damit der vorwiegend emotional-ästhetische Zugang weiter Teile der Bevölkerung zu Naturthemen ignoriert wird.

Ein so genannter „weicher Ansatz" zum besseren Verständnis kann die aktuelle Diskussion zu den Ökosystem- oder Landschaftsdienstleistungen sein. Dabei werden bei Eingriffen in die Landschaft Leistungen in die Bewertung einbezogen, die von der Natur erbracht und vom Menschen genutzt werden können. Beispiele sind die Verfügbarkeit von Nahrungsmitteln, die Bereitstellung und Aufrechterhaltung von notwendigen Lebensgrundlagen wie Wasser und Luft, aber auch kulturelle und ästhetische Werte.

Konkrete Handlungsempfehlungen

Für den Schutz der Biodiversität im Freiraum ist festzustellen, dass der Landschaftsebene in Planung und Naturschutz eine viel größere Aufmerksamkeit zukommen muss. Eine Vielzahl von Studien hat gezeigt, dass eine möglichst große Vielfalt auf Landschaftsebene (siehe auch

Abb. 3) sowie eine entsprechende Steuerung der Entwicklung der Landschaftsmatrix effektiver sind als der Schutz einzelner Arten und isolierter Habitate. Aber die Sicherung der biologischen Vielfalt kann nicht nur mit Schutzgebieten realisiert werden. Für das Ziel, günstige Bedingungen für die Ausbreitung, den Austausch und die Wanderung von Arten zu schaffen, muss die gesamte Landschaft betrachtet und es müssen Strategien entwickelt werden, wie auch außerhalb von Schutzgebieten und Biotopverbundkorridoren geeignete Lebensbedingungen entstehen können. Aufgrund der Festlegungsmöglichkeiten kommt dabei vor allem der Regionalplanung eine entscheidende Verantwortung zu. Anwendbar sind hier Kategorien wie Vorrang- oder Vorbehaltsgebiete für Naturschutz und Landschaftspflege, die Festlegung von Grünzäsuren oder auch eine Mindestdichte von ökologischen Strukturelementen. Weiterhin sollten aufgrund der ökologischen Funktionen und des Entwicklungspotenzials unzerschnittene Freiräume zur Sicherung der biologischen Vielfalt als eigenständige Schutzbelange betrachtet und in der

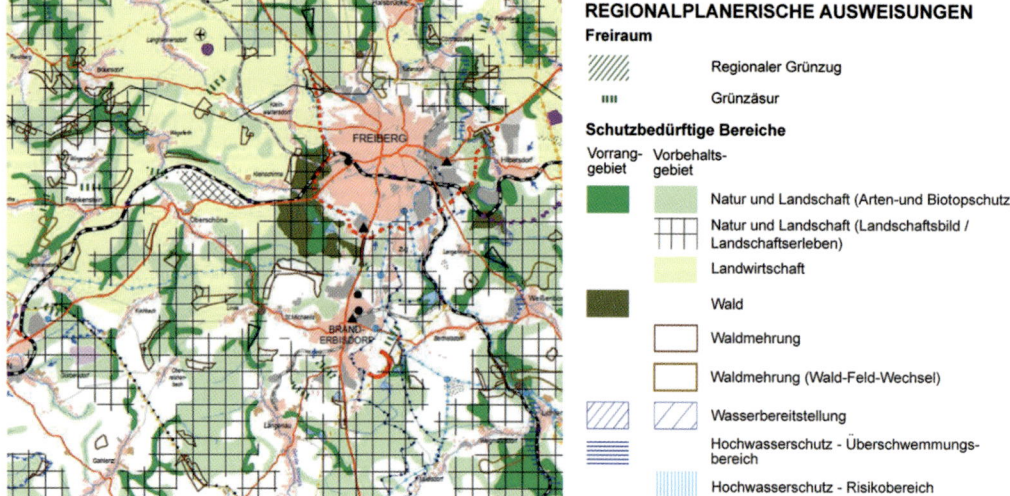

Abb. 4 Beispiel für Ausweisungen zum Schutz des Freiraums aus dem Regionalplan Chemnitz – Erzgebirge. Quelle: Regionaler Planungsverband Chemnitz. Originalmaßstab 1:100.000, verkleinerte Darstellung; s. a.: www.rpv-ce.de/download/Regionalplan/Karten/Karte02.pdf.

räumlichen Planung berücksichtigt werden (Abb. 4).

Die biologische Vielfalt in den Städten und deren Sicherung muss ebenfalls stärker beachtet werden. So befinden sich beispielsweise in Parks oder an Flussufern Reste von artenreichen Natur- und Kulturlandschaften. Daneben existiert in Städten oftmals eine ganz eigene Art der Biodiversität, die sich durch eine hohe Zahl an Neophyten auszeichnet. Städte können aber auch gefährdeten Arten Ersatzlebensräume bieten. Von besonderer Bedeutung sind dabei Brachen. Ziel in Städten muss es daher sein, geeignete Brachflächen temporär oder dauerhaft für die Bewahrung und Entwicklung von biologischer Vielfalt zu sichern und für die Bevölkerung in Wert zu setzen [10] (Abb. 5). Notwendig sind auch die Entsiegelung und Nutzung von Baulücken sowie der Rückbau von Straßen zur Minimierung der weiteren Zersiedelung.

Fazit

Grundsätzlich stehen in Deutschland mit den Planungs-, Prüf- und Folgenbewältigungsinstrumenten gut geeignete Werkzeuge für den Schutz und die Entwicklung der Biodiversität auf allen Planungsebenen zur Verfügung. Besondere Bedeutung haben dabei die Raum- und die Landschaftsplanung.

Vor dem Hintergrund der genannten Defizite in der Bestandserfassung und Bewertung der Biodiversität, aber auch im Hinblick auf räumliche und zeitliche – also dynamische – Aspekte wird es vor allem Aufgabe sein, für die planerische Herangehensweise einen pragmatischen Mittelweg zu finden, der Bestandserfassung und Bewertung mit vertretbarem Aufwand auf der einen Seite und die Erarbeitung valider Zielaussagen und Maßnahmen zum Schutz und zur Entwicklung der Biodiversität auf der anderen Seite ermöglicht. Dabei kann auf eine Vielzahl unterschiedlicher Ansätze zur planerischen Berücksichtigung der Biodiversität zurückgegriffen werden. Diese verschiedenen vorhandenen Ansätze auf den unterschiedlichen Planungsebenen müssen vor dem Hintergrund der Ziele der nationalen Biodiversitätsstrategie der Bundesregierung neu bewertet, ggf. ergänzt und zu einem geeigneten Prüffolgenset auf den verschiedenen Ebenen verknüpft werden.

Neben Defiziten werden aber auch Chancen gesehen: So kann eine inhaltlich und zeitlich flexibilisierte Landschaftsplanung als wertvolle veränderbare Informations- und Entscheidungsgrundlage der Raum- und Bauleitplanung dienen. Sie kann modular erstellt und hinsichtlich aktueller Themen (beispielsweise biologische Vielfalt) fortgeschrieben werden und unter Einsatz neuer Technologien (zum Beispiel Web-GIS) für eine umfassende Beteiligung und Information der Öffentlichkeit genutzt werden.

Wichtig ist, dass Raum- und Bauleitplanung flächendeckend in ganz Deutschland angewendet werden. Der Erhalt der biologischen Vielfalt kann nicht nur allein in Schutzgebieten umgesetzt werden, auch die „Normallandschaft" spielt eine wichtige Rolle, damit die Vielfalt erhalten bleibt.

Literatur

[1] Kommission der Europäischen Gemeinschaften (Hrsg.) (2006) *Eindämmung des Verlusts der biologischen Vielfalt bis zum Jahr 2010 – und darüber hinaus – Erhalt der Ökosystemleistungen zum Wohl der Menschen*, Brüssel.

[2] Europäische Kommission (Hrsg.) (1999) *EUREK Europäisches Raumentwicklungskonzept*, Luxemburg.

[3] World Wide Fund for Nature (WWF) (Hrsg.) (2008) *Living planet report 2008*, Deutschsprachige Version, Gland.

[4] BMU – Bundesministerium für Umwelt, Naturschutz und Reaktorsicherheit (Hrsg.) (2007) *Nationale Strategie zur biologischen Vielfalt*. Reihe Umweltpolitik, Berlin.

[5] Walz, U. (2008) Monitoring of landscape change and functions in Saxony (Eastern Germany) – Methods and indicators. *Ecological Indicators*, **8**, 807–817.

[6] Janssen, G., Albrecht, J. (2008) Umweltschutz im Planungsrecht. UBA-Texte, 10/08.

[7] Darbi, M., Ohlenburg, H., Herberg, A., Wende, W. (2011) *Impact mitigation and biodiversity offsets – Compensation approaches from around the world. A Study on the application of Article 14 of the CBD* (Convention on Biological Diversity). Reihe Naturschutz und Biologische Vielfalt, 101, Bonn. 249.

[8] Heiland, S., Regener, M., Hauff, M., Weidenbacher, S. (2006) Kumulative Auswirkungen in der Strategischen Umweltprüfung. *UVP-Report*, **20**, 122–126.

[9] Lupp, G., Hoechtl, F., Wende, W. (2011) „Wilderness" – a designation for Central European landscapes? *Land Use Policy*, **28**, 594–603.

[10] Mathey, J., Rink, D. (2010) Urban wastelands – A chance for biodiversity in cities? Ecological as pects, social perceptions and acceptance of wilderness by residents, in: *Urban biodiversity and design* (eds. Müller, N., Werner, P., Kelcey, J. G.), Wiley-Blackwell, 406–424.

[11] Bundesamt für Naturschutz (Hrsg.) von Haaren, C., Galler, C., Ott, S. (2008) Landscape planning: The basis of sustainable landscape development, Leipzig.

22

Der lange Weg vom Labor in die Gremien:

Biodiversitätsforschung und politisches Handeln

Katrin Vohland, Axel Paulsch, Elisabeth Marquard, Klaus Henle, Christoph Häuser, Carsten Neßhöver

Fehlt der Bevölkerung und den Politikern das Bewusstsein dafür, dass das Wohlergehen der Menschheit maßgeblich von einer intakten und diversen Umwelt abhängig ist? Oder mangelt es an Lösungsansätzen für komplexe ökologische Probleme und komplizierte Interessenskonflikte?

In diesem Kapitel wird zunächst anhand einiger Beispiele veranschaulicht, wie eng im Hinblick auf die Biodiversitätskrise ökologische und politische Fragen in Beziehung zueinander stehen. Im Anschluss werden politische Prozesse und Instrumente vorgestellt, die den Verlust von Biodiversität aufhalten sollen, und erläutert, welche Rolle die Biodiversitätsforschung für diese spielt.

◀ Die meisten Menschen wünschen sich, dass auch in Zukunft genügend wilde Flächen zum Spielen, genügend saubere Flüsse zum Angeln und Baden und genügend wohlschmeckende Apfel- und Tomatensorten als Nahrungsmittel vorhanden sind. Dennoch zerstören wir weiterhin unsere Umwelt und lassen zu, dass biologische Vielfalt verloren geht. Die Aufnahme von Biodiversität in den politischen und gesellschaftlichen Diskurs und eine Wertschätzung der biologischen Vielfalt sind wichtige Voraussetzungen für eine nachhaltige Entwicklung und einen verantwortungsvolleren Umgang mit unseren Lebensgrundlagen. Bild: © Franck Boston, Fotolia.com.

Beispiele für die enge Beziehung zwischen ökologischen und politischen Biodiversitätsfragen

Landnutzung: Die größte Herausforderung für die Erhaltung und nachhaltige Nutzung von Biodiversität ist die Konkurrenz um nutzbare Flächen. Habitate werden durch Landwirtschaft, Zersiedlung und Infrastrukturentwicklung großflächig zerstört, was in Kombination mit einer starken Verschmutzung von terrestrischen und marinen Lebensräumen die wichtigste Ursache für den fortschreitenden Verlust von Biodiversität darstellt. Die Zunahme der Weltbevölkerung und die Veränderung von Lebensgewohnheiten führen zu einer Steigerung des Bedarfs an Wohnraum und Mobilität sowie des Fleischkonsums. Aufgrund dieser Entwicklungen wächst der Flächenbedarf für Landwirtschaft und Siedlungsbau.

In der EU spielen Subventionen in der Landwirtschaft eine entscheidende steuernde Rolle für die Anbaupraxis und wären somit auch ein Instrument, um diese Praxis nachhaltiger zu gestalten. Das Europäische Parlament hat dies erkannt und arbeitet an einer Veränderung der Agrarförderung. Während in den ersten Nachkriegsjahren die Steigerung der Produktivität im Mittelpunkt stand, wurde in den vergangenen Jahrzehnten mehr auf die wirtschaftliche Konkurrenzstärke von Europa auf dem Weltmarkt

Die Vielfalt des Lebens: Wie hoch, wie komplex, warum? 1. Auflage. Herausgegeben von Erwin Beck
© 2013 WILEY-VCH Verlag GmbH & Co. KGaA. Published 2013 by WILEY-VCH Verlag GmbH & Co. KGaA

Abb. 1 Eine ästhetische Landschaft sowie die Erhaltung alter Landsorten gehören zu ökosystemaren Dienstleistungen, für die Landwirte neuerdings auch finanzielle Unterstützung erhalten. Bild: K. Vohland.

gesetzt. Nun hat das Konzept der ökosystemaren Dienstleistungen Einzug in die Debatte gehalten. Landwirte sollen nicht mehr ausschließlich für ihre Produktion monetäre Zuwendungen erhalten, sondern auch für die ökologischen Leistungen, die sie für die Öffentlichkeit bereitstellen. Dazu gehören sowohl die Erhaltung der Biodiversität, gemessen beispielsweise an der Anzahl von Schmetterlingsarten und Bodenbrütern, als auch die Erhaltung einer ästhetisch ansprechenden Kulturlandschaft (Abb. 1).

Um die Ernährung und das Wohlergehen der Weltbevölkerung langfristig sicherzustellen, ist eine ressourcenschonende, ökologisch und sozial nachhaltige Intensivierung der landwirtschaftlichen Produktion dringend geboten. Hierfür ist die Bedeutung der Biodiversität kaum zu überschätzen, angefangen von der genetischen Diversität über die Vielfalt an Nahrungspflanzen bis hin zu multifunktionalen Landschaften. Gleichzeitig müssen Wildnisgebiete erhalten bleiben, die ein wichtiges Refugium für biologische Vielfalt darstellen und auch als Referenzgröße zur Evaluation von biodiversitätserhaltenden Maßnahmen dienen. Für die Biodiversitätsforschung stellt sich daher die

Aufgabe, Konzepte für eine großräumige Landschaftsplanung vorzulegen.

Energieerzeugung: Ressourcenknappheit und der Klimawandel machen einen Umbau des Energiesystems weg von fossilen und atomaren Energieträgern hin zu regenerativen nötig. Zunehmend werden Pflanzen für die energetische Nutzung angebaut: Aktuell macht Energiegewinnung aus pflanzlicher Biomasse

Naturschutz im Ackerbau

Die Effizienzsteigerung in der Landwirtschaft ging mit einer starken Monotonisierung der Landschaft einher. Kleine Nischen wie beispielsweise Knicks verschwinden zugunsten von zusätzlicher Produktionsfläche. Unkraut und tierische Pflanzenschädlinge werden mit Herbiziden und Insektiziden bekämpft. Das hat auch negative Auswirkungen auf Nützlinge wie beispielsweise Schwebfliegen und Marienkäfer, die Blattläuse fressen, oder Bienen und Fliegen, die als Bestäuber dienen. Geringere Aufwendungen für diese Pestizide könnten den Geldbeutel der Landwirte, die Tiere und auch die Pflanzen im Acker schonen. Damit die Ernteverluste dennoch moderat bleiben, werden eine Reihe technischer Hilfsmittel entwickelt, beispielsweise Sensoren, die die Unkrautdichte auf den Quadratmeter genau bestimmen können, oder Saugkollektoren zur mechanischen Bestimmung der Blattlausdichte.

den größten Teil der regenerativen Energieerzeugung aus. Der Anbau von Energiepflanzen soll in den kommenden Jahren noch gesteigert werden. Dominant sind dabei vor allem Maismonokulturen, die sich langfristig negativ auf den Boden sowie die Tier- und Pflanzenwelt auswirken. Negativ zu bewerten ist auch der Import von Biomasse zum Beispiel in Form von Holz oder Palmöl, wenn diese in anderen Regionen der Erde auf nicht nachhaltige Weise erzeugt wurde.

Es gibt allerdings auch Alternativen, die ein hohes Synergiepotenzial mit den Zielen zur Erhaltung der Biodiversität haben. So untersuchen Forschungsprojekte ökologische und ökonomische Aspekte alternativer Anbausysteme, zum Beispiel Agroforstsysteme, in denen Bäume und Sträucher, die der Energiegewinnung (Brennholz, Biogas) dienen sollen, mit annuellen Kulturen wie zum Beispiel Getreide gemeinsam gepflanzt werden. Eine solche Praxis erhöht die Landschaftsstruktur und wirkt sich günstig auf Insekten und Vögel aus. Ein anderes Beispiel ist die energetische Nutzung von Blumenwiesen (beispielsweise für die Erzeugung von Biogas), deren Blüten zuvor einer Reihe von Insekten als Nahrungsquelle gedient haben.

Klimawandel: Nicht nur Tiere und Pflanzen müssen sich an veränderte Umweltbedingungen aufgrund des Klimawandels anpassen, auch Politik und Gesetzgebung müssen reagieren (siehe hierzu auch Kapitel 21 „Biodiversität braucht Raum"). Offensichtlich ist der Anpassungsbedarf bei der Beschreibung der Ziele von Schutzgebieten und dem Natura 2000-Schutzgebietsnetz. Da Wetterextreme zunehmen (Abb. 2) – und dadurch auch die Schwankungen im Vorkommen von Arten – sind vermehrt größere und gut vernetzte Gebiete nötig, damit sich Arten halten und lokal Gebiete wiederbesiedeln können, beziehungsweise über Korridore und „Trittsteine" in geeignetere Gebiete wandern können. Flächen für den Naturschutz zu sichern, stellt jedoch einen der Hauptkonflikte mit anderen Formen der Flächennutzung dar.

Abb. 2 Winterhochwasser an der Havel 2010/2011. Der Klimawandel führt nicht nur zu einer generellen Erwärmung, sondern auch die Häufigkeit von Extremwetterlagen nimmt zu. Bild: K. Vohland.

Trotz übergeordneter Ziele im Rahmen der nationalen Biodiversitätsstrategie zur Verringerung der Landschaftsversieglung (siehe Kabinettsbeschluss vom November 2007, www.biologischevielfalt.de) werden Entscheidungen über Bebauungspläne lokal in den Kommunen gefällt. Diese sind auf Gewerbe- und Einkommenssteuern angewiesen und somit einem Interessenkonflikt ausgesetzt. Aber auch in Bund und Land wären bessere Abstimmungen zwischen den Ressorts wünschenswert, um beim Straßenbau und anderen Infrastrukturmaßnahmen die Landschaft nicht weiter zu zerschneiden. Im Folgenden beschreiben wir politische Instrumente und Prozesse zur Bekämpfung des Biodiversitätsverlusts und die Rolle der Biodiversitätsforschung.

UN-Umweltabkommen und internationale Biodiversitätsziele

Die Nachhaltigkeitskonferenz in Rio de Janeiro im Jahr 1992 war ein Meilenstein in der Geschichte des Naturschutzes. Zum ersten Mal seit Bestehen der Menschheit haben die teilnehmenden Länder der Erde beschlossen, die Nutzung von natürlichen Ressourcen global zu beschränken. Im Rahmen dieser Konferenz sind die drei großen UN-Umweltabkommen entstanden: Die Klimarahmenkonvention (UNFCCC), das Übereinkommen über die biologische Vielfalt (CBD, Abb. 3) und die Konvention zur Bekämpfung der Desertifikation (UNCCD). Ein weiteres wichtiges internationales Umweltabkommen ist die Ramsar-Konvention zum Schutz von terrestrischen Gewässern; sie datiert von 1971.

Für die letzte Dekade von 2000 bis 2010 hatte die CBD das Ziel formuliert, den Verlust von Biodiversität spürbar zu verringern. Die Europäische Kommission hatte noch ambitionierter die Absicht formuliert, den Verlust von Biodiversität zu stoppen. Inzwischen belegen die meisten Indikatoren, die Biodiversitätsentwicklungen anzeigen können, dass die oben genannten Ziele verfehlt wurden. Die Anzahl an Singvögeln in der Landwirtschaft, die Vielfalt an Schmetterlingen und die Vielfalt von landwirtschaftlichen Kulturen haben weiter abgenommen, die Flächen für Siedlungen und Verkehr hingegen nahmen zu. Positiv ist allerdings zu vermerken, dass es in der Ausweisung und im Management von Schutzgebieten Fortschritte gibt.

Als Hauptgrund für das Verfehlen der Biodiversitätsziele wird gesehen, dass es nicht gelingt, sie in den verschiedenen sektoralen Politiken zu verankern, also in der Städteplanung und Infrastrukturpolitik, der Wirtschafts- und Handelspolitik und vor allem der Landwirtschaft und Fischerei. Stattdessen wird nur die Umweltpolitik als zuständig erachtet, was eine kohärente und nachhaltige Entwicklung verhindert. Andere Politikbereiche sind dagegen sogar teilweise für extrem biodiversitätsschädigende Praktiken verantwortlich, beispielsweise für Zahlungen umweltschädlicher Subventionen [1–3].

Eine wichtige Entscheidung war es daher, ein internationales wissenschaftliches Beratungsgremium zu schaffen, um den Dialog über Biodiversitätsfragen zwischen Politik, Gesellschaft und Wissenschaft zu stärken. In Entsprechung zum Weltklimarat (IPCC), der die globale Aufmerksamkeit auf den Klimawandel gelenkt hat und

Abb. 3 Plenarsaal während der 10. Vertragsstaatenkonferenz (COP 10) des Abkommens zur biologischen Vielfalt (CBD) in Nagoya, Japan, im Herbst 2010. Rederecht haben nur die Länder, aber anderen Organisationen kann Beobachterstatus eingeräumt werden. Bild: A. Paulsch.

Wie funktionieren die UN-Konventionen?

In regelmäßigen Abständen (meist alle zwei Jahre) treffen sich Vertreter der Vertragsstaaten zur COP (*Conference of the Parties*). Diese Vertragsstaatenkonferenzen sind die höchsten Entscheidungsgremien der jeweiligen Konvention. Sie beschließen, was in einzelnen Arbeitsprogrammen umgesetzt werden soll. Inhaltlich werden die COP durch die Konventions-Sekretariate vorbereitet, die hierfür von wissenschaftlichen Hilfsorganen Empfehlungen erhalten. Zwei dieser Sekretariate befinden sich in Deutschland: die UNFCCC und die UNCCD haben in Bonn ihre Hauptsitze. In Kanada (Montreal) befindet sich das Sekretariat der CBD und in der Schweiz (Gland) jenes des Ramsar-Abkommens.

Für die Finanzierung von Projekten zur Umsetzung der Konventionen (insbesondere der CBD und der UNCCD) können Entwicklungsländer auf Mittel der Global Environmental Facility (GEF) zurückgreifen, die von Industrieländern bereitgestellt werden. Die Konventionen basieren alle auf der Grundidee nationaler Souveränität, d. h., die einzelnen Staaten sind selbst dafür verantwortlich, die gemeinsam international beschlossenen Maßnahmen auf ihrem Staatsgebiet umzusetzen und dafür auch die geeigneten rechtlichen Rahmenbedingungen zu schaffen. Einen Sanktionsmechanismus bei Nichteinhaltung gibt es nicht.

die Formulierung politischer Ziele in der UNFCCC unterstützt, wurde die Einrichtung der *Intergovernmental Science-Policy Platform on Biodiversity and Ecosystem Services* (IPBES) im Dezember 2010 von der UN beschlossen [4–6]. Sie soll helfen, politische Entscheidungen zur Umsetzung der Biodiversitätsziele mit wissenschaftlichem Rat zu untermauern. Der Sitz des IPBES-Sekretariates wird in Bonn sein – mehr dazu lesen Sie im Kommentar von Markus Fischer auf Seite 230f.

Politische Gutachten und die Ökonomisierung von Biodiversität

Eine wichtige Brücke zur Verständigung an der Schnittstelle zwischen Politik und Wissenschaft sind wissenschaftliche Stellungnahmen. Derartige Gutachten fassen den aktuellen Stand der Wissenschaft zu für die Politik relevanten Fragen zusammen und analysieren verschiedene Handlungsoptionen. Zur Veranschaulichung der möglichen Konsequenzen werden häufig Zukunftsszenarien präsentiert.

Beispiele für internationale Gutachten zur Biodiversitätsproblematik sind das Millennium Ecosystem Assessment (MEA), der Global Biodiversity Outlook (GBO) und die Studie *The Economics of Ecosystems and Biodiversity* (TEEB). Sie alle haben während des vergangenen Jahrzehnts das Konzept der ökosystemaren Dienstleistungen

entscheidend mitgeprägt und populär gemacht. Als ökosystemare Dienstleistungen werden die Funktionen und Produkte der Natur bezeichnet, die direkt vom Menschen genutzt werden oder zu seinem Wohlergehen beitragen. Dazu gehören zum Beispiel landwirtschaftliche Produkte, die Erholungsfunktion der Natur oder die Abpufferung von Klimaextremen. Die entsprechende ökonomische Anerkennung von Biodiversität und anderen natürlichen Lebensgrundlagen kann zu einer Integration von Belangen des Natur- und Artenschutzes in diverse politische Ressorts und dadurch zu einem effektiveren Schutz von Biodiversität beitragen.

Im **MEA** wurde der Zustand verschiedener ökosystemarer Dienstleistungen bewertet [7]. Laut dieser Studie ist der überwiegende Teil der ökosystemaren Dienstleistungen stark im Rückgang begriffen. Dies kann besonders für Entwicklungsländer katastrophale Folgen haben, da diese sehr viel direkter von den Produkten der Natur abhängig sind als Industrienationen, und sie die Degradierung natürlicher Ressourcen weniger durch künstliche Systeme und alternative Einkommensquellen ausgleichen können.

Der **GBO3** (Global Biodiversity Outlook 3 [3]) gibt einen Überblick über den Status der Biodiversität weltweit. Er warnt nachdrücklich vor dem Eintreten so genannter ökologischer Kipp-Punkte (*Tipping Points*), an denen sich Zustände im Erdsystem irreversibel und zum Nachteil des

Der neue „Weltbiodiversitätsrat":
Intergovernmental Science-Policy Platform on Biodiversity and Ecosystem Services (IPBES)

Markus Fischer

Biologische Vielfalt ist faszinierend, sehr wertvoll und in raschem Rückgang begriffen, obwohl sie und die mit ihr verknüpften Ökosystemleistungen für die Menschheit absolut essenziell sind. In dieser Situation gilt es, die politische Reaktion auf den Rückgang von biologischer Vielfalt und Ökosystemleistungen durch bestmögliche, unabhängige, aktuelle und wissenschaftlich abgesicherte Information der Entscheidungsträger zu unterstützen. Mit genau zu diesem Ziel wurde die „Intergovernmental Science-Policy Platform on Biodiversity and Ecosystem Services" IPBES nach jahrelangen internationalen Verhandlungsrunden am 21.4.2012 in Panama City durch eine von mehr als 90 Staaten beschlossene Resolution gegründet (weitere Informationen dazu unter www.ipbes.net).

Die vier Hauptaufgaben von IPBES sind

*   regelmäßige wissenschaftlich fundierte Zusammenstellung und Beurteilung des aktuellen Wissens über Biodiversität und Ökosystemleistungen („Assessment") mit Schwerpunkt auf besonders politikrelevanten Informationen
*   das Initiieren und Katalysieren der Erarbeitung neuen Wissens („Knowledge Generation")
*   der Aufbau von Kompetenzen und Kapazitäten an den Schnittstellen zwischen Wissenschaft und Politik („Capacity Building")
*   das Erkennen und Verbessern effizienter Methoden zur Unterstützung der politischen Umsetzung („Policy Support").

Bei der Gründungssitzung in Panama wurde sehr deutlich, dass die meisten Länder die „Assessment" und „Capacity Building"-Aufgaben für besonders wertvoll und vorrangig halten.

Die Rolle der wissenschaftlichen Unabhängigkeit und Qualität

Absolut essenziell für den Erfolg von IPBES sind wissenschaftliche Unabhängigkeit, Glaubwürdigkeit, Relevanz und Legitimierung durch eine entsprechende Auswahl der als Experten und Autoren beitragenden Wissenschaftler, durch sorgfältige Expertenbegutachtung aller Produkte und durch Transparenz in allen Aktivitäten. Um Synergien zu nutzen und Dopplungen zu vermeiden, wird IPBES bei seiner Arbeit bestehende Initiativen, relevante multilaterale Abkommen wie etwa die Biodiversitätskonvention und inhaltlich verwandte Programme und Gremien der Vereinten Nationen und anderer Akteure berücksichtigen. Ausdrücklich soll Wissen auf verschiedenen Skalen – global, regional und lokal – und aus verschiedenen Quellen aus der Wissenschaft und von lokalen Quellen gewürdigt, genutzt und erschlossen werden. Erklärtes Ziel ist es, politikrelevante Information bereitzustellen ohne politischen Entscheidungen vorzugreifen.

Wichtige Strukturentscheidungen

Zur Struktur von IPBES wurden in Panama einige sehr wichtige Entscheidungen getroffen. Als Sitz des zukünftigen Sekretariats von IPBES wurde aus fünf Bewerbungen aus Asien, Afrika und Europa die aus Deutschland gewählt und somit beschlossen, den Sitz des Sekretariats in Deutschland, und zwar im UN-Campus in Bonn, anzusiedeln, wo sich sehr gute Rahmenbedingungen mit verschiedenen Synergiemöglichkeiten verbinden. Dies stellt gleichzeitig einen Vertrauensbeweis, eine Verpflichtung und eine sehr große Chance für den deutschen Umgang mit Biodiversitätsfragen in Wissenschaft und Politik dar. Eine zentrale und aus wissenschaftlicher Sicht besonders erfreuliche Entscheidung sieht vor, zusätzlich zum beschlussfassenden Plenum der Mitgliedsstaaten von IPBES zwei weitere Gremien einzurichten: Das „Bureau" wird aus einem zehnköpfigen politischen und administrativen Gremium bestehen. Die fachliche Arbeit von IPBES wird das „Multidisciplinary Expert Panel (MEP)" koordinieren. Hierzu gehören 25 Experten, die verschiedene Disziplinen der Natur- und Gesellschaftswissenschaften und alle Welt-

Menschen ändern. Als am stärksten gefährdete Systeme wurden diesbezüglich der amazonische Regenwald, Süßwasserökosysteme und Korallenriffe identifiziert.

Das **TEEB**-Projekt hat das Konzept der ökosystemaren Dienstleistungen aufgegriffen und die Berechnung des Wertes natürlicher Ressourcen vorangetrieben [8]. Die Autoren der TEEB-Berichte legen dar, welche großen ökonomischen Folgen der Verlust an Biodiversität nach sich zieht und welche Gewinne aus der Erhaltung von Biodiversität für eine Volkswirtschaft resultieren können [9]. Damit sich die Erhaltung von Biodiversität auch betriebswirtschaftlich lohnt, schlagen die Autoren

regionen repräsentieren und die die wissenschaftliche Unabhängigkeit und Qualität von IPBES sichern.

Zukünftige Bedeutung von IPBES
Auch wenn Details noch offen sind, bieten die getroffenen Entscheidungen und die breite internationale, politische wie wissenschaftliche Unterstützung hervorragende Rahmenbedingungen, um IPBES für Fragen der Erhaltung und nachhaltigen Nutzung der biologischen Vielfalt und der Ökosystemleistungen als zentrale internationale Stimme zu etablieren. Ziel ist es, die Biodiversität politisch in ähnlicher Weise in den Vordergrund zu schieben, wie es der seit 1988 bestehende, 2007 mit dem Friedensnobelpreis ausgezeichnete Weltklimarat (Intergovermental Panel on Climate Change, IPCC) mit dem Klimawandel getan hat.

IPBES stellt eine riesengroße Chance dar, fortlaufend wissenschaftlich fundierte Erkenntnisse zur Bedeutung und Umsetzung des nachhaltigen Umgangs mit Biodiversität und Ökosystemleistungen weltweit sichtbar zu machen, und so maßgeblich zu wichtigen politischen Entscheidungen beizutragen. Entsprechend eindrücklich war es, den historischen Moment der Gründung von IPBES und den Beifallssturm aller Delegierten zum Abschluss der Gründungsverhandlung mitzuerleben. Der Start war schon einmal vielversprechend!

Markus Fischer ist Professor für Pflanzenökologie und lehrt an den Universitäten Bern und Potsdam. Er hat als Schweizer Delegierter an der Gründungssitzung von IPBES in Panama teilgenommen.

lenstoff. Der Schutz dieser Wälder und eine entsprechende Vermeidung der Umwandlung in atmosphärisches CO_2 wurde als eine vergleichsweise günstige Klimaschutzmaßnahme angesehen [10] (Abb. 4). Die Umsetzung des entsprechenden Waldschutzes stellte sich allerdings als schwieriger und teurer als erwartet heraus. In das Kyoto-Protokoll von 1992 – ein Zusatzprotokoll zum UNFCCC – wurde die Erhaltung von Wäldern als Klimaschutz-Mechanismus absichtlich nicht aufgenommen, da sich mit dem schlichten Nicht-Fällen von Bäumen kein Technologietransfer bewerkstelligen ließ. Im Laufe der Jahre zeigte die Forschung jedoch, dass die alleinige Förderung von Plantagen im Rahmen von Kompensations-Projekten sehr negative Effekte auf die Biodiversität – und teilweise sogar auf den Kohlenstoffhaushalt – haben kann. Prominentestes Beispiel sind die Ölbaumplantagen in Indonesien, deren Anpflanzung aufgrund der

Abb. 4 Buchenurwald Hainich. Wälder sind in den vergangenen Jahrzehnten nicht nur Senken für Kohlenstoffdioxid gewesen, sondern bieten auch Lebensraum für eine Fülle von Tieren, Pflanzen und Pilzen.
Bild: K. Vohland.

zum Beispiel ein Umsteuern in der Subventionspolitik vor.

Waldschutz durch Klimaschutz

Wälder, insbesondere alte tropische Wälder auf Moorböden, speichern große Mengen an Koh-

Trockenlegung der torffreien Böden zu gigantischen CO_2-Emissionen geführt hat.

Durch die Vertragsstaatenkonferenz der UNFCCC 2009 in Kopenhagen wurden derartige falsche Anreize teilweise korrigiert (Copenhagen Accord). Inwieweit der Schutz alter Wälder im Rahmen des nächsten, post-2010 Kyoto-Protokolls für Emissionsbilanzen anrechenbar sein kann, wird noch diskutiert. Auch die Frage der Finanzierung des **REDD**-Instruments ist noch teilweise ungeklärt. REDD steht für „weniger Emissionen durch Entwaldung und Degradierung" (*Reduced Emissions from Deforestation and Degration*). Mit diesem Instrument soll es finanzielle Anreize zur Erhaltung vor allem tropischer Wälder geben. Würde REDD an den Emissionshandel angebunden, stünde hierfür wahrscheinlich ausreichend Geld zur Verfügung. In diesem Fall wäre allerdings zu befürchten, dass sich die Industrieländer „freikaufen", anstatt ihre eigenen Emissionen zu reduzieren. Ein Fondsmodell hätte dagegen den Vorteil, gezielter einsetzbar zu sein. Allerdings wäre die Generierung ausreichender finanzieller Mittel für den Fonds schwieriger. Aktuell gibt es die Möglichkeit, für das Nicht-Fällen von Wäldern ein Zertifikat für den freiwilligen Kohlenstoffmarkt zu erhalten und dort zu handeln. In der Regel handelt es sich dabei um REDD+-Zertifikate, wobei das Plus anzeigt, dass auch Aspekte der Biodiversität und des nachhaltigen Managements berücksichtigt werden.

Bevor ein REDD+-Zertifikat ausgestellt werden kann, sind jedoch viele Verhandlungen auf verschiedenen Ebenen nötig. Die (indigenen) Waldbewohner haben sich teilweise stark gegen REDD gewehrt, weil sie – teilweise auch zu Recht – befürchtet haben, in ihren Rechten beschnitten zu werden. Landtitel (Eigentumsurkunden) und eine Stärkung der Institutionen können helfen, die Korruption einzudämmen und sicherzustellen, dass die finanziellen Mittel auch bei den Waldbewohnern ankommen. Oft spielen für derartige Prozesse Nicht-Regierungsorganisationen (NGO) wie zum Beispiel Umwelt- oder Menschenrechtsverbände eine wichtige vermittelnde Rolle. Hilfreich sind auch Forschungs- und Pilotprojekte, um Konflikte rechtzeitig zu erkennen und Lösungsstrategien zu entwickeln. Beispiele sind die *Bolsa Floresta* (Waldrente, siehe unten) in Brasilien, eine Stärkung der Institutionen im Kongo (beispielsweise Governance Projekt der GIZ „Erhalt der Biodiversität und nachhaltige Waldbewirtschaftung") und verschiedene Pilotprojekte unter Einbindung der Bevölkerung in verschiedenen Regionen (www.un-redd.org).

Pilotprojekte dieser Art dienen auch dazu, Leitfäden für eine nachhaltige Umsetzung ähnlicher Initiativen zu erstellen. Hierbei müssen soziale (beispielsweise der Einbezug der lokalen Bevölkerung), ökonomische (zum Beispiel Einkünfte für die Bewohner) und ökologische Aspekte (die Erhaltung der Biodiversität) berücksichtigt werden.

ABS – Gerechtigkeitsaspekte

Die CBD hat neben dem Erhalt und der nachhaltigen Nutzung von Biodiversität als drittes Hauptziel festgeschrieben, dass der Zugang zu genetischen Ressourcen geregelt und die aus ihrer Nutzung entstehenden Vorteile gerecht verteilt werden (ABS – *Access and Benefit Sharing*). Nach 20 Jahren zäher Verhandlungen über dieses dritte Ziel wurde auf der zehnten Vertragsstaatenkonferenz in Nagoya, Japan, im Oktober 2010 ein formales Abkommen zu ABS erzielt. Länder, die dieses so genannte Nagoya-Protokoll unterzeichnen, sind unter anderem verpflichtet, nationale ABS-Kontaktstellen einzurichten. Diese sollen sowohl dazu dienen, Forschenden Ansprechpartner zu nennen, die über den Zugang zu Forschungs- und Sammelgenehmigungen Auskunft geben können, als auch die aus der Nutzung der genetischen Ressourcen entstandenen Vorteile (*benefits*) von der Forschung einzufordern und sichtbar zu machen. Zu den Vorteilen gehören auch eine Reihe nicht mit Geld zu beziffernde Aspekte, wie zum Beispiel die Beteiligung an Publikationen, die Erstellung von Bio-

Amazonas-Fond für eine Waldrente

Im Amazonasgebiet (siehe Abb.) führen die Rinderwirtschaft sowie der Anbau von Soja zu einer Abholzung des tropischen Regenwaldes. Norwegen und Deutschland haben Millionenbeträge für den Waldschutz in Amazonien versprochen, Norwegen erfolgsabhängig bis zu 900 Millionen US-$, Deutschland 30 Millionen. Vor Ort geht das Geld in verschiedene Projekte. Ein stark von Brasilien mitgetragenes Projekt ist die Waldrente (Bolsa Floresta), in deren Rahmen ein monatlicher Betrag an indigene und traditionelle Waldnutzer ausgezahlt wird, wenn diese sich für bestimmte Nutzungen entscheiden und andere unterlassen. Weitere Module dieses Projekts dienen dem nachhaltigen Management oder nachhaltigen Anbaumethoden [11].

Abb. 5   Der Amazonas ist die grüne Lunge von Brasilien und der Welt, seine Wälder ihre Apotheke. Die Erhaltung von tropischen Wäldern dient nicht nur der Regulation des Wasser- und Kohlenstoffhaushalts, die genetische Vielfalt ist Grundlage für Evolution und Anpassung. Bild: K. Henle.

diversitäts-Datenbanken und die Verbesserung des Managements von Schutzgebieten. Hauptsächlich ist das Nagoya-Protokoll aber auf den Zugang zu genetischen Ressourcen und ihre kommerzielle Nutzung ausgerichtet, da hierbei mit größter Wahrscheinlichkeit nennenswerte finanzielle Gewinne entstehen, die es dann gerecht zu verteilen gilt.

Das Netzwerk-Forum zur Biodiversitätsforschung in Deutschland

Das Netzwerk-Forum zur Biodiversitätsforschung in Deutschland, kurz NeFo, will den Dialog zwischen Wissenschaft, Politik und Gesellschaft verbessern. Ein wichtiges Instrument hierfür ist das Internet. Auf der NeFo-Webseite (www.biodiversity.de) sind Hintergrundinformationen zu verschiedenen Themen und politischen Entwicklungen und zu aktuellen Forschungsergebnissen und Veranstaltungen zu

finden. Zunehmend werden die Nutzer des NeFo-Angebots auch interaktiv eingebunden, zum Beispiel in die Erarbeitung von gemeinsamen Stellungnahmen, unter anderem zur Strukturierung und den Themen der internationalen Plattform IPBES (siehe oben). Zudem betreibt NeFo eine aktive Pressearbeit, um eigene Stellungnahmen und Ergebnisse aus der deutschen Biodiversitätsforschung bekannt zu machen.

Virtuelle Kontakte reichen allerdings nicht aus: NeFo organisiert und unterstützt Workshops zu verschiedenen relevanten und innovativen Themen wie zum Beispiel zum Einfluss des Klimawandels auf vektorbasierte – also beispielsweise durch Mücken oder Zecken übertragene – Krankheiten oder zur Bedeutung der Biodiversität für die Sicherung der globalen Nahrungsmittelproduktion.

Ein großes Problem im Dialog zwischen Wissenschaft und Politik sind die unterschiedlichen Zeitskalen, die für tägliche Entscheidungen eine

Rolle spielen. Während die Wissenschaft zurückhaltend mit Aussagen zu Systementwicklungen ist, bevor nicht alle Mechanismen bis ins Detail verstanden sind, müssen Politikerinnen und Politiker Entscheidungen unter Unsicherheit und Zeitdruck fällen. Das Ziel von NeFo ist es daher, den Dialog in beide Richtungen zu verbessern, also nicht nur die Ergebnisse der Forschung verständlich und handlungsbezogen aufzuarbeiten, sondern auch bei den Wissen Schaffenden ein Verständnis für die Sachzwänge der Politik zu wecken. Ein Instrument hierfür ist die Einbindung von Wissenschaftlern in die Erstellung von Hintergrunddokumenten für politische Verhandlungen.

Schlussbemerkung

An der Schnittstelle zwischen Biodiversitätsforschung und Politik zu vermitteln ist von großer Bedeutung, damit gesellschaftliche Herausforderungen in Forschungsprogramme aufgenommen werden und damit das Verständnis der Politik für die Auswirkungen von Entscheidungen auf die Biodiversität zunimmt. Wichtig für den Dialog ist auch eine Diskussion normativer Fragen, wie zum Beispiel: Was macht das Verhältnis zwischen Mensch und Natur aus [12]? Welcher Lebensstil ist anzustreben? Beim Naturschutz geht es nicht um rein nutzungsbezogene Argumente, sondern auch um das gute Leben, um Glück.

Literatur

[1] Doyle, U., Vohland, K., Ott, K. (2010) Biodiversitätspolitik in Deutschland – Defizite und Herausforderungen – Biodiversity policy in Germany – shortcomings and challenges. *Natur und Landschaft*, **85**, 308–314.

[2] EEA (European Environment Agency) (2009) *Progress towards the European 2010 biodiversity targets.* EEA, Copenhagen, 1–49.

[3] CBD (Secretariat of the Convention on Biological Diversity) (2010) *Global Biodiversity Outlook 3*, Montreal.

[4] Görg, C., Neßhöver, C., Paulsch, A. (2010) A new link between Biodiversity Science and Policy. GAIA – *Ecological Perspectives for Science and Society*, **19**, 183–186.

[5] Larigauderie, A., Mooney, H. A. (2010) The Intergovernmental science-policy Platform on Biodiversity and Ecosystem Services: moving a step closer to an IPCC-like mechanism for biodiversity. *Current Opinion in Environmental Sustainability*, **2**, 1–6.

[6] Vohland, K., Mlambo, M., Horta, L. D., Jonsson, B., Paulsch, A, Martinez S. I. (2011) How to ensure a credible and efficient IPBES? *Environmental Science and Policy*, **14**, 1188–1194.

[7] Reid, W. V. (2005) *Ecosystems and Human Wellbeing. Synthesis. A Report of the Millennium Ecosystem Assessment.*

[8] European Communities (2008) *The economics of ecosystems & biodiversity – an interim report.*

[9] TEEB (2010) *The Economics of Ecosystems and Biodiversity: Mainstreaming the Economics of Nature: A synthesis of the approach, conclusions and recommendations of TEEB.*

[10] Stern, N. (2006) *Stern Review on the Economics of Climate Change.*

[11] Viana, V. M. (2008) Bolsa Floresta (Forest Conservation Allowance): An innovative mechanism to promote health in traditional communities in the Amazon. *estudos avancados*, **22**, 143–153.

[12] Eser, U., Neu, A.-K., Müller, A. (2011) Klugheit, Glück, Gerechtigkeit. Ethische Argumentationslinien in der Nationalen Strategie zur biologischen Vielfalt, Landwirtschaftsverlag, Bonn – Bad Godsberg.

[13] Vohland, K., Marquard, E., Anton, C., Neßhöver, C. (2010) Zum Beitrag der deutschen Biodiversitätsforschung zu Post-2010-Zielen des Übereinkommens zur biologischen Vielfalt (CBD) – The contribution of German biodiversity research to the formulation of post-2010 targets under the CBD. *Natur und Landschaft*, **85**, 304–307.

Index

Die Vielfalt des Lebens: Wie hoch, wie komplex, warum? 1. Auflage. Herausgegeben von Erwin Beck
© 2013 WILEY-VCH Verlag GmbH & Co. KGaA. Published 2013 by Wiley-VCH Verlag GmbH & Co. KGaA

Autorenverzeichnis

Herausgeber:

Prof. Dr. Dr. h. c. Erwin Beck
Universität Bayreuth
Bayreuther Zentrum für Ökologie und Umwelt-
forschung
Universitätsstr. 30
95447 Bayreuth
E-Mail: erwin.beck@uni-bayreuth.de

Zum Geleit:

Prof. Dr. Wolfgang Nellen
Universität Kassel
Abt. Genetik
Heinrich-Plett-Str. 40
34132 Kassel
E-Mail: nellen@uni-kassel.de

Kap. 1:

Prof. Dr. Markus Fischer
Universität Bern
Institut für Pflanzenwissenschaften
Altenbergrain 21
3013 Bern, Schweiz
E-Mail: markus.fischer@ips.unibe.ch

Kap. 2:

Dr. Christian Anton
Nationale Akademie der Wissenschaften
Leopoldina
Abteilung Wissenschaft-Politik-Gesellschaft
Jägerberg 1
06108 Halle
E-Mail: christian.anton@leopoldina.org

Kap. 3:

Franziska Glück
Leibniz-Institut für Ostseeforschung
Warnemünde (IOW)
Biologische Meereskunde
Seestraße 15
18119 Rostock
E-Mail: franziska.glueck@io-warnemuende.de

Kap. 4:

Dr. Ralf Bochert
Leibniz-Institut für Ostseeforschung
Warnemünde (IOW)
Biologische Meereskunde
Seestraße 15
18119 Rostock
E-Mail: ralf.bochert@io-warnemuende.de

Dr. Michael L. Zettler
Leibniz-Institut für Ostseeforschung
Warnemünde (IOW)
Biologische Meereskunde
Seestraße 15
18119 Rostock
E-Mail: michael.zettler@io-warnemuende.de

Die Vielfalt des Lebens: Wie hoch, wie komplex, warum? 1. Auflage. Herausgegeben von Erwin Beck
© 2013 WILEY-VCH Verlag GmbH & Co. KGaA. Published 2013 by Wiley-VCH Verlag GmbH & Co. KGaA

Kap. 5:

Prof. Dr. François Buscot
Helmholtz-Zentrum für Umweltforschung –
UFZ
Department Bodenökologie
Theodor-Lieser-Straße 4
06120 Halle
E-Mail: francois.buscot@ufz.de

Prof. Dr. Erko Stackebrandt
Leibniz-Institut DSMZ-
Deutsche Sammlung von Mikroorganismen
und Zellkulturen GmbH
Inhoffenstr. 7b
38124 Braunschweig
E-Mail: est@dsmz.de

Kap. 6:

Prof. Dr. Jens Harder
Max-Planck-Institut für Marine Mikrobiologie
Celsiusstrasse 1
28359 Bremen
E-Mail: jharder@mpi-bremen.de

Kap. 7:

Prof. Dr. Joachim W. Kadereit
Institut für Spezielle Botanik
und Botanischer Garten
Johannes Gutenberg-Universität Mainz
55099 Mainz
E-Mail: kadereit@uni-mainz.de

Dr. K. Bernhard von Hagen
Institut für Biologie und Umweltwissenschaften
(IBU)
Carl von Ossietzky Universität Oldenburg
Carl von Ossietzky-Str. 9-11
26111 Oldenburg
E-Mail: bernhard.vonhagen@uni-oldenburg.de

Kap. 8:

Prof. Dr. Georg Zizka
Senckenberg Gesellschaft für Naturforschung
in der Leibniz-Gemeinschaft
Senckenberg Forschungsinstitut und
Goethe-Universität
Senckenberganlage 25
60325 Frankfurt am Main
E-Mail: Georg.Zizka@senckenberg.de

Dr. Marco Schmidt
Senckenberg Gesellschaft für Naturforschung
in der Leibniz-Gemeinschaft
Senckenberg Forschungsinstitut und
Biodiversität und Klima Forschungszentrum
Frankfurt am Main
Senckenberganlage 25
60325 Frankfurt am Main
E-Mail: Marco.Schmidt@senckenberg.de

Daniel Caceres
Senckenberg Gesellschaft für Naturforschung
in der Leibniz-Gemeinschaft
Senckenberg Forschungsinstitut
Frankfurt am Main
Senckenberganlage 25
60325 Frankfurt am Main
E-Mail: Daniel.Caceres@senckenberg.de

Dr. Katharina Schulte
Australian Tropical Herbarium/
Centre for Tropical Biodiversity and Climate
Change
Sir Robert Norman Building (E2)
James Cook University
PO Box 6811
Cairns QLD 4870, Australien
E-Mail: katharina.schulte@jcu.edu.au

Kap. 9:

Dr. Fabian Herder
Zoologisches Forschungsmuseum
Alexander Koenig Bonn in der
Leibniz-Gemeinschaft
Sektion Ichthyologie
Adenauerallee 160
53113 Bonn
E-Mail: F.Herder@zfmk.de

Dr. Jobst Pfaender
Zoologisches Forschungsmuseum
Alexander Koenig Bonn in der
Leibniz-Gemeinschaft
Sektion Ichthyologie
Adenauerallee 160
53113 Bonn
jobst.pfaender.zfmk@uni-bonn.de

Kap. 10:

Prof. Dr. André Freiwald
Senckenberg Gesellschaft für Naturforschung
in der Leibniz-Gemeinschaft
Senckenberg am Meer
Südstrand 40
26382 Wilhelmshaven
E-Mail: Andre.Freiwald@senckenberg.de

Dr. Lydia Beuck
Senckenberg Gesellschaft für Naturforschung
in der Leibniz-Gemeinschaft
Senckenberg am Meer
Südstrand 40
26382 Wilhelmshaven
E-Mail: Lydia.Beuck@senckenberg.de

Dr. Max Wisshak
Senckenberg Gesellschaft für Naturforschung
in der Leibniz-Gemeinschaft
Senckenberg am Meer
Südstrand 40
26382 Wilhelmshaven
E-Mail: Max.Wisshak@senckenberg.de

Kap. 11:

Prof. Dr. Wolfgang W. Weisser
Technische Universität München
Lehrstuhl für Terrestrische Ökologie
Department für Ökologie und Ökosystemma-
nagement
Wissenschaftszentrum Weihenstephan für
Ernährung, Landnutzung und Umwelt
Hans-Carl-von-Carlowitz-Platz 2
85354 Freising
E-Mail: wolfgang.weisser@tum.de

Kap. 12:

Prof. Dr. Helmut Hillebrand
Carl von Ossietzky Universität Oldenburg
Institut für Chemie und Biologie des Meeres
(ICBM)
Meeresstation Wilhelmshaven
Schleusenstraße 1
26382 Wilhelmshaven
E-Mail: hillebrand@icbm.de

Dr. Anja Fitter
RWTH Aachen
Templergraben 59
52062 Aachen
E-Mail: anja.fitter@ers.rwth-aachen.de

Kap. 13:

Prof. Dr. Klement Tockner
Leibniz-Institut für Gewässerökologie
und Binnenfischerei, Berlin (IGB)
Müggelseedamm 310
12587 Berlin
E-Mail: tockner@igb-berlin.de

Prof. Dr. Hans-Peter Grossart
Leibniz-Institut für Gewässerökologie
und Binnenfischerei, Berlin (IGB)
Alte Fischerhütte 2
16775 Stechlin
E-Mail: hgrossart@igb-berlin.de

Kap. 14:
Prof. Dr. Stefan Dötterl
Universität Salzburg
Fachbereich Organismische Biologie
Pflanzenökologie
Hellbrunnerstrasse 34
5020 Salzburg, Österreich
E-Mail: Stefan.Doetterl@sbg.ac.at

Kap. 15:
Prof. Dr. Burkhard Büdel
Pflanzenökologie und Systematik
Fachbereich Biologie
der Technischen Universität Kaiserslautern
Erwin-Schrödinger-Str. 13
67663 Kaiserslautern
E-Mail: buedel@rhrk.uni-kl.de

Kap. 16:
Prof. Dr. Antje Boetius
Alfred-Wegener-Institut
für Polar- und Meeresforschung
in der Helmholtz-Gemeinschaft Deutscher
Forschungszentren
Postfach 12 01 61
27515 Bremerhaven
E-Mail: Antje.Boetius@awi.de

Prof. Dr. Julian Gutt
Alfred-Wegener-Institut
für Polar- und Meeresforschung
in der Helmholtz-Gemeinschaft Deutscher
Forschungszentren
Postfach 12 01 61
27515 Bremerhaven
E-Mail: julian.gutt@awi.de

Dr. Elisabeth Helmke
Alfred-Wegener-Institut
für Polar- und Meeresforschung
in der Helmholtz-Gemeinschaft Deutscher
Forschungszentren
Postfach 12 01 61
27515 Bremerhaven
E-Mail: Elisabeth.Helmke@awi.de

Dr. Bettina Meyer
Alfred-Wegener-Institut
für Polar- und Meeresforschung
in der Helmholtz-Gemeinschaft Deutscher
Forschungszentren
Postfach 12 01 61
27515 Bremerhaven
E-Mail: Bettina.Meyer@awi.de

Kap. 17:
Dr. Armin Werner
Leibniz-Zentrum für Agrarlandschaftsforschung
(ZALF) e. V.
Eberswalder Straße 84
15374 Müncheberg
E-Mail: awerner@zalf.de

Dr. Michael Glemnitz
Leibniz-Zentrum für
Agrarlandschaftsforschung (ZALF) e. V.
Eberswalder Straße 84
15374 Müncheberg
E-Mail: mglemnitz@zalf.de

Dr. Karin Stein-Bachinger
Leibniz-Zentrum für
Agrarlandschaftsforschung (ZALF) e. V.
Eberswalder Straße 84
15374 Müncheberg
E-Mail: kstein@zalf.de

Dr. Gert Berger
Leibniz-Zentrum für
Agrarlandschaftsforschung (ZALF) e. V.
Eberswalder Straße 84
15374 Müncheberg
E-Mail: gberger@zalf.de

Dr. Ulrich Stachow
Leibniz-Zentrum für
Agrarlandschaftsforschung (ZALF) e. V.
Eberswalder Straße 84
15374 Müncheberg
E-Mail: ustachow@zalf.de

Kap. 18:

Dr. Vicky M. Temperton
Institut für Bio- und Geowissenschaften (IBG-2)
Forschungszentrum Jülich
in der Helmholtz-Gemeinschaft Deutscher
Forschungszentren
52425 Jülich
E-Mail: v.temperton@fz-juelich.de

Kap. 19:

Dr. Stefan Klotz
Helmholtz-Zentrum für Umweltforschung –
UFZ
Department Biozönoseforschung
Theodor-Lieser-Straße 4
06120 Halle (Saale)
E-Mail: stefan.klotz@ufz.de

Kap. 20:

Alexander Darr
Leibniz-Institut für Ostseeforschung
Warnemünde (IOW)
Biologische Meereskunde
Seestraße 15
18119 Rostock
E-Mail: alexander.darr@io-warnemuende.de

Dr. Michael L. Zettler
Leibniz-Institut für Ostseeforschung
Warnemünde (IOW)
Biologische Meereskunde
Seestraße 15
18119 Rostock
E-Mail: michael.zettler@io-warnemuende.de

Kap. 21:

Dr. Ulrich Walz
Leibniz-Institut für
ökologische Raumentwicklung Dresden (IÖR)
Weberplatz 1
01217 Dresden
E-Mail: u.walz@ioer.de

Marianne Darbi
Leibniz-Institut für
ökologische Raumentwicklung Dresden (IÖR)
Weberplatz 1
01217 Dresden
E-Mail: m.darbi@ioer.de

Dr. Gerd Lupp
Leibniz-Institut für
ökologische Raumentwicklung Dresden (IÖR)
Weberplatz 1
01217 Dresden
E-Mail: g.lupp@ioer.de

Prof. Dr. Wolfgang Wende
Leibniz-Institut für
ökologische Raumentwicklung Dresden (IÖR)
Weberplatz 1
01217 Dresden
E-Mail: w.wende@ioer.de

Kap. 22:

Dr. Katrin Vohland
Museum für Naturkunde –
Leibniz-Institut für Evolutions- und
Biodiversitätsforschung
an der Humboldt-Universität zu Berlin (MfN)
Invalidenstrasse 43
10115 Berlin
E-Mail: Katrin.Vohland@mfn-berlin.de

Dr. Axel Paulsch
Institut für Biodiversität – Netzwerk e. V.
Drei-Kronen-Gasse 2
93047 Regensburg
E-Mail: paulsch@biodiv.de

Dr. Elisabeth Marquard
Helmholtz-Zentrum für Umweltforschung –
UFZ
Department Naturschutzforschung
Permoserstr. 15
04318 Leipzig
E-Mail: elisabeth.marquard@ufz.de

Dr. Klaus Henle
Helmholtz-Zentrum für Umweltforschung –
UFZ
Department Naturschutzforschung
Permoserstr. 15
04318 Leipzig
E-Mail: Klaus.Henle@ufz.de

Dr. Christoph Häuser
Museum für Naturkunde –
Leibniz-Institut für Evolutions- und Biodiversi-
tätsforschung
an der Humboldt-Universität zu Berlin (MfN)
Invalidenstrasse 43
10115 Berlin
E-Mail: christoph.haeuser@mfn-berlin.de

Dr. Carsten Neßhöver
Helmholtz-Zentrum für Umweltforschung –
UFZ
Department Naturschutzforschung
Permoserstr. 15
04318 Leipzig
E-Mail: carsten.nesshoever@ufz.de

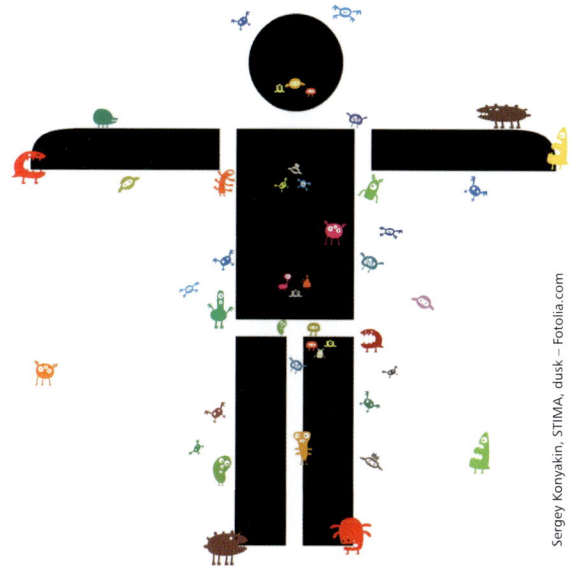